见证黑河

黑河流域管理局　编著

黄河水利出版社
· 郑州 ·

图书在版编目（CIP）数据

见证黑河／黑河流域管理局编著. —郑州：黄河水利
出版社，2019.8
ISBN 978－7－5509－2455－0

Ⅰ.①见⋯　Ⅱ.①黑⋯　Ⅲ.①黑河－流域－水资源管
理－研究　Ⅳ.①TV 213.4

中国版本图书馆CIP数据核字 (2019) 第158243号

出 版 社：黄河水利出版社　　　　　　　　　　　　网址：www.yrcp.com
　　　　　地址：河南省郑州市顺河路黄委会综合楼14层　邮编：450003
发行单位：黄河水利出版社
　　　　　发行部电话：0371-66026940、66020550、66028024、66022620（传真）
　　　　　E-mail：hhslcbs@126.com
承印单位：河南瑞之光印刷股份有限公司
开本：787mm×1092mm　1／16
印张：19
字数：331千字　　　　　　　　印数：1—3000
版次：2019年8月第1版　　　　印次：2019年8月第1次印刷

定价：180.00元

黑 河 流 域 图

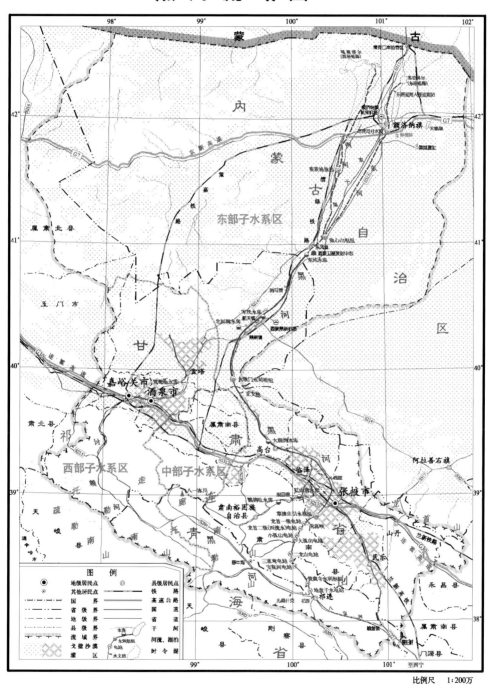

比例尺　1∶200万

序

弱水三千出祁连，北走逶迤入居延。

黑河亦称弱水，上游源头始自祁连山北麓的冰川和湿地，一路汇合山涧细流，出于莺落峡山口，见证着巍峨雪山的壮美、峭壁峡谷的险峻和草原沃野的生机，开启了绽放活力的生命之旅。

流经中游河西走廊之间，黑河变得宽浅平舒，或缓缓静流、或欢快奔放，在正义峡转入下游，守望着节水型社会的福荫、湿地绿肺的呼吸和塞上江南的丰饶，书写了治水兴水的时代答卷。

尾闾河畔，一路向北的黑河跋涉重重与大漠戈壁相遇，注目着边关大漠的烽燧、星空仰望的荣光和沙海明珠的传奇，奏响了一曲生态文明的绿色颂歌。

上善若水，黑河见证。

亘古以来，卡约文化、大地湾文化、古昆仑文化、河西文化和居延文化在黑河流域相映生辉，月氏、乌孙、氐羌、匈奴等古代少数民族在此与中原文明邂逅交汇，各民族在这片神奇的土地或牧或耕、繁衍生息，静静流淌的黑河水映照着远逝的金戈铁马、刀光剑影，闻载着各民族相傍相依、融合发展的亲情。依黑河而兴的河西走廊，打通了对外交流的要道，见证着一个国家政治经略、商贸互通、文化演进的宏图春秋。

造化神奇，黑河流域形成了冰川、雪山、森林、草甸、湿地、绿洲、戈壁、大漠、湖泊等较为完整的生态系统，是我国重要的生态功能区、西北地区生态安全屏障和纵贯青海、甘肃、内蒙古三省（区）的亮丽风情线。这里汇集着雪域高原、峭壁耸峡、七彩丹霞、戈壁绿洲、弱水流沙、大漠平湖，造就了油菜花田、千里粮仓、胡杨林海以及全国最大的玉米制种基地，这里还是西北干旱地区众多野生动植物自由生长的"留白"和大批候鸟迁徙繁殖的"乐园"。

"有水则绿洲，无水变荒漠"，20 世纪 50 年代至 90 年代，随着经济社会发展和人口快速增长，黑河水资源供需矛盾日益尖锐，流域一度爆发严重的生态危机。下游河道断流，尾闾西、东居延海分别于1961年、1992年干涸，胡杨林面积锐减，草地退化严重，沙尘暴肆虐危害着流域中下游及西北、华北地区。中央电视台《新闻调查》栏目"沙起额济纳"的播出，使黑河尾闾严重的生态危机和水资源问题昭然于世。党中央、国务院高度重视，拯救黑河、实施流域水资源统一管理与调度，迅疾上升为国家决策。

见证黑河，风雨兼程，这是孜孜探索，是岁月回响，更是一场归本人水和谐、绿色发展的大道之行。

——情系黑河殷之切切。2001年朱镕基同志主持第94次总理办公会议专题研究黑河流域生态问题，并多次作出批示。2007年胡锦涛同志在兰州看望甘肃气象职工，听取黑河流域等气候分析汇报。2009年温家宝同志在甘肃考察期间，强调要合理利用黑河水。2018年习近平总书记来到十三届全国人大一次会议内蒙古代表团，听取黑河尾闾居延海生态恢复等情况汇报。同年李克强总理主持召开国务院西部地区开发领导小组会议，黑河流域综合治理列入《西部大开发"十三五"规划》。水利部及黄河水利委员会历届领导高度重视黑河治理保护与管理工作，在每一个关键节点及时指明前进方向。2001年，时任黄河水利委员会主任鄂竟平同志主持研究重大课题《黑河水资源问题及其对策》，组织编制《黑河流域近期治理规划》。

——水量调度弦歌不辍。2000年实施黑河历史上第一次干流省际调水，下游额济纳旗河段恢复过流。2002年黑河水到达干涸十年之久的东居延海，翌年成功到达西居延海。2004年从应急调度转入常规调度，并正式提出"两个确保"的调水目标。2005年尾闾东居延海实现全年不干涸，次年东居延海首次春季进水。2008年由常规调度跃升至生态水量调度。2016年首次开展春季融冰期水量调度，实现春季下游东、西河两次全线过水。2018年正义峡、狼心山断面下泄水量，均创统一调度以来最好效果。

——流域治理合时偕进。2001年国务院批复《黑河流域近期治理规划》，2004年水利部批复《黑河流域东风场区近期治理规划》，2011年相关建设内容全面完成。2008年水利部批复《黑河流域综合规划》任务书。2014年水利部水利水电规划设计总院向水利部报送《黑河流域综合规划》审查意见，2015年环保部批复《黑河流域综合规划环境影响报告书》。2018年编制《黑河流域治理"一库一带一湖"重点任务实施方案》，对当前和今后一个时期黑河治理主要业务作出安排。2016年黑河干流首座骨干调蓄水库黑河黄藏寺水利枢纽开工建设，2018年实现工程截流转入建设新阶段。

　　——法治科技笃行致远。2000年出台《黑河干流省际用水水事协调规约》，成立我国第一个内陆河水事协调小组，同年5月《黑河干流水量调度管理暂行办法》获得水利部批准。2009年水利部颁布《黑河干流水量调度管理办法》。2018年《黑河流域管理条例》立法框架体系研究项目顺利通过黄河水利委员会审查。先后完成科研成果近30项，其中《黑河调水与近期治理后评价综合研究》获水利部大禹水利科技奖二等奖，6项研究成果获得黄河水利委员会科技进步奖。建成"黑河水量调度管理系统"，完成国家水资源监控能力建设，2018年完成《黑河水利信息化规划》，启动编制《黑河中下游河湖水资源监管系统可行性研究报告》。

　　见证黑河，腊尽春归，这是河流伦理的恪守，是光风转蕙的盎然，也是20年生态"笔墨"书写的黑河答卷。

　　——黑河健康生命有效维护。实施统一调度后，下游狼心山断面年均断流天数由之前5年的平均250天减少到120天，近5年平均断流天数65天，2017年度断流天数仅为12天，为有资料记载以来最少，东居延海实现连续15年不干涸。

　　——流域生态环境明显改善。上游黑土滩和草地沙化治理区草地盖度增加近30%，水源涵养能力明显增强。中游基本形成以农田林网和防风固沙林为主体、带片网点相结合、渠路林田相配套的综合防护林体系。下游东居延海周边生态环境基本恢复到20世纪80年代水平。

　　——水资源配置更趋合理高效。在优先保证流域生活用水的基础上，有效控制中游地区农业水量，坚决保障航天发射和国防试验用水，更加注重沿河地区脱贫攻坚用水需求，不断加大中下游生态用水比重，进入下游绿洲水量（狼心山断面水量）占莺落峡断面年度来水量比例由统一调度前的两成增加到四成左右。

　　——地区发展方式更可持续。中游张掖市成为我国第一个节水型社会建设试点地区，率先开展农业综合水价改革，发展为国内最大的玉米制种基地，2020年将如期实现脱贫攻坚目标。下游额济纳旗2018年旅游人数突破700万人（次），是2000年旅游人次的234倍。策克口岸2018年全年进出口货物1413.1万吨，创口岸开关以来历史新高。

　　见证黑河，行则必至。当前黑河治理保护与管理事业正以习近平新时代中国特色社会主义思想和党的十九大精神为指引，遵照习近平总书记提出的"节水优先、空间均衡、系统治理、两手发力"的治水方针，认真贯彻水利部党组"水利工程补短板、水利行业强监管"治水总基调，深入落实黄河水利委员会党组"规范管理、加快发展"总体要求，在打造西北内陆河流域管理标杆的新征程中坚毅前行。

奋斗新时代，见证黑河更加美好的未来！

黑河流域管理局党组书记、局长

刘 钢

2019 年 7 月 1 日

前 言

黑河，中国第二大内陆河。它自祁连山中部青海省祁连县发源，一路汇溪川，越峡谷，自南而北贯穿青海、甘肃、内蒙古三省区，流经河西走廊腹地、巴丹吉林沙漠和浩瀚无垠的茫茫戈壁，在内蒙古额济纳流入居延海，全长928公里，国土流域面积14.29万平方公里。

自古以来，黑河就是涵养大漠边陲、孕育农牧文明的生命摇篮。穿越历史长河，黑河孕育而兴的河西走廊承载着国家政治经略、商贸促进、文化交汇、民族融合的宏图画卷。中华人民共和国成立后，这里更成为攸关区域发展、民族团结、国防建设和生态安全的战略屏障。

然而，由于黑河自身水资源总量不足，时空分布极不均衡，历史上黑河水资源分配与利用一直是难以调和的博弈棋局。随着黑河中游地区人口急剧增加，垦荒面积扩大，灌溉用水持续激增，下游生态水流被大量截留挤占，用水矛盾愈加突出。

中华人民共和国成立后，历经多次调整形成的分水均水制度，曾发挥了积极作用，但由于水资源统一管理调度缺位，传统用水观念羁绊，水资源供需矛盾依然尖锐，用水纠纷时常发生，由此导致下游河道及区域生态严重恶化。黑河尾闾西、东居延海先后于1961年、1992年干涸，下游河道断流，地下水位下降，胡杨林面积锐减，草地植被快速退化，戈壁荒漠面积增加，沙进人退，下游额济纳地区成为我国西北、华北地区沙尘暴策源地之一，风沙危害波及新疆东部、甘肃河西走廊、宁夏地区、内蒙古西部以及广袤的东北、华北和华东地区，波及范围达200万平方公里。

严重的黑河生态危机和水资源问题，得到了党和国家的高度重视。从国家层面出台重大措施，加强黑河水资源统一管理，势在必行。

1999年1月，中央机构编制委员会办公室批复同意成立水利部黄河水利委员会黑河流域管理局。2001年2月，国务院第94次总理办公会议，听取水利部关于《黑河水资源问题及其对策》的汇报。同年 8 月，国务院批复《黑河流域近期治理规划》。

根据国务院实施黑河流域水资源统一管理与调度的总体部署，按照水利部的要求，黄河水利委员会黑河流域管理局从制定《黑河干流水量调度管理暂行办法》，到细化年度实时调度方案，从建立省际用水协调规约，到成立各方代表参加的水事协调机构，一场黑河水资源统一管理的重大变革渐次展开。

2000 年，黑河调水通过 5 次"全线闭口、集中下泄"措施，成功实现了黑河历史上第一次跨省区分水。断流多年的下游额济纳恢复过流，大漠清泽，旧镜重明，被称为一曲新世纪的绿色颂歌。2002 年，黑河水两次流入干涸 10 年的东居延海，龟裂的黑河尾闾湖盆喜迎清流、再现生机。2003 年，黑河干流全线贯通行水，完成正义峡断面下泄水量指标，全面实现了国务院第 94 次总理办公会议确定的黑河分水目标，干涸 42 年的西居延海，也迎来宝贵的黑河水。

20 年来，黑河流域水资源统一管理与调度不断创新发展，开拓前进。在管理体制机制上，从流域管理与区域管理相结合，到断面总量控制与用配水管理相衔接，从统一调度与协商协调相促进，到联合督查与分级负责相配套，走出了一条中国西北内陆河流域管理新路。在水量调度方法上，针对黑河流域水资源时空分布特点，根据各河段不同用水需求，在实践中不断创新调度手段，不断丰富调度内容，相继推出应急水量调度、春季融冰期水量调度，生态水量调度，常规调度期调度，"双控"制水量调度等一系列调度措施，为有限的黑河水资源效益最大化，发挥了至关重要的作用，逐步形成了中国西北内陆河水资源统一管理与调度的"黑河样本"。

20 年来，通过实施黑河水量统一调度，累计进入下游正义峡断面的水量超过 225 亿立方米，供给额济纳绿洲生态水量近 125 亿立方米。下游河道断流天数显著减少，东居延海连年不干涸，水域面积常年保持在 40 平方公里左右。曾几何时寸草不生的盐碱滩，吸引着越来越多的珍稀野生鸟类流连于此。额济纳绿洲面积增加 200 平方公里，相关区域地下水位普遍抬升。沿河两岸近 300 万亩濒临枯死的柽柳得到抢救性保护，胡杨林面积由 39 万亩增加到 45 万亩。黑河流域生态环境的改善，有力遏制了影响我国西北、华北地区沙尘暴肆虐蔓延。黑河生命形态得以重塑，绽放出一幅人与自然和谐共生的新时代生态图景。

在黑河水资源优化配置进程中，中游张掖市改变传统发展模式，走节水型发展之路，倒逼产业结构调整转型，节水优先，以水定产，产业升级与生态改善融合发展，膜下滴灌、高标准低压管灌等节水技术广泛应用，农业水价改革、现代水权交易制度探索显见成效。

2016年3月，作为国务院确定的172项节水供水重大水利工程之一，黑河干流首座控制性骨干工程黄藏寺水利枢纽开工建设。这座工程的兴建，犹如一颗矗立在雪域高原峡谷的璀璨明珠，将为黑河水资源优化配置、高效利用，促进黑河流域经济社会发展、生态环境改善，提供有力的支撑。

黑河水资源统一管理与调度的成功实践，饱含着党中央、国务院的高度重视与殷切关怀，凝聚着水利部，黄河水利委员会，黑河流域青海、甘肃、内蒙古三省（区），中国酒泉卫星发射中心、95861部队认真贯彻落实中央决策部署、靠前指挥的成果结晶，镌刻着流域上中下游各方顾全大局、携手奋进的共同奉献，浸透着黑河流域管理局一批批干部职工创新思维、攻坚克难的心血与汗水，见证着黑河流域管理事业不断开拓前进的坚实步履。

为向中华人民共和国70华诞献礼，纪念黑河流域水资源统一管理与调度20年，黑河流域管理局决定组织编写《见证黑河》一书。本书旨在以习近平新时代中国特色社会主义思想和党的十九大精神为指导，全面反映黑河水资源统一管理与调度的奋斗历程，认真总结黑河流域水资源统一管理、优化配置与水量调度的实践经验，遵照习近平总书记提出的"节水优先、空间均衡、系统治理、两手发力"治水方针，按照水利部党组治水总基调，激励人们继往开来，踵事增华，不忘初心，牢记使命，积极践行"维护黑河健康生命，促进流域人水和谐"新理念，进一步推进黑河流域河流泰盈，人水和谐新局面，打造西北内陆河流域管理新标杆，把黑河治理保护与管理事业持续推向前进。

对于本书的编写，黄河水利委员会领导给予了高度重视，对新时代黑河流域生态文明建设、水资源管理与调度提出了明确要求，寄予了深切厚望。黑河流域管理局党组书记、局长刘钢同志从总体筹划、组织推动，到谋篇布局，审稿把关，亲力亲为，并为本书撰写了序言。编委会所有同志各负其责，抓紧各有关环节的通力配合。内蒙古自治区额济纳旗水务局从项目合作到经费筹措，给予了大力支持。黄河致远文化产业有限公司负责本书的项目实施及有关编务工作。各方面的关注和支持，都有力推动了本书编写工作的顺利进行。

鉴于编写时间紧、内容涉及范围广，事件历时跨度长，从2018年11月开始，黑河流域管理局即与有关方面协商组成编写组，明确责任分工。本书由黄河水利作家协会主席侯全亮担任执行主编兼总撰稿，统筹全书编写审改，并负责编制大纲及执笔有关篇目。本书前言由侯全亮执笔，第一章由张建铭执笔，第二章由王继和、黄峰、都潇潇执笔，第三章由侯全亮、王继和、李晓莹执笔，第四章由都潇潇、李晓莹执笔，第五章由侯全亮、黄峰、张建铭执笔，第六章由黄峰、张建铭、李晓莹执笔，第七章由侯全亮、王继和执笔。黑河流域管理工作大事年表由石培理、董瑞编辑整理。方祖辉参与编写了有关篇目。图片统筹由高学军、董瑞、王维邦负责。插图设计由侯全亮负责。资料编务由张帆、陈志辉、仇杰、于波、董国涛、鲁学纲、董瑞、王晓云、杨泽健、王小星、薄鑫、刘龙涛、代君、李柯、杨艳蓉、畅祥生、范正军、王维邦、廉耀康、蔡士祥、顾秀文、张萌等负责。

编写过程中，本书执行主编、黄河水利作家协会主席侯全亮研究员精心组织编制大纲，通篇审阅、修改与调配各章内容，撰写有关篇目，设计文中插图，为本书倾注了大量心血。编写组全体人员以高度的责任心和紧迫感，克服手头工作任务繁重等实际困难，广泛收集查阅资料，悉心研究黑河流域历史沿革、各阶段流域水资源统一管理与调度的发展进程和特点，勤奋笔耕，伏案劳作，付出了辛勤的劳动。黑河流域管理局机关部门和单位认真审校有关数据和事件，黑河流域管理局历届领导常炳炎、孙广生、王道席、任建华、高学军等同志，怀着对黑河治理保护与管理工作的深厚感情与炽热情怀，以对历史高度负责的精神，认真审阅书稿，提出了许多富有价值的意见和建议。

本书于 2019 年 6 月上旬完成初稿，6 月 11 日黑河流域管理局组织流域三省（区）、两部队等单位的代表和有关专家对初稿进行了咨询审查。根据专家建议及后续反馈意见，又进行了认真修改完善，先后八易其稿，于 2019 年 7 月定稿。

本书经黄河水利委员会出版基金评审委员会组织专家评审，一致同意作为 2019 年度黄河水利委员会出版基金资助项目，由黄河水利出版社出版。

在此，谨对所有为本书的编写出版做出贡献的人们，深致谢忱。

本书插图除署名者外，由黑河流域管理局、张掖市水务局、额济纳旗水务局、酒泉卫星发射中心等单位提供。

由于本书涉及范围广，编写时间紧，书中若有不当或疏漏之处，恳切希望广大读者提出意见，以便今后进一步修订完善。

本书编写组
2019 年 7 月

目 录

第一章　穿越千年

黑河，我国第二大内陆河，它从祁连山中部青海省祁连县发源，一路汇溪川，越峡谷，自南而北贯穿青海、甘肃、内蒙古三省（区）。锁钥河西走廊，穿越茫茫戈壁，汇流沙漠腹地。千百年来，哺育着流域内世世代代的人们，浇灌着广阔的沃野良田，滋润着维系生态平衡的天然绿洲。黑河多姿多彩的流域特征，纵观古今的战略要地，交融汇流的民族文化，丰富厚重的历史画卷，在国家政治、经济、社会、文化、生态文明建设总体布局中具有重要的地位。

第一节　多姿多彩的流域特征

一、万物生灵的生命之河

黑河干流源于祁连山北麓的冰川地带和草甸湿地，分东西两脉，俗称东岔、西岔。东岔与黄河源头之一的青海大通河同宗同源，以景阳岭为分水岭，大通河向东流入黄河，黑河东岔则从景阳岭西部开始孕育，沿途汇入高山融雪、草甸细流成俄博河（八宝河）、青羊沟等大小支流，一路向西倒流80多公里，至青海祁连黄藏寺与西岔汇合。西岔从托勒山、铁里干山滥觞，沿途汇入冰川融雪、山涧细流、森林湿地积水及托勒河、野牛沟、萨拉河、油葫芦河等，一路向东190多公里，至狼舌头与东岔汇合，由此始称黑河。向北进入甘青交界的高山峡谷，一路纳川携流，出莺落峡山口进入河西走廊，在张掖西北

祁连山黑河源区湿地　董保华摄影

接纳山丹河，再西北经临泽接纳梨园河、高台纳摆浪河，穿越北山正义峡后进入阿拉善平原，向北流经酒泉金塔（原来在鼎新有北大河汇入）和东风场区，进入巴丹吉林沙漠，再东北折入内蒙古额济纳旗境内的狼心山（巴彦宝格德），由东河（达西敖包河）向北分八个支流（纳林河、保都格河、昂茨河等）呈扇形注入东居延海（索果淖尔）。黑河干流全长928公里，上游河源至莺落峡313公里，中游莺落峡至正义峡204公里，下游411公里。

　　黑河的源头，在祁连山中段东西300多公里的山脉之间，东起青海门源境内的景阳岭，西起青海祁连境内的托勒山，分为东部、中部、西部三个子水系，由大小36条河流组成。西部子水系包括讨赖河、酒泉洪水河等，自冰沟出山后称北大河（或临水河），原有地表水在金塔县境内汇入黑河干流，后经酒泉、嘉峪关引用，余水汇入鸳鸯池水库供金塔县灌溉耗用，正常来水年份无径流汇入黑河干流。中部子水系包括酒泉马营河、丰乐河等小河流，流归于肃南明化、高台盐池，潜流水回归黑河干流。东部子水系包括黑河干流及梨园河、山丹河、民乐洪水河、大堵麻河等，除山丹河、梨园河尚有径流汇入黑河干流，其余小支流出山后消失于各灌区。

　　黑河水系中，集水面积大于100平方公里的河流约18条，地表径流量大于1000万立方米的河流有24条。在山区形成的地表径流总量为37.55亿立方米，其中东部子水系出山多年平均天然径流量24.75亿立方米，包括干流莺落峡出山径流量15.8亿立方米，梨园河出山径流量2.37亿立方米，其他沿山支流6.58亿立方米。

早期黑河干流进入额济纳旗境内的狼心山（巴彦宝格德）西麓后，又分东西两河，东河八条河注入东居延海，西河（穆林河）向北分五条河（龚子河、科立杜河、马蹄格格河等）注入西居延海（嘎顺淖尔）。至20世纪60年代初期，西居延海干涸。

从历史渊源和史料记载看，黑河演化古老、流向特殊，颇具神秘色彩，曾留有大禹治水的踪迹和传说。《尚书·禹贡》："黑水西河惟雍州，导弱水至于合黎。"《汉书·地理志》："删丹有弱水……居延泽在张掖东北，古文以为流沙，而于黑水只称羌谷。"《史记》："羌谷水自合弱水，又西经合黎山，折西北流迳沙碛之西，入居延海。"《水经注》："弱水出张掖、删丹西北，出合黎山峡，又东北千余里入居延海。"从这些文献记载可知，黑河属古雍州之地，黑河干流自张掖城南的祁连山谷流出，古称"黑水"或"羌谷水"，它的东系支流山丹河称"弱水"或"删丹河"，在张掖城西北汇合后，"黑水""弱水""黑河"等并称，经合黎山向西北再东折流入居延海。

黑河干流中游张掖段及其支流山丹河，河道宽浅平舒，水流缓慢，《山海经》云："昆仑之北有水，其力不能胜芥，故名弱水。"但实际情况远非如此，夏秋季的黑河，流量常在300~500立方米每秒，有时还有上千流量的洪峰，冬季流量也在30立方米每秒左右。这条古老的河流，数万年之前，在经历了更新世气候变迁和持续干旱之后，水量逐渐消减，流域湿地和尾闾水域面积逐渐萎缩。据有关考证和勘测，黑河尾闾居延海，史前时期水域面积达到2600平方公里，汉代仍超过720多平方公里，古时匈奴呼为"天池"，汉时称"居延泽"，到唐代才称居延海。到了20世纪，1958年航片显示，西居延海水域面积约267平方公里，东居延海水域面积约35平方公里，两者合计仍然超过300平方公里。1961年，西居延海迅速干涸。1992年，东居延海最终干涸，直至2000年黑河跨省区调水后，东居延海再度进水，之后形成和保持在40平方公里左右的水域面积。

黑河流域祁连山自然保护区和湿地自然保护区，动植物资源非常丰富，拥有阴湿生、寒旱生植物上千种，拥有野生动物230多种，其中国家级保护动植物70多种。

据相关调查统计，保护区内有高等植物84科399属1044种；按乔灌草统计，乔木48种，灌木145种，草本936种；按用途分为饲用植物、药用植

黑河尾闾东居延海

物、农用植物、纤维植物和观赏植物等。有国家重点保护野生植物 10 余种，其中属于国家二级保护的有星叶草、冬虫夏草等，属于国家三级保护的有肉苁蓉、蒙古扁桃、桃儿七、裸果木等。保护区内有各类野生陆栖动物 229 种，其中兽类 47 种，鸟类 169 种，两栖爬行类 13 种。属于国家一类保护的有藏野驴、雪豹、野牦牛、白唇鹿、马麝、黑鹳、遗鸥等 16 种，属于国家二类保护的有马鹿、盘羊、岩羊、草原雕、蓝马鸡、大天鹅、小天鹅、灰鹤等 44 种。随着气候变化、人类扰动增加，保护区有些物种数量呈下降趋势，在 20 世纪 70 年代调查时，马麝在祁连山北麓就有 39500 多只，10 年后第二次调查时数量下降了 68%，而野马则在 20 世纪 50 年代末绝迹。近年来随着环保意识增强和保护措施跟进，一些物种数量上升，一些绝迹动物开始重新出现。

黑河干流沿线地表水与地下水的反复交替，形成了星罗棋布的湿地湖泊、沼泽滩涂，构成内陆干旱区生物多样性分布、喜湿植物茂盛的独特生态系统，为野生鸟类繁衍生息创造了得天独厚的条件。每当春夏、秋冬之交，按东非西亚线、东亚澳大利亚线迁徙的候鸟途经我国西北，把黑河沿岸的大小湿地作为中转站和栖息地，大批水禽成群结队，在中游水库湖泊繁殖栖居，有 60 余种鸟类途经黑河，约占全世界总数 3‰以上的一级保护对象黑鹳在黑河湿地保护区越冬。

黑河东部子水系多年天然径流量仅 24.75 亿立方米，干流多年平均径流量 15.8 亿立方米。正是这一线"弱水"，成为阻断巴丹吉林沙漠和腾格里沙漠的一条生态河，形成西北乃至全国至关重要的一道生态安全屏障，更是河西走廊中段的一条生命河，养育了河西走廊的万物生灵，滋润了巴丹吉林沙漠和腾格里沙漠边缘的一片片绿洲，使中游张掖获得了"塞上江南""戈壁水乡"的美誉，在下游茫茫戈壁成就了沙漠明珠居延海的神奇，书写出河西走廊和丝绸之路的历史辉煌。

二、干旱少雨的气候特征

黑河流域位于河西走廊中段，东连石羊河流域，西邻疏勒河流域，南以祁连山为源，北与蒙古国接壤，国土流域面积14.29万平方公里，其中山区面积约占34%，绿洲面积约9%，荒漠面积约57%，从源头到尾闾，纵跨三种截然不同的自然环境单元。流域分属三省（区），上游属青海省祁连县、甘肃省肃南县，中游属甘肃山丹、民乐、张掖、临泽、高台、肃南、酒泉等市县，下游属甘肃金塔和内蒙古自治区额济纳旗。流域内由南向北分布为水源涵养生态区、牧业区、农耕区、牧耕区、荒漠生态区。

黑河流域位于欧亚大陆中部，远离海洋，周围高山环绕，气候受中高纬度的西风带环流、极地冷气团及青藏高原祁连山~青海湖气候区、阿拉善高原气候区影响，具有明显的东西差异和南北差异，中游河西走廊为温带干旱亚区，下游为阿拉善荒漠干旱亚区和额济纳荒漠极端干旱亚区，总体干燥少雨，多大风，日照充足，太阳辐射强烈，昼夜温差大，水资源时空分布极度不均。

上游祁连山区为地表径流形成区，降水量由东向西递减，雪线高度由东向西逐渐升高，海拔3500米以上区域年均气温在摄氏零度以下，2600~3500米区域年均气温1摄氏度左右，年降水量200~700毫米，海拔每升高100米，降水量增加约16毫米，径流量的大小受降水、融冰及森林植被覆盖度等影响，年内分配不均，年际变化较大。

中游走廊平原区为径流利用区，由东向西、由南向北降水量递减、蒸发量递增，年降水量50~250毫米，蒸发量达1700毫米以上，海拔每降低100米，降水量减少约4毫米，蒸发量增加约28毫米。海拔1600~2300米的地区，气候冷凉，是农业、牧业过渡带。海拔1600米以下地区，气候温暖，光热资源丰富，全年日照时间长达3000~4000小时，是农业发展理想区。下游额济纳平原及尾闾湖段为径流消耗区，这里深居内陆腹地，是典型的大陆性气候，降水少，蒸发强烈，温差大，风沙多，日照时间长，

额济纳绿洲毗邻的巴丹吉林沙漠　脱兴福摄影

年均降水量仅为42毫米，年均蒸发量高达3755毫米，年均气温8.04摄氏度，最高气温41.8摄氏度，最低气温零下35.3摄氏度，年日照3325.6～3432.4小时，年均风速4.2米每秒，最大风速15.0米每秒，8级以上大风日数约54天，沙暴日数约29天。近年来，随着黑河水量调度和流域生态治理，径流周边和居延海湖区自然生态明显好转。

黑河流域地表水主要取决于祁连山大气降水和冰雪融水的时空分布，山区地表径流年内分配和降水过程，与高温季节基本吻合，径流量与降水量集中于6～9月，春季以冰雪融水和地下水补给为主，夏秋季以降水补给为主。冬春枯水季节，黑河径流量约占年径流总量的20%；降水以冰雪固态蓄存，约占年降水量的10%。春末夏初气温升高，地表径流量增加，约占年径流量的25%。盛夏雨季，降水量、冰川融水量加大，地表径流达到年径流量的55%以上。黑河干流出山后进入走廊平原，受灌溉生产影响，径流年内分配发生明显变化，春灌高峰期，正逢河水枯水期，黑河下泄水量很少，甚至出现河床断流现象。夏季河水开始增加，秋季灌溉回归水和地下水大量溢出，形成年内径流高峰。秋末冬初，冬灌引水增加、降水量减少，河川径流再度减少，冬季11月达到最低值。冬末春初，为非农业用水季节，用水量减少，地下水补给稳定，河流量平稳，至3月融雪融冰形成春汛。因此，黑河干流总体呈春汛、夏洪、秋平、冬枯的特点。

三、色彩纷呈的地貌大观

从黑河的源头出发，沿着它弯弯曲曲的流径，人们可以体察和欣赏这条河西走廊的生命之河在各个地段的不同光景、多样风貌。高山草甸之间，涓涓细流悄悄生发，汩汩新泉潺潺汇聚。河滩草原之上，散漫的牦牛如黑色的宝石，悠闲的羔羊似洁白的珍珠。峭壁峡谷之中，远眺俯瞰，一条丝带曲折有致、回环飘逸；近身视听，一条虬龙奔腾翻跃、恣肆咆哮。平畴沃野里，它分流出无数毛细支脉，散发出母性博大慈爱的光辉，绿了无边苗木，润了遍地果实，丰盈了人们平凡的日子。茫茫戈壁上，它划开枯亡与死寂，点燃一道生命的亮色。在流程终结的尾闾，它聚集起最后的能量，在沙漠中形成一片清波荡漾的明艳与辉煌，在平静的消散挥发中，展现着与酷暑炎热拼死抗争的坚毅与倔强，昭示着消亡与重生的轮回大道。一路的蜿蜒曲折，一路的风雨兼程，一路的兼收并蓄，一路的付出奉献，装点了山川，丰润了大地，明媚了天境祁连，扮靓了塞上绿洲金张掖，皴染了沙漠红柳的绚烂，浇铸了戈壁胡杨的精魂，描绘了沙漠明珠居延海的神奇与美丽。黑河流域不仅是地质地貌大观园、奇景异色博览园，而且是物产丰盛、品种繁多的农博园，更是底蕴深厚、积淀丰富的文化生态园。

黑河的源头祁连山脉，横亘在青海东北与甘肃西部，由多条西北至东南走向的平行山脉组成，东西长800公里，南北宽200～400公里，东与秦岭、六盘山相连，西与阿尔金山脉相接，有大雪山、托来山、托来南山、野马南山、疏勒南山、党河南山、土尔根达坂山、柴达木山、宗务隆山等高大山系，

祁连山脉牛心山（藏语阿咪东索，意为众山之神）

有玛珥雪山、岗什卡雪峰、景阳岭、牛心山、卓尔山、团结峰等著名雪峰。山间谷地海拔在 3000 ~ 3500 米，山峰海拔在 4000 ~ 6000 米，最高峰疏勒南山的团结峰海拔 5808 米。海拔 4000 米以上的山峰，皑皑白雪终年不化。

祁连山横亘在河西走廊沿线南部，形成一座与干旱、沙尘、朔风搏对抗击的生态屏障，阻隔着内蒙古腾格里沙漠、巴丹吉林沙漠与柴达木盆地沙漠的汇合漫延，拱卫着"中华水塔"三江源的北方门户；它伸开绵延的长臂，与天山、昆仑握手相接，为河西走廊一路保驾护航，成就了丝绸之路的千古辉煌。

祁连山海拔 4000 米以上的山峰之间有冰川 3300 多条，面积 2000 多平方公里，储水量约 1300 亿立方米。祁连冰川形成期有古有今，主要依赖于高海拔大山体提供的丰富冷储而发育，在高山峰顶形成固态冰雪圈，在平缓山顶形成冰雪帽，在山脊峰谷形成冰雪舌状带，冰川类型有悬冰川、冰斗—悬冰川、冰斗冰川、冰斗—山谷冰川、坡面冰川、平顶冰川等，其中数量最多的是悬冰川，占到冰川总数的 50%，而面积最大、储量最多的是山谷冰川，面积近 40%，储量占 56% 以上。祁连山最大的冰川是土尔根达坂山的平顶冰川敦德冰川，面积达 57 平方公里；最长的冰川是大雪山北坡的山谷冰川透明梦柯冰川（老虎沟 12 号），长度达 10.1 公里；位于走廊南山南坡平缓山峰的八一冰川，洁白纯净，形似冰帽，冰崖高达数十米、长约数百米，呈东西方向排成一字长阵，犹如一条古拙遒劲的苍龙横卧在雪域高原；位于北大山支流柳沟泉河、张掖市肃南裕固族自治县境内的七一冰川，形成于 2 亿年前，属冰斗山谷冰川，冰峰海拔 5145 米，冰舌末端海拔 4310 米，终年积雪，"青山不老，为雪白头"是它生动的写照，远望银河倒挂、白练悬空，近看冰舌斜覆、冰壁直立，冰融雪消处冰帘吊垂、冰缝深裂，景观奇特。

有关观测表明，近年来祁连山冰川处于明显的退缩状态，冰川消融加剧，雪线上升，冷龙岭一带已有近 30 条冰川消失，透明梦柯冰川冰舌退缩 100 多米，七一冰川、八一冰川、十一冰川、摆浪河冰川等，面积和厚度都有较为明显的退缩，主要原因是全球气候变暖和降水量变化，人为扰动的加剧也是不可忽视的因素。

祁连山的原始森林区，有 15.7 万公顷的森林资源，夏秋之季风光迷人。祁连山区按不同海拔高度划分为山地荒漠草原带、山地草原带、山地森林草原带、亚高山灌丛草甸带和高山亚冰雪稀疏植被带。海拔 2600 ~ 3500 米的山地和亚高山地带，相对丰富的降水，雪山冰川融水，形成横向发育的常绿针叶林、丛生禾草带等森林草木资源，油松林、青海云杉林、圆柏及山杨、

八一冰川一角 董保华摄影

红桦、山柳、香柏等混交林最为常见，与低海拔区的矮半灌木带、丛生禾草带和高海拔区的亚洲高山灌丛、高山草甸，铺展成阴阳坡交错分布、上中下层次分明的林草组合带。

高冷气候条件下相对丰富的降水，形成了雪峰，发育了冰川，滋养了森林草木，孕育了河流，丰润了草甸，而雪山、冰川与森林草原、河流湿地等形态元素相互作用、交互影响，构成了祁连山水源涵养的特殊环境。而水源涵养林则是祁连山及河西地区生态系统的主体，在整个生态系统平衡方面起着决定性作用。

近年来的研究表明，祁连山森林覆盖率不到30%，年降水量约400毫米，水源涵养天然林树种结构单一，灌木草本密度小，天然更新能力弱，受降水、气候等自然条件影响大，承载力低，易于破坏且自我修复能力差。祁连山水源涵养林的保护，不仅是河西地区生态文明建设和可持续发展的重要支撑点，而且对整个西北乃至全国生态屏障安全具有重要意义。为此，20世纪80年代甘肃省上报国家有关部委设立了祁连山自然保护区和22个自然保护站，在封山育林、动物保护、气象监测、矿产资源保护等方面发挥着重要作用。

黑河水源区祁连山南山与北山之间、海拔3200～4500米的狭长谷地，发育有大面积的高寒草甸。高山草甸又称为高寒草甸，是寒冷环境条件下发育在高原、高山的一种草地。这里的植被组成主要是冷中生多年生草本植物、多年生杂类草，以莎草科、禾本科以及杂类草居多，植株低矮，生长或稀疏或密集，下层常有密实的藓类，有的地方会形成平铺的植毡。春夏之交，从黑河东岔八宝河到西岔野牛沟两岸，特别是野牛沟到八一冰川的山谷地段，成片的高寒草甸尽情生育，遮盖河滩，铺向山前，形成地毯般的茵茵绿波，在蓝天碧水的映衬下，生机勃勃。

与高山草甸伴生的，是成片的沙砾或沼泽性高原湿地，以及大大小小的湿地湖泊。这里往往是水源滥觞、河泉流集或地下水位较高的区域，海拔较高的地方是高山草场，低凹的洼地形成湿地湖泊。黑河西岔野牛沟西向到走廊南山阳坡谷地，有黑河流域上游连片规模最大的高寒草甸和高原湿地，在春秋之季还会形成数平方公里水面的湿地湖泊及星罗棋布、大小不一、数量众多的微型"千岛湖"。

在黑河干流中下游河道周边，特别是张掖地区，拥有分布广泛、类型多样的河川湿地，面积达 2000 多平方公里。张掖素有"塞上江南"的美誉。现在设立了黑河湿地国家级自然保护区，区内有天然湿地和人工湿地两大类，属荒漠地区典型的内陆湿地和水域生态系统类型，发挥着涵养水源、调节气候、净化水质、防风固沙等多种生态功能。

从源头山区的高原草地，到祁连山前的平川草原，从中游低地草甸区，到下游地带的荒漠草原区，黑河流域分布着面积广阔、数量众多的各类草原。巍峨的雪峰捧起洁白的哈达，广袤的草原铺开千里碧毯，蓝天白云，牛羊成群，使祁连山草原成为中国最美的草原之一。

水草丰美的夏日塔拉草原（也叫皇城滩、大草滩），历史上先后曾为匈奴王、回鹘人、蒙古王阔端汗的牧场，与夏日塔拉草原相连的大马营草滩，是焉支山下一望无际的川地草原，闻名中外的世界最大军马场——山丹军马场就建在这里。东西相邻的肃南裕固族自治县西嶂东嶂草原、康乐草原，每当盛夏，金色和银色的哈日嘎纳花尽情开放，红色粉团花、蓝色马莲花点缀其间，各色无名花随意装扮，白色的毡房炊烟袅袅，黑色的牦牛悠然漫步，整个草原一片灿烂。与草原相连的绿洲田野，常常是数万亩油绿的青稞、成片的油菜花，黄绿相间，仿佛天织就的巨幅油画，李白曾有诗云："虽居焉支山，不道朔雪寒。妇女马上笑，颜如赪色盘。"正是祁连山下千里草原风情的诗意写照。

黑河中下游平原地带，气候干旱，降水稀少，形成以荒漠戈壁为主的生态环境。黑河干流及其众多支流从祁连山自南而北纵贯走廊，使流域中游成了过去河西地区最为丰饶富庶的地方，也成为过往客旅、贸易商队理想的中转补给之所，并逐步成为百姓聚居生活、士卒戍边屯垦、商贾东西云集的枢纽重镇。

祁连山源源不断的冰川雪山融水，使这一西北干旱区有了得天独厚的水资源条件；奔流不息的河水，在中游平原形成平坦的冲积扇和富含有机物的土壤，冲积扇上的地表水或潜入地下，或涌出地面，形成地表水与地下水频繁转换的特殊水文条件；勤劳智慧的人民，因形就势不断开发建设，形成了渠道遍布、网络完备的灌溉系统；充沛的日光资源，数千年进化生成的沙枣、红柳、胡杨等旱生植物，与品类丰富的人工栽培植物和经济作物，使中游张掖灌区、下游酒泉金塔灌区及内蒙古额济纳旗，形成了黑河流域的片片绿洲，展示着大自然生命的奇迹。

黑河流域祁连山与山前平原的结合部，有大片分布广泛、举世罕见的彩色丘陵地貌景观张掖丹霞，以层理分明、色彩斑斓、造型奇特、气势磅礴而著称，集广东丹霞的奇峭、桂林丹霞的险峻、新疆丹霞的五彩于一身，是国内唯一的丹霞地貌与彩色丘陵景观复合区。七彩丹霞的存在，至少有 200 万年以上的历史，是一种在内陆盆地沉积的红（彩）色屑岩，经地壳抬升、流水切割侵蚀、山体崩塌后形成丘陵、山岩，有的经长期风化剥离和流水侵蚀，形成孤立的山峰和陡峭的奇岩怪石。张掖临泽的七彩丹霞偏居祁连山隅，深藏于荒丘野壑之中，过去鲜有人迹。21 世纪初，一些摄影爱好者拍摄的图片相继问世，开始引起世人注目，之后被《中国国家地理》《美国国家地理》评选为"中国最美的七大丹霞""世界十大神奇地理奇观"之一，七彩丹霞由此声名远播。它们有的层峦叠嶂、错落有致，有的刀削斧劈、参天直立，有的笔走龙蛇、神工如画，有的艳丽似霞、灿烂眩目。雨雪初霁之时，蓝天白云之下，朝阳夕晖之中，赤壁丹崖变幻成黛青、暗褐、丹红、艳黄交织的七彩锦纶，在广袤空旷的山峦间尽情挥舞、随意铺展，造成强烈的视觉冲击和心灵震撼，成为人们寻奇西部、揽胜塞外的神往之地。

雅丹地貌在黑河流域下游一

张掖七彩丹霞　脱兴福摄影

11

黑河支流马营河　邓武摄影

带，也有零星分布。在茫茫戈壁中形成或孤岛、或平台、或柱墩、或废城等
形态多样、风貌奇异的雅丹景观；在与黑河中东部水系有地下水联系的巴丹
吉林沙漠，则有形状怪异的风化石林、风蚀蘑菇石、蜂窝石、风蚀石柱、大
峡谷等雅丹地貌。

　　黑河流域地处西北干旱区，沙漠、戈壁占有很大比例，沙漠常常与黑河
沿岸及水系丰富的草场、湿地、农田、林地交错呈现。规模较大的连片沙漠
或流动沙丘带，主要沿冲积平原西北至东南向分布，形成平坦宽阔的戈壁滩
或新月形沙丘、沙垄、沙丘链等。由于千万年来的水资源布局变化，沙漠与
绿洲相互侵蚀，有的地方沙漠包围绿洲，有的地方绿洲拥围沙漠，有的沙漠
中至今还留有城池残垣、村舍废墟、烽燧残墩、水流遗迹、渠系残存，成为
沧海桑田的变化印证，历史文化的信息留存，地理地质研究的活化石。

　　黑河尾闾额济纳绿洲毗邻巴丹吉林沙漠，年降水量极少，蒸发量很大，
神奇的是，这里却有上百个大小不一的湖泊，其中一半以上常年有水，当地
人称为"海子"。每当春秋季节地下水充沛时期，沙漠海子水面上升，静谧幽蓝，
芦苇丛生，水鸟嬉戏，与纹路整齐的沙山，高低变化的沙鸣，构成迷人的"漠
北江南"独特景观。而沙漠明珠黑河尾闾东居延海，自 2000 年跨省区成功调
水、2005 年开始保持全年不干涸，如今水波浩渺，水域面积约 40 平方公里，
白鹭在空中飞鸣，野鸭在水中嬉戏，骆驼缓步，牛羊安然，红柳舒展翠艳的
枝叶，胡杨闪烁金色的光芒，湖光与晚霞构成金波荡漾的神话梦境，一首大
漠戈壁的生态欢歌生动飞扬。

第二节　纵贯古今的战略要地

一、穿越千年的历史沿革

著名的河西走廊，位于黄土高原、青藏高原和内蒙古高原的交汇地带，在黄河以西的祁连山脉和北山山脉之间形成一条地势平缓、横穿东西的狭长廊道，宛如天然走廊。这里，东达关陇及中原内地，西通新疆、中亚及欧洲，南出扁都口与唐蕃古道相交可达青藏高原，北出镇夷峡（今正义峡）沿居延古道远抵蒙古大漠，历史上是丝绸之路的重要驿站和咽喉要塞，是中原王朝与西北游牧民族政权争夺的焦点，也是我国当代重要的战略要地。

在古代神话传说和相关古籍记载中，黑河及黑河流域是一个神秘而奇异的地方。祁连山下河西走廊中段的襟带要地，在新石器时代就有人类活动足迹。《尚书·禹贡》记载"黑水西河惟雍州"，意即黑河地区属于古雍州地界，说明禹分九州之时，黑河流域就是古人已知的地方。《尚书·禹贡》还有大禹"导弱水至于合黎，余波入于流沙""禹西巡至流沙，声教布于四海"等记载，其中弱水即黑河干流及其支流山丹河的古称，合黎即今黑河中下游地区、合黎山及高台县正义峡一带，流沙据考证系指黑河下游地区及居延海，可见黑河流域早在史前时期已有开发活动，并成为大禹最早治水的区域之一。

禹分九州之前，黑河流域属西戎旧地。禹继位后，把少子分封于此，成为华夏民族在这一带的最初统治者。西周时期，戎、狄等部族在这里游牧或居住。周穆王西征，西戎归顺。春秋战国时期，乌孙、月氏占居河西，后来月氏赶走乌孙，称雄于敦煌、甘州、祁连一带。秦汉之际，北方的匈奴逐渐强大，击败月氏，河西成为匈奴右贤王的领地，黑河东、西由匈奴休屠王、浑邪王分领。秦统一六国之后，边疆也只扩展到陇西一带，河西及河西之西的广大地区仍然是匈奴、羌族、月氏的天下。

河西走廊正式进入中原王朝的视野，是在雄才大略的汉武帝刘彻登台之后。西汉初期，北方的匈奴对汉王朝形成包围侵袭之势，基于加强巩固中央集权统治、稳定扩大帝国边疆的策略，汉武帝派遣张骞穿越河西走廊，前往月氏、乌孙等西域诸国寻求军事同盟。元狩二年（公元前121年）春，汉武帝派遣骠骑将军霍去病进军河西，年轻的将军英气勃发，挥剑直指祁连山，跨过焉支山，越过黑水河，首战即大破匈奴，收取休屠王祭天金人。当年夏天，霍去病再次出兵陇西，过居延，攻祁连，俘获匈奴三万多人，大军所至威势震慑，造成匈奴内部分裂，迫使浑邪王杀休屠王率众降汉。第二年，汉武帝不给匈奴余部喘息的机会，再度吹响进军号角，霍去病长剑挥舞，又一次大破匈奴并一路追击，剑锋轻骑直达居延以北，在狼居胥山耀武扬威，筑坛祭天，立碑记功，高调宣示大汉王朝的威严和主权。自公元前121年至公元前88年，汉武帝先后在河西设置酒泉、武威、张掖、敦煌四郡，其中公元前111年正式设置了黑河流域的张掖郡，取"张国臂掖，以通西域"之意。经过

现存黑河下游额济纳博物馆的古兵器

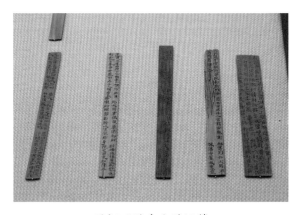

黑河下游出土的汉简

张骞、霍去病等人的外交经略、武力攻伐，中原王朝打通了走向西域的河西廊道，张掖及黑河地区成为中原王朝向西伸展的肩肘关节和有力臂膀。

汉武帝之后，七入西域的常惠及和亲的细君公主、解忧公主等人，为汉帝国边防的稳定和巩固做出了不懈的努力。东汉时期，胸怀壮志的班超，步张骞之后尘，率区区36人的使团，以超人的勇谋毅力东联西突，经营西域30多年，使西域大小50多个政权归服东汉王朝，维护和保障了丝绸之路的通畅。

其后数百年间，匈奴、羌、突厥、土谷浑、吐蕃、回鹘等时有侵扰争略，中原统治者并没能一直牢固地掌控河西地区和走廊要道。魏晋南北朝时期，吕光、段业等地方割据势力称霸河西，沮渠蒙逊建立北凉政权后，发展农业，大兴儒学，推广佛教，黑河地区经济文化又现繁荣。隋唐时期，从隋炀帝大破吐谷浑，到唐高宗屡败犯边入寇的突厥，再到唐元宗败吐蕃于祁连城，河西地区仍然处于中原朝廷与西部民族的不断争夺攻略之中。唐五代及北宋前

期，则长期被回鹘所控制。公元 9 世纪，党项族在黑河下游建设黑城，公元 1028 年李元昊攻破甘州降服回鹘，河西地区自此由西夏政权统治。南宋宁宗嘉定十四年（公元 1221 年），蒙古攻西夏陷甘凉，设置甘肃行省统辖河西，5 年后蒙古军攻破黑城，公元 1286 年元世祖在黑城设"亦集乃路总管府"，黑河下游的黑城成为中原到漠北的交通枢纽。

明王朝的建立，使汉民族又重新恢复了大一统局面。公元 1372 年，征西将军冯胜攻破甘州、肃州及黑城的元军，明王朝设置了甘肃卫，黑河中游的张掖成为陕西行都司及甘肃的治所，而下游的黑城自此废弃。清代沿袭明朝旧制，张掖为甘州府治所及甘肃提督统军驻地，节制凉州、肃州、西宁、宁夏四镇总兵，成为清王朝的西部军事提调中心和后勤补给基地。左宗棠出兵新疆、收服伊犁时，在兰州练兵筹饷、肃州坐镇指挥，通过河西走廊调集军队、运送粮草，中游张掖是最重要的粮饷筹集基地和调运中心。

中华人民共和国成立后，黑河流域兴修水利，大搞农田基本建设，农牧业基础设施条件逐步改善，水资源开发利用水平日益提高，人畜饮水条件得到有效改善，防汛抗旱设施和体系建设逐步完善，极大地推动了流域农牧业生产的迅猛发展，上游青海祁连和甘肃肃南、下游内蒙古额济纳牲畜饮水困难有效缓解，饲草灌溉面积达到 23 万亩，牲畜牧养量达到 170 万头（只）；黑河中游特别是张掖市，耕地面积达到 523 万亩，粮油年产量曾超过 110 万吨，成为河西地区及全国的重要粮油基地。

水资源开发利用水平的提高和农牧业设施条件的改善，极大地推动了流域经济社会发展。根据流域各地国民经济统计年鉴，2017 年，黑河流域内总人口 140.34 万人，其中青海省 5.2 万人，甘肃省 131.9 万人，内蒙古 3.24 万人；粮油总产量 124.68 万吨，其中青海省 0.31 万吨，甘肃省 124.11 万吨，内蒙古自治区 0.26 万吨；大（小）牲畜计 429.06 万头（只），其中青海省 66.78 万头，甘肃省 355.17 万头，内蒙古自治区 7.11 万头。国内生产总值（GDP）为 478.96 亿元，其中青海省 24.51 亿元，占 5.12%，甘肃省 408.85 亿元，占 85.36%，内蒙古自治区 45.6 亿元，占 9.52%。

二、走廊锁钥，要道枢纽

古往今来，黑河中游地区作为河西走廊的关锁之地与通道枢纽，战略地位十分重要。素有"欲保关中，先固陇右；欲保秦陇，必固河西""河西不固，关中亦未可都"之说。

　　春秋战国至秦汉，月氏、匈奴等游牧民族先后占据此地。大汉帝国在开疆拓土、安定边防的战略及后来东西交流、玉帛互通的需要中，河西走廊及黑河流域的交通要道、军事要地及互市前沿的重大意义，开始在历史舞台上日益显现。公元前121～119年三年间，汉武帝派霍去病等三次进兵河西，大败匈奴，特别是第二次霍去病过居延、攻祁连，斩杀俘获匈奴三万余人，之后造成匈奴内部分裂，在接纳匈奴浑邪王率众降汉时，"凡数万人，号称十万"，霍去病尽数押解渡过黄河，"分徙边五郡"（见《史记·霍去病列传》《甘州府志》等），将原驻河西、投降汉军的匈奴数万人悉数迁出，分别安置在陇西、北地、上郡等地，又从内地大量移民，在河西驻军屯垦，先后设置了酒泉、张掖、敦煌、武威等河西四郡。这些固边安塞的措施推行，使河西地区及黑河流域从匈奴等游牧人群为主转为农耕定居的汉族人群为主，有效地促进了汉族与各少数民族的融合，维护了社会环境的安定，推动了区域内农牧业经济的发展，反过来又促进了走廊通道的畅通，造就了河西地区"风雨时节，谷籴常贱""驰命走驿，不绝于时月；商胡贩客，日款于塞下"的繁荣景象。

　　汉代的丝绸之路，由长安出发，向西进入甘肃东部穿越河西走廊时，分为南、北、中三线，南线由长安沿渭水、咸阳、天水、临洮、河州，在永靖渡黄河到西宁、穿越扁都口至张掖；北线由长安沿渭河、宝鸡、陇县，越六盘山，沿祖厉河过会宁，在靖远渡黄河至武威、张掖；中线由长安沿渭水、咸阳、天水清水，过六盘山至兰州渡黄河，沿庄浪河越乌鞘岭至武威、张掖。三条线路都在黑河中游的张掖汇合，继续向酒泉、瓜州、敦煌西进，入新疆境内沿昆仑山北麓、天山南麓南北两线抵达帕米尔高原（古称葱岭），至中西亚乃至罗马，成为连接大汉帝国与罗马帝国的陆上通道。

　　汉末及魏晋南北朝时期，中原动荡，河西割据，中原王朝实际已失去对河西走廊的有效控制，氐、羌、突厥、回鹘等少数民族不时侵扰寇犯，大小

再现丝绸之路梦驼铃　陈新文摄影

军阀逐鹿河西。

隋代结束了长达 300 多年的分裂动荡，隋炀帝大破盘踞青海祁连、经常袭扰甘凉的吐谷浑，派遣官员以黑河中游张掖为中心，经营东西贸易交流的互市，并且御驾西巡，在张掖地界召开了著名的"万国博览会"，促成丝绸之路上享有盛名的商贸活动，使河西走廊这一连接中原与西方世界的丝绸之路要道再度畅通。

盛唐时期是丝绸之路经济文化的辉煌时代，中原和西域的商贸往来和文化交流达到巅峰，商队从中原运出金银器、瓷器、丝绸等华贵制品，从西域运入玉石、青金石及葡萄、核桃、胡萝卜、胡椒、波菜、胡瓜、石榴等饮食品类，更有胡奴、艺人、歌舞伎、乐器及珍奇野兽、皮毛、香料、颜料、珠宝矿石、器具牙角、武器书籍等各色物品，通过河西走廊和甘凉古道东往西来，络绎不绝，河西地区及黑河流域一带的互市交流更趋兴盛，东西往来空前频繁。

唐中期以后，战乱频发，河西走廊常被阻断，虽有唐高宗屡败入寇甘凉的突厥、唐元宗败吐蕃于祁连城等军事行动，但河西走廊仍处于中原朝廷与西部民族的不断争夺攻略之中。唐五代及北宋前期，黑河上游为吐蕃统治区，中游地区为回鹘所控制，下游地区是党项族的领地。到了宋代，为避免西夏及盘踞西北的其他部族的侵扰，有时不得不绕开武威及黑河中游的张掖、酒泉等这些近便直接的交通结点，开辟了更为偏远和艰苦的"青海道"，从西宁、格尔木及柴达木盆地到达敦煌。甘凉古道渐趋荒凉，商贸互市走向冷落，曾经的繁华与光耀趋向暗淡。

蒙古帝国时代，河西走廊交通要道与军事要塞的地位再度凸现。河西走廊不仅连接着中原与西域，也连通着分处南北的蒙古高原与青藏高原。自公元 13 世纪初成吉思汗统一蒙古草原诸部起，蒙古帝国不断南下西进，迫使西夏国主李安全求和称臣，臣属西辽的畏兀儿、哈喇鲁降服蒙古，对金大规模作战，胜利后又西进灭西辽、攻占花刺子模国，占领了中亚的布哈拉、撒马尔罕等重镇及南俄草原，西征还师后继续打西夏，溯黑河沿龙城古道破黑水城、甘州、肃州，公元1227年灭西夏，公元1234年灭辽金，此后便是威震西方的"长子西征"，攻占了斡罗思的中部和南部，铁骑直达现在的波兰、匈牙利等地。而阔端汗率领的攻宋西路军，越过河西走廊攻打陇、蜀地区，对青藏高原的吐蕃统治区形成威逼之势，迫使西藏宗教首领萨迦班智达在河西走廊的凉州举行会谈，公元1247年，南北两大游牧民族和谈成功，双方达成西藏地区归属蒙古帝国统治、蒙古国允许吐蕃僧人传播佛教的盟约，这便是著名的"凉州会盟"。从此，蒙古高原与青藏高原通过河西走廊正式"握手"，形成了中国历史上面积最大的帝国版图。

明朝在河西地区修复阻断南北、分割通道的长城关锁，随着郑和下西洋和海上丝绸之路的拓展，河西走廊逐渐淡出了人们的视野。直到晚清时期，帝国大厦将倾，风雨飘摇，东西边防四处告急，特别是新疆危机的爆发，使河西走廊及西部地区再度走到历史前台。19世纪中叶，英俄两国加紧对中亚地区的殖民争夺，英国占领印度后开始觊觎中国领土新疆，支持中亚浩罕国阿古柏侵入中国新疆南部，继而侵占天山南北的广大地区；沙皇俄国也乘机出兵占领新疆伊犁地区，使新疆陷入被英俄两国肢解侵吞的危险境地。清王朝采纳左宗棠的"塞防论"进军新疆，任命左宗棠为钦差大臣，督办新疆军务。左宗棠以河西地区为西征大军的后勤保障地，以兰州、肃州(酒泉)为指挥驻地，以凉州、甘州、肃州、瓜州等城镇为士兵、粮饷、武器的集结、筹集、转运站，通过河西走廊源源不断地调运军队、保障后勤供给，先后收复乌鲁木齐、南疆八城、伊犁地区，粉碎了英俄吞并瓜分新疆的阴谋。在这场"重新疆、保蒙古、卫京师"的战役中，河西走廊在东西交通和军事行动中显现出无可替代的重要价值。

在长期历史时期内，作为丝绸之路的重要长廊，中原丝绸产品、金银器、瓷器等通过河西走廊运往西域，西域的玉石、青金石、皮毛、香料及葡萄、核桃、胡椒等通过河西走廊和甘凉古道运入中原，促成了古代玉帛之路的繁荣；四大发明、汉字汉文通过走廊向西方传播，西方科学技术、音乐艺术、宗教文化诸要素，也最先通过河西走廊与当地各民族文化发生交流交融，逐渐形成河西地区的文化特色。

特别是魏晋以后儒风西移、佛教东渐，以及割据更迭、政权交替和互市贸易活动的空前频繁，使河西走廊成为多民族大融合的前沿和交叉地带，数十个民族在这里交汇、融合，从而形成了民族和文化的大繁荣，构建了由儒经、佛卷、简牍、彩陶、壁画、岩画、雕塑、建筑等品类繁多、色彩纷呈、特色鲜明、灿烂辉煌的河西文化长廊。

现在的黑河流域，不仅是河西走廊中轴线上的重要节点、甘肃西部居中四向的中心地带，也是西北地区重要的立体交通枢纽。流域内东西连霍高速公路和连接新疆、内蒙、青海的主干道及兰新线铁路全部贯通，军民合用机场通航，通达西安、兰州、西宁、新疆的高铁方便快捷，成为西陇海兰新经济带和新亚欧大陆桥的腹地通道，在"一带一路"战略中具有显著的区位优势。

三、屯田、酒钢、航天城

从4000多年前山丹四坝、民乐东灰山的麦粟谷稷种粒，到如今黑河两岸农牧业的兴盛，黑河流域的农耕文明一步步流播演化，开拓进步。

汉武帝"张国臂掖，以通西域"，平定河西后设置四郡，移民垦植，戍兵屯田，黑河中游逐渐发展为"晏然富殖"之地。

隋唐时期，"甘州地广粟多……屯田广夷，仓庾丰衍……水泉良沃，不待天时，岁收二十万斛"（陈子昂《上谏武后疏》），在诗人陈子昂看来，黑河地区张掖一带水土丰沃，地广粮多，仓廪充实，所不足者唯"兵少不足以制贼"，因此建议增加屯兵、扩充军力。

元代忽必烈时期，行省郎中董文用督令甘州、肃州、瓜州等地开垦水田，引进宁夏的水稻种植法，后来甘州乌江大米成为驰名全国的"西北贡米"。同时，玉米、豆类、油料、瓜果、蔬菜等品类渐盛，品质优良，享誉远近，使黑河中游获得了西北桑麻之地、塞上鱼米之乡等诸多美称。

20世纪中叶以来，黑河地区中游大兴农田水利基本建设，不断提高农业机械化程度，粮油产量不断提高。1986年被确定为甘肃省商品粮生产基地，1988年临泽县以平均亩产617公斤成为全国一熟制地区粮食单产冠军县。粮食的优质高产带动了当地制酒业的迅猛发展，2000年获省优、部优的品牌酒品种达十余种。

中游张掖丰收景象 脱兴福摄影

2006 年以后，张掖玉米制种面积超过 100 万亩，成为全国最大的玉米制种生产和销售基地，盛产玉米、小麦、油菜、胡麻等农作物和羌活、黄芪、板蓝根、麻黄等多种中药材。这里出产的苹果、苹果梨、红枣、葡萄、大蒜、圆葱、辣椒、西瓜等精细瓜果和反季节蔬菜畅销全国 20 多个省市并出口欧洲及东南亚、中西亚等许多国家，成为全国十大商品粮基地和蔬菜瓜果基地之一。

位于黑河西部水系、万里长城西端嘉峪关市的酒泉钢铁集团公司，是黑河流域工业企业的典型代表。酒泉钢铁公司始建于 1958 年，经过多年的建设和发展，已形成配套的钢铁工业生产体系和多元产业。1985 年跻身于全国企业 500 强行列。近年来通过大幅调整产品结构，形成了嘉峪关本部、兰州榆中和山西翼城三大钢铁生产基地，综合产能达到每年 800 万吨，技术装备水平居于国内同行业先进行列。

黑河下游巴丹吉林沙漠腹地，坐落着我国建设最早、规模最大的国防航天科技综合试验基地——中国酒泉卫星发射中心。这里属内陆及沙漠性气候，人烟稀少，地势平坦开阔，是理想的发射试验场所。

1958 年 3 月，根据国际复杂形势的变化，党中央、毛主席决策，组建我国首个综合性导弹试验靶场。经专家组全面勘察、党中央最后批准，确定在黑河下游的甘肃酒泉市金塔县与内蒙古阿拉善盟交界处——额济纳旗青山头一带，组建我国第一个综合导弹试验靶场。为了国防建设，额济纳旗蒙古牧民迁往额济纳古日乃和马鬃山地区，让出了额济纳绿园一带的草场。随即，中国人民解放军工程兵近七万建设大军开进茫茫戈壁大漠，拉开了国防建设的帷幕。建场初期，靶场通信代号为"东风"，后来人们便称这里为"东风航天城"。1976 年，为便于对外宣传，参照国际航天发射场起名办法，以距离发射场最近的地级市城市为名，鉴于当时额济纳旗归甘肃酒泉地区管辖，于是发射场命名为"中国酒泉卫星发射中心"。

60 多年来，一代代航天人扎根环境恶劣的沙漠戈壁，隐姓埋名、默默奉献，打出了一系列争气弹、争气星、争气飞船，推动了我国航天事业从无到有、从小到大、从弱到强的发展历程，使这里成为我国航天事业举足轻重的发射圣地。

中国酒泉卫星发射中心组建以来，创造了我国航天史上一个个不朽的丰碑：1960 年 11 月，首次成功地发射我国自行研制的第一枚地地导弹；1970 年 4 月，成功发射了我国自行研制的第一颗人造地球卫星东方红一号；1975 年 11 月，我国第一颗返回式人造地球卫星在这里升空；1980 年 5 月，成功向太平洋发射了我国第一枚远程运载火箭；1981 年 9 月，首次用一枚火箭将

中国酒泉卫星发射中心

三颗试验卫星送上太空；1987年8月，首次成功为外国提供卫星搭载服务；1999年11月，第一艘无人飞船神舟一号从这里发射升空；2003年10月，神舟五号飞船从这里出征太空，实现了中华民族千年的飞天梦想；2011年9月，将中国首个空间目标飞行器"天宫一号"成功送入预定轨道，实现了首次空间交会对接；2016年9月，我国首个空间实验室"天宫二号"从这里成功发射。截止2019年，这里共180多颗卫星和11艘神舟飞船，成功将我国航天员14人次11人送入太空，进行了2000多次其他各类火箭发射试验。

如今，中国酒泉卫星发射中心已成为世界三大航天发射场之一，也是国家对外开放的航天名片和爱国主义教育基地，成为人们向往的航天圣地。

酒泉卫星发射中心所处的绿园一带，是黑河下游比较丰美的一处草场。为了国防建设和我国航空航天事业的发展，额济纳旗人民顾全大局，深明大义，4000多牧民、10万头牲畜先后迁移，额济纳旗府三度搬迁，留下了"挥别绿园""三易旗府"的义举佳话。

第三节　多元荟萃的民族文化

一、源远流长的文化传承

优越的农牧资源，悠久的发展历史，丰厚的文化土壤，农耕文明、游牧文明及西方文明的互动交融，造就了丝绸之路及河西走廊的千古辉煌，也孕育了黑河流域的璀璨文化。从汉武帝开疆扩土，打通中原王朝走向西域的河西廊道，到魏晋以后儒风西移、佛教东渐，从割据政权更迭交替，到互市贸易空前频繁，以河西走廊为中心的黑河流域成为多民族大融合的前沿地带。数十个民族在此交汇融合，从而形成了独具特色的黑河流域文明，对中华文化的交融汇流，曾发挥了十分重要的作用。

东汉史学家班固，出身儒学世家，自幼习文，十六岁入洛阳太学，勤苦博学，通贯经典，历时二十五年修成《汉书》。公元89年，58岁的班固随军北攻匈奴，此次出征，大破敌军，追击匈奴三千余里直到私渠比鞮海（乌布苏诺尔湖），斩杀一万三千多人，俘获牲畜百余万头，降者八十一部二十多万人。班固在燕然山（今蒙古境内）作《封燕然山铭》，刻石记述此次战功。

东汉时期，在河西五郡大将军窦融等人有效治理下，河西地区总体相对安宁。中原汉族为了避难，一部分"衣冠南渡"，从黄河流域南下长江、珠江流域，一部分向西北迁移，渡过黄河来到河西走廊，其中有很多世族大户、儒学大家迁徙于此，他们研习学术，讲学授徒，发展经济，维护稳定，让中原文化得以延续、传承和发扬光大。

东晋时期，黑河地区涌现出了郭荷、郭瑀、刘昞等潜心治学、影响广远的儒学代表人物。著名学者郭荷出身儒学世家，轻视功利，拒绝官府征召，带领随从弟子和一批家传的经史典籍，一路西行来到张掖，隐居于祁连山麓的临松薤谷，即现在民乐县和肃南县交界的南古、马蹄寺一带，以流泉松涛、青山雪峰为伴，潜心修行，收徒讲学、播扬文风、兴教育人。其弟子郭瑀，承继师业，开凿石窟，设馆讲学，著书立说，传播儒家礼制和圣人思想，门徒多达千余人，著写《春秋墨说》《孝经错纬》等。其门徒刘昞，勤奋坚毅，博学多识，在张掖、武威、酒泉讲学出仕，授业弟子500多人，著述《略记》《凉书》《敦煌实录》《方言》等100多卷，成为郭瑀之后的河西儒宗。

这一时期，还有许多从中原西迁的儒学士子，兴学著书，耕读传家，很多成为当地大姓，史称"河西望族"，不但对河西地区兴办教育、倡导儒学产生了广泛而深远的影响，而且形成了承继绝学、富有特色的"五凉文学"，在学术及散文、诗歌、辞赋等方面都有突出成就。

从西晋末期到隋朝统一中国长达300年的混乱分治中，战火连绵，民生凋敝，国力衰微，政局混乱，匈奴、鲜卑、羯、羌、氐等多个游牧部落联盟，大举进攻中原，先后攻破洛阳、长安，纷纷割据称王，割据政权达16个之多，华夏民族经历了一次漫长的分裂祸乱和文化劫难。尽管如此，也出现一些统治者，重视儒学、尊贤崇教，推动形成官私结合的教学机构和教育气候，使河西地区在乱世中延续了汉文化根脉。

唐代著名诗人陈子昂，曾两次从军边塞，对黑河流域的山河形势和物产丰饶有深刻的印象，在给武则天的《上谏武后疏》中，曾盛赞黑河中游甘州"观其山川，诚河西咽喉地，北当九姓，南逼吐蕃……水泉良沃，不待天时，岁收二十万斛"，所以建议武则天应当加强屯兵军力借以守卫河西。

明清时期，任职河西的朝廷官员与戍边屯兵的将军中，多有文化素养高者，在黑河地区留下了大量描写河西山川景物、歌咏黑河风情、抒发边塞感怀的诗词歌赋。明代甘肃总兵、诗人郭登留有《龙首潭》《甘州即事》《祁连山雪》等多首艺术水平较高的诗歌；甘肃巡抚都御史陈棐写下《祁连山》《甘泉书院》《龙头山》《山丹》《闻边警》等黑河见闻；巡按史甄敬有《过大河驿》《出塞曲八首》等诗文；诗人郭绅写下《合黎山》《甘浚山》《人祖山》等地理记游诗；清代诗人谢历有《黑河夏涨》《苇溆秋风》《登定羌庙城楼有感》等感怀诗；清代学者马羲瑞有《祁连积雪》《黑河夏涨》《木塔疏钟》等诗作。还有杨一清、赵锦、袁州佐、庄廷伟、庄学和、钟浩、王宏珏等一批官员诗人和黑河本土学者，形成了蔚然可观的黑河诗文，丰富了黑河文化的内涵。

中国近代史上禁烟抗英的民族英雄林则徐，遭受"从重发往伊犁，效力赎罪"的功罪颠倒处理，在西行途中，经过凉州、甘州及酒泉、嘉峪关等地，跋涉了黑河干流及山丹河、梨园河、讨赖河等数十条支流，写下日记《荷戈纪程》，记录了黑河流域的所见所闻，留下"山川不老英雄逝，环绕祁连几战场？莫道葡萄最甘美，冰天雪地软儿香"，"苟利国家生死以，岂因祸福避趋之"等许多著名诗篇。

民国时期国民党元老、近现代著名文人和书法圣手于右任，对甘肃有着深厚的感情，20世纪40年代两次来到黑河地区，了解河西地理风物，收集民间传说，游览名胜古迹，探察文物遗址，对黑水国一带的墓葬群、古城堡遗址进行了详细考察，曾作诗曰"沙草迷离黑水边，何王建国史无传。中原灶具长人骨，大吉铭文草隶砖"。他的考察和传播，引起了国内考古学界对黑河流域考古研究的轰动。

目前，黑河流域分布聚集着汉族、回族、藏族、蒙古族、满族、土族、羌族、哈萨克族、裕固族等37个民族。伴随着各个民族的发展演绎，产生了独具特色的民俗文化。

游牧在大漠草地的土尔扈特蒙古族，生活在高山草原的尧熬尔裕固族等民族，在长期的生活实践和文化传承中，形成了独特的民间技艺、民族音乐、民族礼俗、民族服饰和神话传说、史诗祝颂、誓词谚语等，成为黑河文化的

张掖黑水国遗址　张建铭摄影

重要组成部分。土尔扈特人尊崇自然、爱护环境、信奉团结、爱家乡爱亲朋爱人民的民族教育，"集体的力量如钢铁，众人的智慧如日月。孤独游走的老虎，不如和睦登高的喜鹊。离群的麋鹿惊恐不安，单独的火苗成不了烈焰""父亲的教育是黄金，母亲的教育是智慧"等谚语，以及豪放热烈的民族歌舞，都是民族文化的瑰宝。尧熬尔人的口头创作，形成大量传述民族历史、咏颂英雄人物、歌唱劳动爱情的诗歌和谚语歌谣，《尧熬尔来自西至哈至》的民族史诗、"红缨帽子头上戴"的精美服饰、"裕固族姑娘就是我"优美歌曲等，世代流传在黑河大地、祁连草原。

二、佛教东渐兴盛之地

中国佛教在由印度西域传入中原的过程中，通过丝绸之路逐渐东入，最早受到感染的，便是丝绸之路的咽喉要道——河西走廊。黑河地区作为河西走廊的中段节点，是佛徒僧侣东来西往的必经之地。汉末和魏晋南北朝时期，黑河流域的张掖、居延、酒泉与疏勒河流域的敦煌、石羊河流域的武威等，成为西北地区的佛教兴盛城市。

东晋高僧法显65岁时，同慧景、慧应等僧人一起西赴天竺寻求真经。在张掖，他和智严、慧简等僧人，组成一个"十人巡礼团"，西进敦煌，出阳关渡"沙河"（指库姆塔格、塔克拉玛干等沙漠地带），历尽艰辛前往印度。法显在其所著《佛国记》中记述了这段经历。

五凉时期，西域名僧鸠摩罗什被劫持至河西，在凉州（武威）滞留十多年译经讲学，其间经过黑河讲经播道，他的译经《金刚经》《法华经》《般若经》《阿弥陀经》等，在河西僧众和民间广泛流传。

北印度名僧昙无谶，曾到北凉国都张掖十余年，开坛讲经，门徒众多，译经《戒本》《大般涅槃经》等在佛界具有很大影响。

唐玄奘西行求经，往来经过黑河中游地区。据说张掖高台台子寺旁边的一块台地，就是玄奘西域取经归来晾晒经卷的地方。张掖大佛寺室内卧佛背后的中央壁画中，还有民众欢迎玄奘取经归来的场面。从中可见佛教活动在河西地区的盛况。

昙旷、法成，也是公元 8 世纪行游在黑河地区的名僧，他们学识宏厚，著述丰富，在河西及中原佛教界都有广泛的影响。

佛教在黑河地区的兴盛，在马蹄寺石窟群、万寿木塔寺、甘州大佛寺、金塔塔院寺、居延黑城绿城的覆钵式喇嘛塔、祁连县阿柔大寺等一批留存至今的佛教建筑和造像艺术上，多有体现。东晋学者郭瑀与弟子开凿的马蹄寺石窟，早于同期的莫高窟、麦积山、云冈、龙门等石窟，历经千余年，逐步拓展为规模宏大的石窟群。

约建于北周时期，隋开皇二年（公元 582 年）重修的万寿木塔寺，是张掖现存古建筑中最早的木结构佛塔，有一千多年的历史，历代递有修缮，塔高 32.8 米，八面九级，高大巍峨，是古代楼阁建筑艺术的典型，至今仍是张掖市区的标志性建筑。

甘州大佛寺，又名西夏大佛寺，最初为迦叶如来寺，始建于晋永康元年（公元 300 年）。据传寺内供奉中国佛教鼻祖摄摩腾舍利，北魏太武帝拓跋焘灭佛法难，迦叶如来寺塔寺尽毁。北宋时期党项族首领李元昊建立西夏，推行汉文化，推崇佛教道教，勅命在原址重新修建西夏国寺，寺内安放佛祖释迦

马蹄寺风景区金塔寺佛像

25

牟尼的睡卧涅磐像，是亚洲最大的室内卧佛，大佛的一根手指就能平躺一个人，耳朵上能容八个人并排而坐。寺内还藏有唐宋以来的佛经近 7800 卷，其中金银手书《大般若波罗蜜多经》、明英宗敕赐手书《大明三藏圣教北藏经》最为宝贵，是寺内博物馆的镇馆之宝。甘州西夏大佛寺与周边的隋代万寿木塔、弥陀千佛塔、西来寺及钟鼓楼等建筑群，构成丝绸之路上久负盛名的"塞上名刹，佛国胜境"。

张掖大佛寺亚洲最大的室内卧佛

金塔县塔院寺，原名筋塔，是居延一带佛事活动的集散地，约建于元明之间。寺院内喇嘛土塔高五丈、围七尺，上锐下圆，形若古瓶，金默铜顶，外表用纸筋、白灰等粉饰，塔内供奉有金面铜佛一尊，于 1916 年被英国人哈佛窃走。金塔是肃州八景之一，被称为金塔凌虚，金塔县即因此塔得名。

黑河下游额济纳黑城和绿城中残存的覆钵式佛塔、穹坊庐式顶壁龛样式礼拜堂、土坯圆顶清真寺，黑河上游祁连县阿柔大寺等，是黑河流域藏传佛教、伊斯兰教等交流融合的典型产物。

黑河流域宗教文化的兴盛，也是河西地区割据政权维护统治的需要。从东晋到隋唐时期，大部分当权者在割据争战、武力杀伐、扩充势力的同时，一方面尊崇儒术用以巩固政权、稳定政局，一方面推崇佛道用以消除罪孽、安抚心灵，从而为佛教文化提供了成长的土壤。

沮渠蒙逊建立的北凉国，在近半个世纪中，对黑河地区的经济发展、儒学兴盛、佛教推广提供了开放宽松的条件。北魏时期，敦煌、甘州、凉州的佛教音乐《西凉州呗》传入中原，成为北朝佛寺的法乐。唐时甘州音乐《波罗门佛曲》《八声甘州》《甘州曲》等传入宫廷后，据说唐玄宗由此改制成《霓裳羽衣舞曲》。

黑河地区佛教文化的繁盛，也催生了一些技艺超群的佛画能手，其中，元代甘州画家史小玉题笔的千手千眼观音像极其精美，造型传神，姿态优雅，线条流畅，用笔细腻。在敦煌壁画者众多的能工巧匠中题记留名，足见其画技非凡。

元代意大利旅行家马可·波罗与父亲、叔父三人曾从居延古道南上，在黑河中游甘州驻留一年，在他看来，甘州有宏伟的基督教堂，有许多佛殿庙宇，装饰富丽堂皇，石制、木雕、泥塑神像等应有尽有。黑河地区宗教文化的繁荣，由此可见一斑。

三、边塞诗歌唱大风

从汉魏到盛唐，通过河西走廊拓展疆域空间，各民族之间的经济文化交流日趋频繁，各民族部落之间的冲突与战争也时有发生。因此，边塞战事和边关生活自然成为人们叙述描写、抒发情感的主要内容，涌现出大批边塞作家与边塞诗歌。

黑河地区流传最早的边塞诗，当属西汉骠骑将军霍去病出兵河西时的悲叹歌："亡我祁连山，使我六畜不蕃息；失我焉支山，令我嫁妇无颜色！"从中可以看出，汉家将军得胜凯旋的反面，是游牧民族失去家园的痛苦与忧伤。

汉乐府《塞上曲》，据传演奏乐器主要为鼓角、箫笳与羌笛，都是西北军中所用，曲声或粗犷、雄壮，或哀怨凄切，曲词也或气势雄浑、热烈奔放，或凄婉哀伤、荡气回肠，可惜曲辞没有流传下来，反倒成为一种著名的诗歌曲牌。魏晋诗人陈琳、隋炀帝杨广、唐太宗李世民等，都曾以《饮马长城窟行》为题叙写边塞生活，汉乐府"青青河畔草，绵绵思远道"，陈琳"饮马长城窟，水寒伤马骨"，杨广"肃肃秋风起，悠悠行万里。万里何所行，横漠筑长城"，李世民"塞外悲风切，交河冰已结。瀚海百重波，阴山千里雪"等诗句，都形象地描述了西北边塞的战争境况。

唐代进取向上、奋发有为的昂扬气象，促进了边塞诗歌的空前繁荣，形成了以高适和岑参为代表的边塞诗派，产生了大量吟咏西北大漠、河西风情的诗作和脍炙人口的名诗名句。

唐代山水派诗人王维，曾奉命出塞，担任凉州河西节度幕判官，写了多首黑河见闻感咏诗。他的《出塞作》"居延城外猎天骄，白草连天野火烧。暮云空碛时驱马，秋日平原好射雕。护羌校尉朝乘障，破虏将军夜度辽。玉靶角弓珠勒骑，汉家将赐霍嫖姚"，对汉武帝三次出兵河西，霍去病指马焉

27

支山、挥剑居延关的战事军功，进行了颂扬；《使至塞上》"大漠孤烟直，长河落日圆"，成为描写西北雄阔气象的千古名句；《送韦评事》"欲逐将军取右贤，沙场走马向居延。遥知汉使萧关外，愁见孤城落日边"，既有汉家将士千里追击匈奴的英雄气概，又有大漠无边、路途遥远、日暮愁云的凄苦愁肠。

唐代边塞派代表诗人高适，曾长期从军，三度出塞，写下了大量反映西北边塞生活的诗歌。其代表作《燕歌行》中"山川萧条极边土，胡骑凭陵杂风雨。战士军前半死生，美人帐下犹歌舞……君不见沙场征战苦，至今犹忆李将军"，成为描写西北边塞生活的名句。其他如"总戎扫大漠，一战擒单于""羌胡无尽日，征战几时归""征路见来雁，归人悲远天""借问梅花何处落，风吹一夜满关山"等，或描写西北大漠胡地风情，或抒写建功立业志向，或表现征人怀乡、思妇念远的悲苦情绪，成为当时西北军旅生活的生动写照。

盛唐边塞诗的另一代表人物岑参，两度出塞，先后任安西任掌书记、赴北庭任节度判官，多次往返黑河地区。他的"弯弯月出挂城头，城头月出照凉州。凉州七里十万家，胡人半解弹琵琶""北风卷地白草折，胡天八月即飞雪。忽如一夜春风来，千树万树梨花开""君不见走马川行雪海边，平沙莽莽黄入天。轮台九月风夜吼，一川碎石大如斗，随风满地石乱走""秋来唯有雁，

正义峡古烽火台　董保华摄影

夏尽不闻蝉""玉门关城迥且孤，黄沙万里白草枯"等诗句，都是对西北地区景色和风貌的形象描写。

此外，王昌龄"青海长云暗雪山，孤城遥望玉门关""秦时明月汉时关，万里长征人未还"，王翰"葡萄美酒夜光杯，欲饮琵琶马上催。醉卧沙场君莫笑，古来征战几人回"等诗句，都是诗人们对西北边塞风光、边疆地理、情感幽情、民族风情、民众感情的不同叙写。

明清时期的戍边将士、谪居官员及本地文人，也留下了许多歌咏河西及黑河的诗词文赋，如郭登"渡了黄河又黑河，春风秋月五年过"，李先芳"绝塞倒悬青海月，长风吹断玉门烟"，陈棐"马上望祁连，连峰高插天。西走接嘉峪，凝素无青烟。对峰拱合黎，遥海瞰居延"，清代李渔"四时不改三冬服，五月常飞六出花。海错满头番女饰，兽皮作屋野人家。胡笳听惯无悽惋，瞥见笙歌泪转赊"等诗句，虽然少了盛唐时代的慷慨气象，但也真实地反映了黑河流域的地理风情与塞上风貌。

第四节 丰富厚重的历史画卷

一、灿若星河的古代遗迹

古老悠久的开发历史，广袤开阔的流域特征，独特丰富的地理资源，锁钥走廊的重要地位，民族交融的前沿区域，农耕文明、游牧文明及西方文明的交互渗透，使黑河流域成为一块历史文化沃土。

黑河流域从源头到尾闾，积淀了丰厚的历史文化遗存。从上游青海祁连县境内公元前1000年的卡约文化寺沟口遗址、夏塘东台遗址、白石崖汉代墓地、峨堡古方城，到中游张掖境内的山丹四坝滩遗址、民乐东灰山遗址、甘州黑水国遗址、民乐永固城遗址及八卦营汉墓群、高台骆驼城遗址及马蹄石窟、隋唐木塔、西夏大佛、汉明长城钟鼓楼，再到下游酒泉金塔县境内的地湾城古址、火石梁遗址、缸缸洼遗址和内蒙古额济纳境内的居延汉简、黑城遗址、绿城遗址、红城遗址等居延文化遗存，构成了黑河历史文化的丰富宝藏，见证着这片土地的古老与辉煌。

黑河上游卡约文化属新石器时代及较晚时期的古文化类型，距今约3000年左右，是古代羌族的文化遗存，青海省境内有广泛的遗址发现，出土文物除各种生活用具陶器外，有大量石制的刀、斧、镞、臼、杵、锤，骨制的镞、

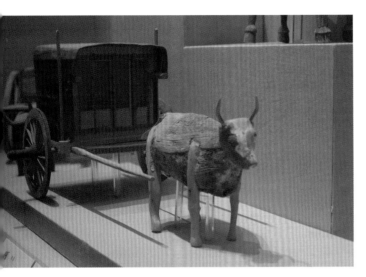

现存高台博物馆的彩绘木牛辎车，为东汉时期骆驼城遗址发现

铲、锥和铜制的刀、斧、凿、镰、镞等，以及粟、麦和牛、羊、马、狗等家畜骨骼。地处河湟谷地的柳湾遗址出土了种类繁多的大量彩陶，造型饱满凝重，结构均衡严谨，纹饰流利生动而富于变化，被命名为"青海彩陶"。黑河上游西岔扎麻什乡河北村、郭米村的寺沟口遗址，鸽子洞村的夏塘东台遗址，暴露有灰层、陶片等遗迹，定性为卡约文化与齐家文化并存遗址。位于黑河上游东岔八宝河流域的峨堡镇白石崖村墓地为汉代墓葬，位于峨堡镇至八宝公路的峨堡古方城为汉代建筑，位于峨堡镇政府所在地的峨堡古城为元时建筑，至今遗垣尚存。

距今4000多年前的四坝滩遗址，位于张掖山丹县城南的石沟河东岸。1948年开挖水渠时偶然发现一批陶器，1956年中科院考古所又采集到一批遗物，两批陶器以夹砂粗红陶为主，多有浮凸浓重彩绘，考古学家安志敏认为独具特色，与马家窑文化马厂类型有所不同，应单独命名为四坝文化。之后发现同期遗址并存的铜器，学术界确认属新石器青铜时代的遗存。后来这里还发现过千年前刻有篆字"扬扬张掖"的青铜人像。

民乐东灰山、西灰山，陈列于甘州与民乐的中间地段，在张掖城东南30公里的民乐县六坝乡北部。1987年，经对民乐东灰山遗址进行挖掘，出土大量磨制石器、陶器、骨器及猪牛羊鹿齿骨等，还采集到小麦、大麦、粟、稷、高粱等多种作物的碳化籽粒，表明至少在4000多年前，先民已在这里从事原始农业和畜牧业，制造彩色陶器并开始使用青铜器，也充分证明，至少在青铜时代，我国已广泛栽培小麦，而河西地区的张掖，不仅是牧业发达区，也是农业宜耕区。

张掖城西13公里处的黑水国遗址，俗称老甘州或甘州老城，是集史前遗址、汉唐古城、古屯庄、古墓群为一体，具有多重文化堆积层的史籍性遗址，是国家级文物保护单位，也是河西走廊中部文化遗存最为丰富的古文化遗址。据1956年、1992年、2013年等多次地质或考古勘测，最早有4000多年前的文化遗存，其中采集到夹砂陶片、鬲、双耳罐、陶珠及石斧、石刀、骨锥等，属新石器时期马厂文化类型，与四坝滩遗址、东灰山遗址等共同构成了张掖史前文明的实证链。城址周围发现大量汉魏时期的墓葬及城堡、村落遗址，采集到汉代残砖、西汉五铢币、王莽货泉币、开元通宝币及宋元明豆绿瓷、黑瓷、白瓷、青花瓷残片，而古墓中的各类汉砖、陶器等尤为丰富。

位于张掖市民乐县城东南20公里的永固镇古城，由外城、内城、宫城组成，面积27.9万平方米，内外城均设有护城河，南垣城门与护城河之间有吊桥遗迹，地表土层中有大量砖块、瓦片和各类陶器、铜器、钱币、印章以及铁犁、石磨残块、铜箭头等。

据考古分析，八卦营古城为汉代建筑，城防结构完善，具有严密的军事防御功能。八卦营古城东山岭为汉代古代古墓群，面积达2平方公里，墓葬有土室墓、砖室墓，多为二室墓或多室墓，墓壁上彩绘有动物或放牧、征战、狩猎、耕作及日月星辰等图案，出土有钱币、陶罐、木马、弓箭、弩机、铜镜等文物，反映出当时戍边将士携带家眷、放牧屯田、自给自养、戍边守疆的生活信息，现已经被列为国家级文物保护单位。

张掖市高台县城西南20公里处的骆驼城遗址，是目前国内现存最大、保存最完整的汉唐古文化遗址之一，城内地表散见汉唐时代的砖、瓦、焦兽骨、灰陶片，出土过汉五铢钱币、陶纺轮和唐代铜器、铁器等，其中出土的数百块彩绘壁画砖，内容有伏羲、女娲、农耕、畜牧、家居等，全景式地反映了远古神话、西塞牧猎、绿洲屯田、交通出行、歌舞宴乐等多方面的社会生活，是一部形象的河西开发史。

始建于汉武帝时期、贯穿河西走廊的汉长城，西起今敦煌市西端湾窑墩，沿疏勒河、玉门关、安西，穿玉门市向北到金塔后，一路沿黑河通向居延，一路从金塔溯黑河经高台、临泽、甘州等地，渡黄河入宁夏，横穿了黑河流域全境，至今仍有大量城垣、烽燧遗存，隐约可见当年"五里一燧，十里一墩、卅里一堡，百里一城"的防线轮廓。目前山丹县境内的汉明长城，绵延近200公里，被专家誉为"露天博物馆"，是黑河流域内保存最完整的一段古长城。汉长城的修建，虽是防御匈奴进犯、阻隔南北的军事防御性建筑，却也成为贯通东西的一条长道，沿途的烽燧、城堡、驿站保证了丝绸之路的畅通，客观上成为关内外各民族经济文化交流的纽带。

火石梁遗址位于金塔县大庄子乡头墩村东北的沙漠戈壁腹地，又名炉场。遗址中心地区为沙土梁，远眺红如烈火，故名。面积约9.5万平方米，文化堆积厚0.5～2.5米，遗址东北部有直径约30米的碳烧结块富集区，发现大量的碳结块、孔雀石和碎铜块，并采集有类似冶炼工具的石勺，为研究我国早期冶铜工艺发展提供了重要的实物资料。火石梁遗址含马家窑文化、齐家文化和四坝文化三种文化内涵，遗址文化堆积厚，是研究黑河流域史前文化面貌的重要遗证。

金塔县大庄子乡的另一处遗址——缸缸洼遗址，因出土的陶罐俗称"缸缸"而得名。面积约42.6万平方米，文化堆积厚1～2米，地表散布有大量夹砂红陶、彩陶和石器残片，采集有彩陶罐、石刀、石斧等，中部沙梁上残存陶窑4座，灰层中含有木炭，东部风蚀台地上有铜渣、铜器残片及碳釉结块。缸缸洼遗址属四坝文化，为全国重点文物保护单位，对研究黑河流域史前文化面貌序列具有重要意义。

地处酒泉市金塔县东北黑河东岸戈壁滩上的地湾城故址，是居延文化遗址的一部分，由三坞一部组成，是汉代肩水侯官府所在地。汉王朝在河西"列四郡据两关"，大规模修筑关城、烽、堡等设施，并派守戍卒，置官开渠，移民屯垦，地湾城即这一时期的建筑。遗址范围内曾出土汉简3000余枚，其中有历简、历谱、医简、算简等，具有极高的研究价值。

位于黑河下游酒泉市金塔县和内蒙古自治区额济纳旗境内的居延文化遗址，西至纳林河，东到居延泽，范围宽约60公里。遗存包括汉代城塞烽燧、亭障古墓、阡陌河渠等遗址，以及魏晋隋唐、西夏蒙元时期的遗存。这里如同古丝绸路上的罗布泊和楼兰古国一样闻名遐迩，在目前我国发现的约8万余枚汉简中，居延汉简占到一半以上。

居延遗址分布范围广阔，同类文化遗存相对集中，文化特征鲜明、丰富内涵，包含原始文化和居延地区有史以来政治、经济、军事、宗教、语言、文学、东西方文化交流及生态环境变迁等诸多信息，具有很高的考古学术研究价值。

黑河下游额济纳旗达来库布镇东南22公里处的黑水城遗址，是古丝绸之路北线现存最完整、规模最宏大的一座古城遗址。黑城又称黑水城，始建于公元9世纪西夏时期，是西夏在西部地区的边防要塞，也是元代河西走廊通往岭北行省的驿道要站。公元1372年该城被明军攻破遭废弃。

黑水城遗址埋藏着丰富的西夏和元代等朝代的珍贵文书，20世纪初曾遭沙俄等外国探险者掠夺式盗掘，俄国人科兹洛夫从宝塔中挖掘出近2000卷西夏文古书，其中有300余幅佛画、西夏汉文字典《番汉合时掌中珠》、中原军事兵法西夏文译本等，还挖掘走大量残简、木刻板印书工具、佛像及日常生活用品、陶器等。1963年苏联出版的《西夏文写本和刊本》一书，公布了科兹洛夫劫走的部分西夏文献目录，计有佛经345种，政治、法律、军事、

黑水城遗址　董保华摄影

语文学、医卜、历法等著作 60 多种。

古黑城附近还分布着许多同时代的文化遗物，有成片的村落遗址、独立的农舍、佛教建筑等，对研究北方草原文化及多民族文化交流融合具有重要意义。

二、奇异绚丽的神话传说

据民国年间《新修张掖县志》记载，"古华胥国，由帕米尔高原迁至张掖，原住地址称人祖山（今张掖城北 40 里左右的人宗口）"。黑河中游骆驼城遗址墓壁画中远古神话的内容，魏晋时氏池（今民乐县）柳谷洪水冲出的画有八卦图的巨石，对伏羲在黑河地区的传说，都有诸多反映。

商代始祖契，据传是他母亲简狄在弱水河畔吞燕卵怀孕而生。简狄是西部有娀氏部落的女子，帝喾西游时为其美丽所倾倒，求婚娶简狄为次妃。婚后帝喾带简狄在弱水河边洗澡，恰逢燕鸟石上产下五彩卵，简狄好奇含在嘴里戏玩，一不小心吞咽腹中，立觉暖流涌动，怀孕三年后生契。

《尚书·禹贡》记载，"黑水西河惟雍州"，禹"导弱水至于合黎，余波入于流沙"，"禹西巡至流沙，声教布于四海"。《水经注》："弱水出张掖、删丹西北，出合黎山峡，又东北千余里入居延海"。这些文献说明，黑河流域古时属雍州地区，是大禹治水到过的地方。据传大禹治水来到黑河，带领民众疏导水流，凿开龙首山，疏浚九龙江，掘通梨园口，将山丹、民乐、甘州的大小河流汇聚到弱水河，又将弱水河和临泽的梨园河、高台的山水河等连通到黑河干流羌谷水，见到合黎山阻挡水流形成汪洋水域，就挥动巨大的开山斧，劈开了合黎山，凿通了正义峡，把洪水导入流沙，在大漠里形成了居延泽。时至今日，山丹龙首山对面祁家店水库的山嘴处还留有"禹导弱水碑"遗址，高台正义峡山脊还留存大禹导弱水的"禹王庙"遗址。

传说西周时期，英俊天子周穆王乘坐八匹骏马豪车，带着人马浩浩荡荡渡过黄河，穿越黑河，抵达昆仑山，拜会西王母。穆王献给西王母中原特产和锦绸美绢，西王母回赠当地的奇珍异宝。临别时，穆王题写"西王母之山"并种植槐树以作留念，西王母设宴送行并作歌"祝君长寿，愿君再来"，留下一段依依惜别的美谈佳话。

道家鼻祖、春秋时思想家老子四处云游，骑着大青牛，入甘肃，游天水、陇西、临洮，过黄河入河西，到达黑河下游居延海后，化身入海，踪迹全无，给后人留下无尽的猜想。据说老子消失的地方在西居延海，湖边有一青石，形似卧牛，是老子骑乘的大青牛所化，被后人称为"流沙仙踪"。

黑河中游临泽板桥一带有座仙姑寺，据传为纪念何香姑架设黑河桥所建。民间传说，何香姑在黑河北岸一带行医，医术高明，行善积德，看到黑河两岸交通阻隔，百姓往来不便，多方化缘筹措物资，并得匈奴右贤王父子相助，在黑河临泽段建成第一座木桥。后因黑河发洪水，她挺身护桥被冲入水流，化身成仙。据说汉代名将霍去病西征，先头部队与匈奴主力在黑河边遭遇，敌众我寡情况危急之际，黑河上突然一桥飞现，并有仙女身形飘逸。汉家将士安然渡河后，匈奴追兵上桥，桥身突然坍塌，许多人葬身洪流，汉军大获全胜。为此，汉武帝赐封何香姑为"平天仙姑"。后来，西夏王李元昊感念何香姑建桥便民的盛德，尊称其为"贤觉圣光菩萨"，所刻《黑河建桥敕碑》碑文至今留存在张掖博物馆。

明朝张三丰，武当派开山祖师。王兆云辑《白醉琐言》记载："张三丰在甘州留三物而去，其一蓑笠；其二为药葫芦，人有疾者，或取一草投其中，明旦煎汤，饮之疾立愈；其三为八仙过海图，中有寿字……"乾隆时期《甘肃通志》《盛京通志·仙释》等也有类似记载。张三丰生前云游黑河流域、羽化成仙的传说，在河西及中原地区广为流传。

三、金戈铁马的英雄故事

古往今来，作为中国重要的战略要地，黑河流域上演了一幕幕威武雄壮的战争史诗，涌现出了一个个生动鲜活的英雄人物，铺展开一幅幅壮烈厚重的历史画卷。

《史记·匈奴列传》记载，秦汉之际，匈奴被蒙恬击败后退居漠北。匈奴太子冒顿射杀其父，自立为单于之后，东征西讨，在对汉朝作战中迫使汉廷订立和亲盟约，使匈奴空前强大起来。控制疆域从西域延伸到辽东，广袤千里。

汉武帝时期，刘彻实施加强巩固中央集权统治、稳定扩大帝国边疆的策略，先后发起河南之战、漠南之战、河西之战、漠北之战，彻底解除了匈奴对汉王朝的威胁，拓展了疆域，稳固了边防。

元狩二年（公元前 121 年）河西之战，汉武帝委派青年将领霍去病率精锐骑兵部队，出陇西，越乌鞘岭，过焉支山，在黑河中游与河西匈奴主力决战，取得决定性胜利，河西走廊成为中原王朝的控制区。汉王朝设置武威、酒泉、张掖、敦煌四郡，实行移民军屯戍边方略，向黑河中游地区大规模徙民垦殖，开"千金渠"引水灌溉，发展农业生产，稳固河西控制权。从此，打通了中原至西域的廊道，实现了断匈奴右臂、张中原臂掖的战略目标，丝绸之路的辉煌就此开始。

汉武帝时期，满怀抱负的青年张骞应募出使西域。率使团从陇西（今甘肃临洮）出发进入河西走廊，不幸遭遇匈奴骑兵，被匈奴王庭扣留软禁十年之久。不管匈奴如何威逼利诱，张骞始终没有动摇意志和决心，终于等来机会得以逃离。他不忘初心，继续西行履行使命，以坚忍不拔的毅力穿过无边沙漠、茫茫荒原，翻越葱岭，到达西域各国。张骞返回途中再次被匈奴俘获，一年多后趁匈奴内乱之机，经过河西走廊，东渡黑河回到长安，前后历时十三年。张骞这次出使，对西域的地理、物产、风俗习惯有了比较详细的了解，为汉朝开辟西域通道提供了宝贵资料。此后，他第二次奉命出使西域。从此，汉王朝与西域各国使者不断来往，促进了民族融合与贸易发展。张骞以坚定的国家情怀、过人的胆识、超常的毅力，成就了"凿空西域"的不朽功业，留下了千秋佳话。

汉武帝时著名戍边将领赵充国，智勇双全，担任西部蒲类将军期间，数次往返河西走廊及黑河地区，带领三万多骑兵出兵征讨匈奴，出塞一千八百多里，威震边关。后来年逾七旬，仍主动请缨督兵西部边陲，坚守边境，屡次挫败羌人进犯，并提出实施以兵屯田、亦兵亦农的安边策略，对后世有很大影响。

汉武帝、汉昭帝、汉宣帝三朝的外交活动家常惠，年轻时作为苏武的副使出使匈奴，被扣留十九年，以超凡才干与匈奴周旋。回国后被封为光禄大夫。因熟悉匈奴辖区情况，先后七次走过河西走廊出使西域诸国，促成乌孙与汉王朝的军事同盟。他是继张骞之后胸怀国家使命、为西北边塞稳定和东西交流做出杰出贡献的外交活动家。

东汉时期政治家窦融，执掌河西期间，实行宽和亲民政策，实行军农结合的"农都尉""田吏"制度，注重农牧业生产活动，组建由郡县、都尉府、塞、燧等构成的防御警戒体系，制定边防守备条例，为地区安定和经济发展提供了条件，使河西地区出现了社会稳定、仓库有蓄、民众殷富、兵马精强的盛况。

东汉时期军事家、外交家班超，投笔从戎北征匈奴，以勇猛韬略往返河西走廊，历经31年，苦心经营西域军事外交，采取软化争取、分化瓦解、军事威慑和"以夷制夷"等策略，先后使西域50多个政权平定、归顺，恢复与汉朝的友好关系，为河西走廊通畅和民族交流融合做出了卓越贡献。

十六国时期后凉建立者吕光，公元383年率军通过河西走廊出征西域攻打龟兹国，大败西域联军，斩首万余级，威逼西域30余国归附。曾称雄于凉州、甘州、肃州、敦煌及青海、宁夏、新疆一带，成为河西历史上著名的割据统治者。

沮渠蒙逊，十六国时期北凉国主，称河西王。兵戎之余鼓励农牧业生产，提拔任用贤才，重视儒学和民族宗教，促进了河西地区及黑河流域经济文化的发展。

隋炀帝拓通丝绸之路、繁荣西域商贸互市流通。隋大业五年（公元609年），在金山（张掖民乐县）摆设盛大阵势，自永固城向东登上焉支山，接受西域二十七国君主或使臣的拜谒，史称"万国博览会"，昭示了中原帝国的威仪，稳定了西部边塞，促进了东西经济贸易和文化交流。

唐代光复河湟的张义潮，公元848年发动起义，率众驱逐吐蕃守将，归

焉支山，隋炀帝接受西域27国君臣拜谒处　张建铭摄影

顺唐王朝，先后收复河西诸州、青海鄯州及陇右河州、岷州等地，被任命为归义军节度使、十一州观察使、检校礼部尚书，兼金吾大将军。使陷落百余年之久的河湟地区重新归入唐朝版图。担任凉州节度使期间，加强守备，积极防御，多次击退吐蕃残部及回鹘、吐谷浑的进攻劫掠，稳定了河西政治军事局势。与此同时，积极开展社会治理，兴修水利，恢复农业生产，传播汉族先进文化，推动了河西经济社会发展。"河西沦落百余年，路阻萧关雁信稀。赖得将军开归路，一振雄名天下知"，河西民众中流传的诗句，即对张义潮业绩的赞颂。

西夏开国皇帝李元昊，经数年征战，击败河西回鹘，完全控制了河西走廊，建国定都兴庆（今宁夏银川）。统治河西走廊期间，镇抚并用，兴修水利，发展农业，办学兴教，使黑河流域经历了一段相对稳定繁荣时期。

位于黑河下游额济纳旗库布达莱镇东南的黑城，是西夏时期建造的重镇，濒临黑河，北走岭北、西抵新疆、南通河西、东往银川，向为居延地区兵家必争之地。公元1126年，成吉思汗征伐西夏，攻占黑城，次年攻灭西夏，终结了创造神秘文字的西夏王国。元代忽必烈扩建黑水城，设置总管府，成为元朝在西部地区的军事、政治、文化中心。

明洪武五年（1372年），朱元璋兵分三路对元军发起漠北之战，黑城久攻不下，实施筑坝截流，导致城内水源干涸，元军被迫弃城突围。筑坝断水导致河流改道，黑城周边沙漠蔓延，繁华一时的军事贸易重镇终成荒垣废墟。

明代镇夷城旧址，位于今甘肃高台县西北约69公里处

　　土尔扈特万里东归，曾留下一段悲壮的历史佳话。17世纪30年代初，土尔扈特部落首领率领部落属民25万人离开故乡塔尔巴哈台（塔城）向西迁徙到伏尔加河中下游沿岸草原，放牧安居，开拓局面，建立起新的游牧汗国。后来由于沙皇俄国控制日益加剧，土尔扈特牧地逐渐缩小，人口锐减，整个汗国发生民族危机。于是，土尔扈特人决心返回故土。土尔扈特的东归，分为两批。第一批于清康熙三十七年（公元1698年），500多土尔扈特人从伏尔加河下游到达西藏，于康熙四十三年（公元1704年）遣使者进京朝见康熙皇帝，呈述归属之意，请求牧地。康熙下旨允准嘉峪关外的党河、色尔腾一带为其牧地。雍正八年（公元1730年），清廷又同意土尔扈特部落扩大牧地，定牧于额济纳绿洲。第二批回归于乾隆三十六年（公元1771年），土尔扈特人面对沙俄帝国空前的欺凌压迫，决定破釜沉舟，同沙俄彻底决裂，回归祖国怀抱。一路上，遭到大批沙皇骑兵的围追堵截，9000多人壮烈牺牲。土尔扈特人浴血奋战，义无反顾，历时半年，行程万里，战胜了难以想象的艰难困苦，终于实现了东归壮举。据清宫档案《满文录副奏折》记载，第二批离开伏尔加草原的17万土尔扈特人，经过一路恶战及疾病、饥饿的困扰，八九万人牺牲了生命。土尔扈特的回归，受到清朝政府的重视，给予大量物资供应支持。乾隆十八年（公元1753年），清廷始建额济纳旧土尔扈特特别旗，直属清朝廷理藩院管辖。

　　1936年10月，红西路军奉命开赴河西，计划打通西线国际路线，途中遭到国民党中央军和地方军阀共30万余敌军的围追堵截。面对敌众我寡的危难处境，英勇的红西路军与飞机、重炮、骑兵组成强悍火力的敌人展开反复激战，浴血奋战190多天，共歼敌5万余人。由于兵力悬殊、孤军奋战，最后弹尽粮绝，伏尸盈雪，7000多名将士英勇牺牲。在黑河流域、祁连山川抒写了一曲碧血忠魂的慷慨悲歌。

第二章　世纪颂歌

几千年来,黑河流域水资源状况与生态环境经历了漫长的历史演变过程。随着人口急剧增加,经济迅速发展,水资源配置严重失衡,下游河道断流,尾闾干涸,额济纳绿洲萎缩,导致土地沙漠化、沙尘暴频繁发生,流域生态系统受到严重破坏。同时,由于水资源紧缺与分配不均,流域中下游之间引发了久久难以消除的水事纠纷。

世纪之交,黑河下游尾闾生态急剧恶化,沙尘暴频发肆虐,严重威胁着国家生态环境安全。中央做出重大决策部署,成立黑河流域管理机构,实施黑河水资源统一管理与调度。黑河流域管理局临危受命,艰苦创业,克难攻坚,流域各方协力奋战,使干涸多年的额济纳腹地迎来黑河清流。黑河水量统一调度首战告捷,被称为一曲绿色的颂歌。

第一节　沙起额济纳

一、黑河流域的生态环境演变

黑河流域水资源状况与生态环境的发展演变,经历了漫长的历史过程。

远在农业生产出现之前,黑河流域水资源是很充裕的,在沿河两岸、汇水湖泊和洼地周围,形成了一片片适合人类居住的天然绿洲,当时流域水资源的变化属于自然过程,只受气候变化的影响。

西汉时期，黑河流域正式归入中原王朝的版图。当时黑河流域光热充足、水资源充沛。在这样的气候背景下，汉王朝在此地先后实施了修筑边塞、屯田垦荒、徙民实边等开发措施，同时大力开展农田水利建设，为此专门设置了"农都尉""河渠卒"等一整套农田水利管理机构，把中原先进的农耕技术引入当地，黑河流域第一次出现了大规模的农业生产活动，黑河两岸及下游古居延绿洲上出现了大面积的人工灌溉绿洲，黑河流域由此前的游牧经济占主导发展成为灌溉农业区。

东汉初年，汉王朝在黑河流域增设张掖属国、张掖居延属国和酒泉属国，用以安置归降的少数民族部落。东汉末期，一方面气温降低，降水偏少，来水量相对减少、光热不足，旱涝灾害、雹灾等自然灾害时有发生，对黑河流域农业发展极为不利，另一方面，由于屡发战乱，人口大量逃亡，水利设施遭到破坏，田地荒芜，流域下游绿洲沙化，生态环境由兴而衰。

隋唐时期，黑河流域不断发生与周边少数民族之间的摩擦甚至战争，朝廷在黑河流域中游集中进行大规模的军队屯田。当时流域气候正处于有利于农业发展的温暖湿润期，农业发展成本较低，农牧业都得到快速发展。虽然局部也有一些开荒的行为，但没有大规模的土地开发，黑河流域生态环境，呈现整体朝绿洲化发展的趋向。

安史之乱之后，唐朝失去了往日的辉煌，国力迅速衰弱，河西走廊被吐蕃人攻占，黑河流域农业生产急剧衰退，原有的垦田大量荒废，生态环境惨遭破坏。

五代十国时期，中原政权更迭频繁，统治者无力西顾，河西孤悬塞外。河西地区当地割据政权之间不断发动战争，无力顾及农业生产。古居延地区成为北方少数民族的牧场，加上气候条件发生变化，黑河下游水量进一步减少，加剧了古居延绿洲部分遗弃屯田区的沙漠化。

1028 年，西夏统一黑河流域，在居延地区设置了"黑山威福军司"和"黑水镇燕军司"。将战争中掳掠的大量汉人徙往兴州、凉州和居延，在汉晋居延垦区遗址上重新进行屯垦，开展水利建设，并引入中原地区先进农耕技术，从而使绿洲农业得到迅速发展。

元朝沿袭西夏，调集甘州屯田新附军士，在黑河下游今额济纳旗一带开垦种植，继续推行屯田制度，整个宋元时期在居延地区的屯戍人口达万之众，屯田达 90 多顷。不过，这一时期，黑河流域气候总体属于寒冷干旱型，地表径流量不足，地下水补给减少，此前开拓的需水量较多的灌溉农业区先后被废弃，农业发展由黑河中下游地区向中上游迁移，下游古居延泽逐渐被废弃，流域植被覆盖度大幅降低，沙漠化扩展速度加快。

明清以后，人类活动对黑河流域绿洲演变的影响占据主导地位。黑河下游居延地区成为漠北领主牧地，彻底废弃了汉晋以后的农田水利设施，下游人工绿洲萎缩，自然绿洲得到恢复。

随着人口增加，农业发展，河西地区水利事业获得了空前的发展，渠道数量、灌溉面积与经济收益都超过以往。然而，由于中游大规模兴修水利，使下游地表径流相应减少，正义峡以下主河道经常断流，加之泥沙淤积使东河河床淤高，绿洲沙漠化出现端倪，于是古居延泽率先趋于缩小并沙化，古居延绿洲南部的黑城、红城、绿城等古城镇先后遭到废弃。

从清初到清中叶的百余年间，河西战争平息，黑河流域中游移民增多，人口大幅增长，生产力水平快速提高，人类活动区域向具有更广阔绿洲土地和稳定水源的中游地带转移。由于农业引水量大增，黑河下游水源大幅度减少，下游的东河由于泥沙淤塞河床变高，使河流自然改道向地势较低的西河流去，东河的断流促使居延古绿洲消失。

中华人民共和国成立后，黑河流域经济社会发展速度加快，人口大幅度增加，人工绿洲面积不断扩大。黑河中游的大量引水使得下游径流量进一步减少，导致黑河尾闾湖泊干涸，水质恶化，天然绿洲荒漠化。

受气候变化和人类开发活动的影响，黑河全流域都不同程度地存在生态系统恶化问题。

黑河上游主要表现为森林带下限退缩和天然林草退化，生物多样性减少等。相关资料显示，流域祁连山地森林区，20世纪90年代初森林保存面积仅为100余万亩，与中华人民共和国成立初期相比，森林面积减少约16.5%，森林带下限高程由1900米退缩至2300米。在甘肃省山丹县境内，森林带下限平均后移约2.9公里。

黑河中游地区人工林网有较大发展，在局部地带有效阻止了沙漠入侵并使部分沙化土地转为人工绿洲，但该地区的土地沙化仍呈总体发展趋势，沙化速度大于治理速度，如高台县沙化速度是治理速度的2.2倍。由于不合理的灌排方式，部分地区土地盐碱化严重，局部河段水质污染加重，张掖、临泽、高台三县水盐化耕地面积约达23万亩。

二、额济纳绿洲之殇

在黑河流域，作为人民生存发展的主要居住地，绿洲的演变是生态环境演变的重要反映。

历史上黑河流域一直是多民族的居住区,由于各民族势力的消长与变化,流域内不断进行着农牧业交替发展。与历史时期农牧业交替发展相对应,黑河流域绿洲发展的兴盛时期主要集中在汉、魏晋、唐中叶、西夏时期以及明清以来,其他时期虽然也有发展,但总体上是属于绿洲退缩期。汉代以前,人类生产力水平低,无力改造自然环境,在黑河下游尾闾三角洲上形成天然古绿洲。汉代开拓河西后,黑河流域人口增加,生产力水平逐渐提高,绿洲溯源上迁,稳定于中上游的冲积、洪积扇平原,同时古绿洲因河流改道、水源断绝等原因,发生沙化,沦为废墟。明清以来,人口迅速增加,绿洲逐渐向具有更广阔绿洲土地和稳定水源的上游地带转移。

自西汉以来黑河流域的绿洲环境就在不断发生着变化。在历史气候波动变化和人类活动的影响下,绿洲演变主要表现为古绿洲的废弃、老绿洲的改造和新绿洲的出现。古绿洲废弃导致历史上许多古城镇被沙漠掩埋,黑河流域中下游生态环境遭到破坏。由于黑河中游水资源开发利用程度不断提高,黑河下游入水量大幅度减少,下游绿洲面临着严重的荒漠化。

黑河出祁连,跨张掖,折向西北茫茫的戈壁,最终在内蒙古额济纳盆地汇入碧波浩淼的古居延海。历史上,在弱水和古居延海滋润下,在今额济纳旗东南出现了以胡杨、红柳为代表的植物群落,形成面积达数千平方公里的古居延绿洲,成为著名的"居延大粮仓",并孕育出繁荣的绿洲文化。

黑河流域生态环境演变的另一个特征,就是城镇聚落的兴衰起落。流域城镇聚落最早形成发展于流域下游古居延绿洲上,经历了由河流下游向中上游发展的过程,并最终稳定于河流冲积洪积扇的中上部。在漫长的历史进程中,由于屡遭战乱,生态环境恶化,一些古老的城镇也遭到了严重破坏。位于内蒙古额济纳旗达来呼布镇东南的著名黑城遗址,曾是古丝绸之路北线上一座规模最为宏大的古城,建于公元9世纪西夏政权时期。明代战争中该城被攻破后遭废弃,城内埋藏着丰富的西夏和元代等朝代的珍贵文书。近年来,由于周边地区沙化严重,流沙从东、西、北三面侵蚀黑城,许多遗址已埋于沙下。

在漫长的历史进程中,黑河下游生态环境的急剧变化,导致弱水断流,"居延大粮仓"遭受严重破坏,居延绿洲的森林植被枯萎死亡,土地耕种无法进行,曾经烟波浩渺的古居延海失去水源补给,逐渐干涸竟至消失。

弱水断流后,河水改道北流,出现了新河道,即今黑河下游河道,河水在末端形成了两个湖泊,东边的叫东居延海,西边的叫西居延海,在新河道和新湖泊沿岸,滋润出一个新绿洲,后人称为额济纳绿洲,以显示与古居延绿洲的区别。

黑河由南至北纵贯额济纳全境，蜿蜒流长三百余公里，哺育出了三千多平方公里的居延绿洲，额济纳旗 3.2 万各族群众赖以生存，生产生活用水主要依靠黑河来水，黑河就是额济纳地区的母亲河。

额济纳绿洲是巴丹吉林大沙漠中的奇迹。额济纳绿洲的存在，主要取决于黑河下游水量的充沛。而居延海的水域面积大小，又是决定额济纳绿洲兴衰的最重要指标。

据有关史料介绍，远古时期的额济纳地区水量充沛，居延海等水域面积曾达到 2600 多平方公里，到秦汉时期有 720 平方公里。直至近代，东、西居延海尚有水面 200 多平方公里，加上大大小小的湖泊、洼地，绿洲内的水域沼泽地到处可见。绿洲地区水量充沛，河道交叉，黑河下游主河道上可以通行木船。

1927 年，西北科学考察团考察黑河下游额济纳地区，著名历史学家徐旭生在他所著的《徐旭生西游日记》中记述道："茶点后，同仲良、春舫到南边额济纳河畔一游，后穿林中，始为胡杨林，胡杨林尽为柽柳林，虽不高大，然而枝叶别具丰姿，延衾数里，且不剪不伐，野趣尤能使人起深长之思，不禁徘徊留连。"又记述道："太阳落时，风住云静，晚霞光彩耀目，此时脱衣下水，测量河宽水深。此地河宽二十公尺少弱，每一公尺处量一深度，最深者七十五公分。河道弯曲颇多，但水较深，最深处以二公尺半的竿下探，尚未能至底。故较易行舟。"

1944 年初，农业经济专家董正均先生考察居延海，在他笔下，居延海生动美妙，堪称人间仙境："东海系支流之水而形成，地势稍高，仅东河水大时可注入，面积小，周约五百市里。牧民称之为驼走一昼夜之程。水色碧绿鲜明，有咸味，水富有鱼类，以鲫鱼最美。1943 年

民国时期历史学家徐旭生考察黑河下游
额济纳地区留影

徐旭生考察额济纳河时，所骑的骆驼掉进河中

春，开河时大风，鲫鱼随浪至滩，水退时多留滩上干死。当时曾捡获干鱼数千斤，大者及斤。候鸟多，开河时来，将封冻时南返。居民常于海滨获得天鹅蛋，大于鹅卵，白美可爱，得者珍之。鸟类亦多，天鹅、雁鹤、水鸡、水鸭等栖息海滨或水中成群，飞鸣戏泳，堪称奇观。鹅翔空际，鸭浮绿波，碧水青天，马嘶雁鸣，缀以芦草风声，真不知为天上人间，而尽忘长征戈壁之苦矣。"

中华人民共和国成立初期，黑河正义峡断面年下泄水量为 12.25 亿立方米，入旗水量约在 10 亿立方米左右，除个别枯水年份，基本是常年流水。据 1958 年中科院考察队调查和航片测算，当时西居延海有 267 平方公里的水域，东居延海水域面积 35.5 平方公里。东、西居延海被人们称为"大漠双璧"。

20 世纪 60 ~ 70 年代，黑河中游地区加快水利工程建设步伐。中游灌溉面积迅速扩大，工农业用水量剧增，致使黑河下游狼心山断面断流时间愈来愈长，下泄水量明显减少。河道断流加剧，下游三角洲下段的地下水位下降，水质矿化度明显提高，土地渐渐沙漠化。

据中科院兰州沙漠研究所的研究资料显示，进入额济纳绿洲的水量，从 20 世纪 50 年代锐减，河道断流期由原来的 100 天左右延长到 200 多天，先后有 12 个大小湖泊干涸，16 个泉眼、4 个沼泽地消失。

20 世纪 50 年代，黑河中下游在讨赖河上兴建了库容为 1 亿立方米以上的水库，基本控制了讨赖河水系流向下游的河水，导致讨赖河水系与黑河水系的地表水与地下水联系完全中断，由于失去黑河水的滋养，西居延海于 1961 年干涸。

20 世纪 90 年代，黑河中游地区先后修建了一些引水枢纽，农业用水量进一步增加，下泄水量进一步减少，1992 年，黑河入额济纳水量仅有 1.83 亿立方米，为历史最少，当年东居延海干涸。"大漠双璧"由此失去了最后的光泽。

居延海的消亡，是黑河下游生态系统整体恶化的一个标志。与此伴生的，还有天然林面积大幅度减少，草地严重退化沉重，荒漠化加剧等严重的生态灾难。

据卫星影像资料判断，1958～1980 年，下游三角洲地区的胡杨、沙枣和柽柳面积减少了 86 万亩，年均减少约 3.9 万亩，仅胡杨林面积就由 75 万亩减少到 39 万亩。20 世纪 80 年代至 1994 年，下游三角洲地区植被覆盖度大于 70% 的林地面积减少 288 万亩，年均减少约 21 万亩。20 世纪 80 年代以来，植被覆盖度大于 70% 的林灌草甸草地减少约 78%。绿洲内草本植物已从 20 世纪 50 年代的 200 多种减少到 80 余种。覆盖度介于 30%～70% 的湖盆、低地、沼泽草甸草地减少约 40%。草本植物种类大幅度减少，草地植物群落由原来的湿生、中生草甸草地群落向荒漠草地群落演替。现存的天然乔木林以疏林和散生木为主，林木中成、幼林比例失调，病腐残林多，生存力极差，湖盆区的梭梭林也呈现出残株斑点状的沙漠化现象。绿洲萎缩，植被退化，使区内珍稀动物失去栖息地，原有的 26 种国家保护动物，9 种消失，10 余种迁移他乡。

额济纳旗隶属内蒙古阿拉善盟，阿拉善在蒙古语里是色彩斑斓的意思，即黄色的巴丹吉林沙漠、蓝色的大漠湖泊、绿色的贺兰山森林、红色的风蚀砂岩、白色的盐湖、紫色的玛瑙、金色的胡杨。随着居延海干涸枯竭，沙漠侵袭，阿拉善色彩斑斓的美景也随之凋谢。20 世纪 50 年代，阿拉善盟还有一片 800 公里长的梭梭林带，茂密到连骆驼都无法穿越。随着黑河下游河道以及尾闾生态系统的恶化，这片茂密的梭梭林带也被沙漠吞噬了。

生态环境恶化的另一个突出表现是，下游土地沙漠化的加剧，覆盖度小于

干渴的骆驼与枯死的胡杨　布特格其摄影

30%的荒漠草地和戈壁、沙漠面积增加了68%。植被覆盖率小于10%的戈壁沙漠面积约增加了462平方公里，平均每年增加23.1平方公里。随着土地沙漠化面积增加，黑河下游生态系统严重恶化，荒漠化加剧，每年春季，风起沙扬，成为沙尘暴的策源地。

20世纪90年代至21世纪初，一场场沙尘暴突如其来，直袭华北，波及广大地区。沙尘暴的主要源头之一就在黑河下游的额济纳地区，究其成因，根源正在于长期以来黑河干流水资源配置失衡，中游地区农业灌溉用水大量挤占下游生态用水，导致下游河道断流，尾闾西、东居延海相继干涸，额济纳绿洲萎缩加剧，流域生态系统受到严重破坏。

一位世世代代在东居延海边放牧的老人，悲伤地抹着泪水说："我们小时候就住在居延海边，那时候在博尔敖包和东庙之间都是水。随着居延海的干枯，沙漠的逼近，我已经搬了四次家了，这可能是我最后的家了。"

有水则成绿洲，无水则变荒漠，失去居延绿洲的屏障，风沙紧逼河西走廊。干涸的湖泊扬起风沙，把大半个中国压抑在生态破坏的阴影之下。

第二节　纠纷难消弭

一、根深蒂固的黑河水事矛盾

黑河流域干旱少雨，水资源分配不协调，加之历史上地方政权割据，战争频繁，历史时期内，黑河流域上下游、地区之间争水抢水矛盾尖锐，水事纠纷不断。为解决这一尖锐矛盾，历代在管水体制、水权划分和均水制度上，采取了多种措施。从汉唐时期的《沙州行水细则》到清代康熙、雍正年间设立"均水制"，历经曲折漫长的发展过程。

汉唐时期，政府把灌溉水源视为一种"公共产品"，对灌溉水源进行全面掌控，实施政府主导下的水资源分配。汉代建立起一套由朝廷大司农到主管基层闸门的斗门长的管水职官系统。唐代《沙州行水细则》的文件汇总了敦煌绿洲灌溉细则，是迄今为止最早的基层灌溉章程，该细则规定了敦煌各渠道的灌溉次序，明确了水权的计算单位是时间。

宋代，国家对水利事务"抓大放小"，除黄河、运河外，国家对灌溉事务只保留纠纷裁判权。日常灌溉事务以基层自治方式实施，乡绅具有领导地位。

明朝统治河西地区近300年，河西地区由原来西夏、元朝时期畜牧业为主演变成为农业为主的经济结构。明嘉靖、隆庆年间，黑河中游地区成为开发屯田的重点地区，兴修了一大批水利灌溉工程。众多水渠的兴修，大量土地的开垦，使得黑河流域水量原有的自然平衡被打破。

黑河水量失衡的严重后果，在明朝并没有明显地凸现出来，其主要原因，一是当时黑河水量还相对充沛，用水矛盾上不突出；二是明万历之后，蒙古族对河西地区频繁袭扰，河西农业生产受到严重干扰，从而限制了用水量。

到了明末清初，河西地区兵火连天，战火不断，原本脆弱的社会经济遭到严重破坏。随着清王朝在河西地区的统治逐渐巩固，经过五六十年休养生息，到康熙后期，清王朝为准备向新疆准噶尔部采取军事行动，开始在河西走廊大兴屯田，河西的社会经济逐渐得到恢复。一方面，黑河中游兴建了一批新的渠道，灌溉网络明显加密，出现了一批新的灌区；另一方面，正义峡以下的毛目、双树墩（今金塔县鼎新镇附近）开始大举开垦土地。由于当时河流的流域与行政区划不一，中游利用近水楼台先得月的优势，大量拦截河水，致使下游河道枯竭，农业生产用水不足的矛盾全面爆发，水事纠纷明显增多。

由于河西走廊干旱少雨，径流有限，中下游用水矛盾突出，且地处边防要地，驻军多，军粮生产压力大，因此，稳定用水秩序成为国家的重要责任。

由政府出面干预黑河流域水事纠纷的经典法案，当属清代康熙、雍正时期的黑河"均水制"。

当时黑河的水事纠纷有三种类型。一是流域上下游各县之间的争水，二是一个县内各渠坝之间的争水，三是一条坝内各用水户之间的争水。第一种争水纠纷最为激烈，甚至动用了武力，且

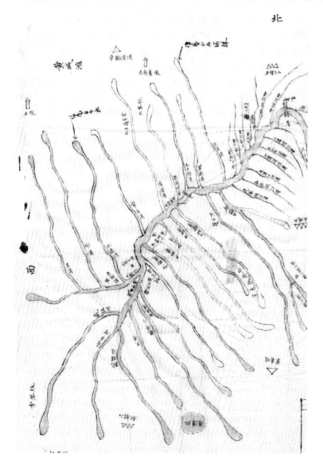

清代黑河下游灌区渠系图

相互控诉。

在明清时期河西走廊管水体系中，区域之间发生争水纠纷格外依赖政府出面裁决，而为本地争水告状的专业上访户被视为"水利英雄"。

康熙年间的"镇夷堡案"，就是一桩最著名的水案。高台县镇夷堡处于黑河中游下段，其上段甘州、临泽等县经常截断水流。据这里留存的一则碑文记载："吾堡地居河北下尾，黑河源自张掖来，西北有硖门折入流沙，临河两岸利赖之。每岁二月，弱水冷消，至立夏时，田苗始灌头水，头水毕，上游之水被张、抚、高各渠拦河阻坝，河水立时涸竭，直待五六月大雨时行，山水涨发，始能见水。水不畅旺，上河竭泽。此地田禾大半土枯而苗槁矣。"当时，高台县镇夷堡群众对上游截断水流深感愤怒。镇夷五堡人阁如岳不避艰险，为争取黑河下游分水向当地政府请愿，不但没有争到水，竟还遭到官府凌虐。

《甘州府志》记载，清雍正二年（1724年）时任川陕总督的年羹尧到甘肃各地巡视，经过高台县时，遇到罗城、镇夷堡、鼎新（酒泉金塔县）等地的老百姓纷纷告状，哭诉上游甘州、临泽经常截流断水，下游农田无法灌溉，请求总督制定公平的水规。年羹尧是清康熙、雍正年间名将，官至四川总督、川陕总督、抚远大将军，被加封太保、一等公，高官显爵集于一身。他运筹帷幄，驰骋疆场，曾配合各军平定西藏乱事，率清军平息青海罗卜藏丹津，立下赫赫战功。此时，年羹尧看到百姓告状，询问了争水情况，立即召集当地官员与乡绅开会，研究协商黑河均水问题。

然而，黑河流域错综复杂的水事矛盾由来已久，即使年羹尧这样的"铁血将军"，也并非能一蹴而就。就在黑河"均水制"协商制定进行中，雍正三年（1725年）年羹尧被雍正皇帝定下92条大罪赐死天牢。

年羹尧死后，所遗之职由著名将领岳钟琪继任，岳钟琪也是清初一位著名将领。康熙五十九年（1720年），夺桥渡江，直抵拉萨。雍正元年（1723年），以参赞大臣之职随年羹尧征青海，授奋威将军。岳钟琪接任川陕总督后，又经历几年反复协调，最终完成了各方认可的黑河"均水制"。

黑河"均水制"的核心是，以灌溉时间划分流域上下游的区域水权，规定：每年农历四月、五月灌溉高峰期，芒种前十日寅时起至芒种之日卯时，镇彝堡以上灌区全线闭口，河水自然下泄，向下游分别放水5天和10天，专供下游镇彝五堡以及毛目、双树墩灌区灌溉；"均水"期间四县主管官员升格一级，现场督察裁决，有权临时处置均水情况。官员有不从者罢官，百姓抗拒者杀头。为了确保"均水制"得到落实，均水期间，总督府还委派下游鼎新（今金塔县）

知事兼巡河道，临时加升知府衔统领，授权下游县官到上游督察，同时派出由下游各县组成的水使181名，坐守各个渠口，监督均水。

"均水制"以时间轮灌的方式，解决黑河上下游争水纠纷，其原因在于，河西走廊各灌区相距遥远，在当时传统技术水平下，渠道没有衬砌工艺，如果上下游同时分水，各渠流量势必增大损耗。因此，上下游只能轮灌而不能同时分水灌溉。

清代黑河"均水制"中心镇彝堡龙王庙遗址

严若军规的黑河"均水制"，一直延续了200多年。至今在黑河流域的灌溉制度中仍有体现。黑河"均水制"对后世影响极大，河西走廊、新疆等地的内陆河流域纷纷效仿，在制度上主动与黑河"均水制"相对接，成为一种特有的文化现象。其中，黑河支流讨赖河于1936年引入"均水制"，至今仍在使用。

进入民国时期，1942年，国民政府行政院水利委员会颁布了《水权登记办法》，全国实行水权许可证制度。黑河流域用水管理沿袭了清代"均水制"的制度，当地政府与民间对"均水制"做出了一些调整和改进，实行"会同办理均水"。由于电报、电话等现代通信手段引入以及公路的修建，各县县长共同参加的水利会议成为常态，县际交流的成本大为降低，从而使制度更有弹性。同时，开始利用调蓄工程等水利设施，改进水资源调配工作，得到人们的认可与支持，民间社会对违反水规者订立了一些惩罚机制，不再需要军政机关予以强行压制，降低了政府的行政负担。

然而，在那个社会动荡、民生凋敝的时代，推行"会同办理均水"也是举步维艰，黑河中下游用水矛盾尖锐，激烈的争水纠纷事件依然反复上演。

二、一波三折的分水方案

中华人民共和国成立后，一切水资源归国家所有。中华人民共和国成立初期，甘肃省为了统筹兼顾下游金塔县鼎新灌区用水，在原来均水制的基础上，在本省范围内对分水方案进行了数次调整。

1951年1月，酒泉分区专员公署致函张掖分区专员公署，建议由高台、临泽、鼎新等县选公正人士组建黑河流域水利管理委员会，协调解决分区之间水利纠纷。该建议得到张掖分区专员公署复函同意。遂于3月21日举行会议，成立了黑河流域水利委员会，制定了组织章程，商议在新的均水方案未出台前，暂按历史沿用的均水制度，仅对鼎新灌区分水量有所增加。

1956年3月，甘肃省水利厅组织张掖、酒泉两地区协调分水事宜，对原分水方案进行了调整。1957年将原来4月26日提前到4月21日，总天数不变。1960年2月，张掖地区水利四级干部会议通过《张掖专区1960年灌溉用水示范章程（草案）》，对原均水方案进行修订。1962年4月，甘肃省张掖专员公署发文件批转《关于张掖专区1962年水量水利管理规章（草案）》的通知，对具体均水事宜进行调整，对水库（马尾湖）管理问题进行了规定。1963年1月，甘肃省水利厅协调张掖、酒泉，对5月均水做出了新的规定。经过几次局部调整，甘肃省形成了新的黑河均水制，规定：每年4月21日上午2时至24日，张掖地区黑河总引水口关闭当时水量的50%给鼎新灌区3昼夜，中游各灌区不得截流引水；4月26日12时至4月29日12时，临泽、高台两县黑河各渠道全部闭口，所有水量放给鼎新灌区3昼夜；5月27日9时至29日9时，黑河总引水口关闭水量的80%给下游的鼎新灌区。简言之，就是说，按照农灌时间，一年中分4月和5月两次从张掖境内给下游金塔县鼎新灌区放水。

但这仅是对甘肃内部地区之间农业用水矛盾的调整，而下游额济纳绿洲的生态用水问题仍然未予考虑。

从20世纪50年代起，在以粮为纲的思想指导下，河西地区黑河干流连续修建几十座平原水库和塘坝，增加灌溉面积100多万亩，绿洲边缘开荒扩大耕地，中游地区农业迅猛发展。中游地区社会经济用水量的增加，尤其是中游大量中小型调蓄工程的修建，以及1958年开始建设国防军事要地东风场区，进一步增加了用水量，使得下游额济纳旗入境水量持续减少，加剧了生态环境进一步恶化。随着黑河下游河道断流时间的增长，额济纳绿洲生态迅速恶化，所在的阿拉善地区成为我国四大沙尘暴策源地之一。

1960年，面对黑河水量逐渐减少和西居延海即将干涸的局面，内蒙古自治区及额济纳旗曾向国务院提出解决黑河分水的请求。为此，水电部在北京主持召开了第一次黑河分水协调会议，并委托西北水电勘察设计院着手编制黑河流域水资源规划。

西北水电勘察设计院会同甘肃、内蒙古两省（区）组成三方工作组，经过协商研究，于1961年3月提出了黑河流域甘肃和内蒙古水量分配的初步意

沙漠腹地

见。当年4月，水电部在印发至甘肃、内蒙古两省（区）的《关于黑河分水意见》中，着重强调了三点：一是甘肃方面减少用水量，压缩春灌时间，内蒙古方面节约用水，开发地下水资源；二是兴建正义峡至双城子防渗渠道，提高用水效率；三是成立黑河管理委员会，由西北水电勘察设计院和甘肃、内蒙古参加，共同管理黑河水资源。但此意见未能付诸实施。

1962年2月，西北水电勘察设计院在兰州市再次召开甘肃、内蒙古两省（区）代表参加的协调会，就黑河水量分配问题继续会商。会上，西北水电勘察设计院介绍了黑河流域规划编制、贯彻落实水电部关于黑河水量分配意见等工作情况，各方代表阐述了各自的立场和意见。为了加强下游水量精确观测，为水量分配提供依据，根据会议要求，额济纳旗在东河保都格、西河菜茨格敖包相继建立了水文站。

1965年，西北水电勘察设计院编制完成《黑河流域规划报告》。该报告经平衡黑河流域水量，提出了正义峡年水量作为中下游分水标准，并提出两个分水方案：一是下游采取防渗渠道输水，正义峡下泄水量为6.2亿立方米；二是下游采取天然河道输水，正义峡下泄水量为8.45亿立方米。

由于对此方案仍存在较大分歧,该规划报告未能审批,分水方案亦未实施。

黑河中下游之交的正义峡　周忠摄影

同年9月，内蒙古自治区党委在呈报华北局和西北局的报告中，要求解决内蒙古额济纳旗用水，提出额济纳旗枯水年、平水年、丰水年的需水量分别为5.5亿立方米、7亿立方米、8亿立方米。

1966年7月，甘肃省委在上报西北局和中央的报告中建议，为了适应下游用水需要，中游河西走廊区新发展灌溉面积可适当减少，使正义峡年水量控制在8亿立方米左右。从中可以看出，这时甘肃省在控制中游用水总量方面，对照顾下游灌区用水有了一定的侧重。

1969年，中央决定将额济纳旗从内蒙古自治区划归甘肃省酒泉地区管辖。在此期间，甘肃省水电局研究黑河中游开发治理时，先后提出正义峡下泄水量7.0亿立方米、8.0亿立方米和7.4亿立方米等多种方案，但均未被中游、下游接受。

1979年7月，额济纳旗重新划归内蒙古自治区。1980年内蒙古自治区设立阿拉善盟，额济纳旗隶属该盟管辖。自此，阿拉善盟多次向内蒙古自治区报告，要求解决黑河下游额济纳旗用水问题。

1981年12月1日，内蒙古自治区政府就额济纳旗入境黑河水量持续减少，引发生态环境退化状况，向国务院专题报告，请求解决黑河分水问题。

额济纳水源严重不足以及生态退化问题，引起了国家高度重视。1982年初，根据水电部的安排，水电部规划设计总院对兰州勘测设计院下达了《黑河流域规划任务书》，要求该院调查研究额济纳旗水源不足的问题。兰州勘察设计院组织专业队伍，在青、甘、蒙三省（区）政府和水利部门配合下全面开展研究工作，历时十年，四次对全河做了全面性查勘，广泛收集、分析整理历史资料，深入分析、研讨、论证规划方案，完成不同深度的规划报告12份计64万字，规划图5份，水工程设计图1册，专业报告4份，专题研究材料18份，编辑规划附属文件多份。

1985～1986年，中国科学院兰州沙漠研究所受水电部委托，组织黑河流域水资源合理开发利用考察队，对黑河全流域的水土、草地、植被资源进行调查核实，收集和掌握了大量的基础资料，分析了流域水土资源的开发潜力以及可能引发的环境变化，提交出一份全面反映黑河流域水资源及环境的调查报告。该报告为研究黑河流域水资源合理分配和科学管理，预测流域内水土资源开发规模，提供了重要的科学依据与技术支撑。

1986年5月，解放军军事学院原政委、全国人大常委会常委段苏权到阿拉善盟考察后，向中央写了专题报告，反映黑河中下游分水失衡及额济纳严重生态问题。水电部部长钱正英接到转来的报告，迅即指示水电部计划司、水电部规划总院抓紧组织对黑河进行全面实地察勘。

这年8月27日至9月10日，水电部组织由黑河流域三省（区）水利厅、中国科学院兰州沙漠研究所、兰州水电勘测设计院、解放军89720部队、青海省海北藏族自治州、甘肃省张掖行署、酒泉行署、金塔县、阿拉善盟和额济纳旗等有关方面负责同志共41位代表组成的大规模考察团，从黑河下游居延海出发，沿河而上，直至黑河上游源头，对黑河干流开展了全面勘察。

勘察结束后，接着在甘肃省张掖市召开座谈会，听取兰州水电勘测设计院关于黑河干流（含梨园河）规划方案的汇报，围绕黑河中下游分水、干流工程规划、工程布局、工程管理等重要问题进行研究讨论。鉴于各方认识存在较大分歧，会议要求黑河流域三省（区）认真研究，分别拿出各自的意见，再次开会研究。这次张掖会议是关于黑河分水问题的一次重要会议，为之后"92分水方案"的形成打下了良好基础。

1989年2月，中国科学院兰州沙漠研究所所长、联合国环境署沙漠化顾问朱震达，兰州大学教授张鹏云等10名专家考察黑河下游生态环境后，联名发出呼吁书，吁请有关部门抓紧落实解决黑河流域中下游分水问题，尽快上马正义峡水库、内蒙古输水干渠，以期早日把黑河水分配输送到下游，为拯救

严重恶化的黑河下游生态环境

额济纳绿洲、保护河西走廊创造条件。

当年6月，水电部兰州水电勘测设计院就《黑河干流（含梨园河）水利规划报告》征求青海、甘肃、内蒙古三省（区）意见，修改完成后，提请水电部组织审查。

经多方努力，分水终于有了眉目。1992年2月，水利部在北京召开的"黑河干流（含梨园河）水利规划报告"审查会议上，确定了分水方案，这就是指导黑河水量分配的依据与基础。

审查会由水利部总工程师何璟主持，参加会议的有国家计划委员会（简称国家计委）、中国国际工程咨询公司、农业部、国家环保部、青海省水利厅、甘肃省水利厅、内蒙古水利局、解放军89720部队、中国科学院兰州沙漠研究所、水利部水规总院、黄河水利委员会等方面的代表和专家共55人。会议先后听取了兰州水电勘测设计院关于黑河干流水利规划的报告、兰州沙漠研究所关于黑河流域水资源合理开发利用问题研究的汇报。经过深入讨论，会议认为：《黑河干流（含梨园河）水利规划报告》基础资料翔实可靠，对主要问题进行了比较深入的分析研究，协调各方要求，提出了合理利用水资源的可行性规划方案，基本上达到了规划要求，原则上同意《黑河干流（含梨园河）水利规划报告》。

这年7月，水利部以水规〔1992〕第41号文向国家计委上报了"黑河干流（含梨园河）水利规划"审查意见的函。同年12月，国家计委予以批复。

国家计委的批复指出：原则上同意《黑河干流（含梨园河）水利规划审查意见》，黑河干流地区土地资源丰富而水资源相对贫乏，中下游地区用水矛盾极为突出。《黑河干流（含梨园河）水利规划报告》在大量协调工作的基础上，提出了水资源分配方案及工程布局，对于合理开发利用黑河水资源，促进青海、甘肃、内蒙古三省（区）的繁荣和发展，保护生态环境，巩固国防具有重要意义。

该批复明确表示：基本同意《黑河干流（含梨园河）水利规划审查意见》提出的水资源分配方案。近期，当莺落峡多年平均河川径流量为15.8亿立方米时，正义峡下泄水量9.5亿立方米，其中分配给鼎新片毛水量0.9亿立方米，东风场区毛水量0.6亿立方米。远期，要采取多种节水措施，力争正义峡下泄10亿立方米。有关丰水年、枯水年和远期水量分配方案，请水利部与有关省（区）进一步研究确定。

该方案的核心是对于莺落峡15.8亿立方米的年均径流量，保证下泄至正义峡河道9.5亿立方米的水量。此方案谓之"点"方案。

　　国家计委的批复，要求有关部门和省（区）对正义峡及内蒙古输水渠进行重点研究，抓紧做好前期工作。该批复建议，水利部进一步研究黑河流域管理机构设置问题。

　　国家计委批复的这个黑河干流水资源分配方案，被称之为"92分水方案"。至此，历经30年多方协调，曲折反复，一部上升为国家层面的黑河分水方案，终于浮出水面。

三、"97分水方案"诞生记

　　"92分水方案"的批复，给黑河下游额济纳生态问题的改善带来了转机与希望。然而，就在这时，黑河中游的情况又发生了重大变化。一方面，中游地区良好的光热环境和种植条件，年产粮食达99万吨，每年向国家出售商品粮20万~30万吨，为稳定国民经济发展做出了重要的贡献。另一方面，为解决甘肃中部干旱地区贫困问题，甘肃省将该地区大量人口向黑河中游地区移民。如此一来，中游地区人口增加，总人口和灌溉面积分别相当于中华人民共和国成立初期的2.2倍和3.2倍。用水随之增多，黑河中下游用水矛盾进一步加剧，尤其是每年5~6月"卡脖子旱"期间，中游地区因引水抢水的水事纠纷频繁发生。

　　黑河下游形势更加严峻。进入下游的水量从中华人民共和国成立初期

东居延海周边的荒漠

的 11.6 亿立方米锐减到 7.7 亿立方米，除去下游河道消耗，实际进入额济纳旗的水量只有 3 亿～5 亿立方米，有的年份甚至不足 2 亿立方米。生态用水被大量挤占，导致黑河尾闾湖泊消失，地下水位下降，下游生态系统进一步退化。

严峻的黑河下游生态问题，再度引起社会各界的密切关注。

1994 年 7 月，"中华环保世纪行"新闻采访团采访额济纳之后，在各大新闻媒体发表 20 多篇文章，报道了黑河下游生态环境严重恶化的问题。国家环保局刊发《重要环境情况》，也向党中央、国务院反映额济纳绿洲生态危机并提出了实施抢救的意见。

对此，国务委员宋键、陈俊生相继作出批示。根据国务院领导的要求，国家计委、国家科委迅速组织水利部、林业部、农业部、财政部、环保局，中国科学院等部门负责同志和专家，会同内蒙古自治区阿拉善盟相关部门代表共 120 多人，现场考察额济纳地区。

在此期间，中国科学院院士张宗祜等 15 名院士、专家经过对额济纳地区现场考察，提出了"关于黑河、石羊河流域合理用水和拯救生态问题的建议"，该报告由中国科学院以科发学〔1995〕0489 号文呈报国务院。

1995 年 4 月，国务院副秘书长徐志坚主持召开由青海、甘肃、内蒙古、宁夏 4 省（区）和水利部、林业部、农业部、财政部、环保局等 11 个部门参加的阿拉善地区生态环境专题会议，重点研究现有工程条件下黑河水量分配方案问题。

同年 11 月，国务院副总理邹家华主持召开由国家计委、科委、财政部、水利部、环保局等部门参加的阿拉善地区生态环境综合治理问题专题会议。会议听取了内蒙古自治区人民政府的汇报，经充分讨论，形成了解决阿拉善地区生态环境综合治理有关问题的会议纪要（国阅〔1995〕144 号）。

会议纪要强调指出：阿拉善地区生态环境不仅关系到当地人民生存和边境的安全问题，而且对西北乃至华北、华东产生影响，阿拉善地区生态环境的综合治理，需要地方各级政府和国家有关部门共同努力，协调解决。水利作为国民经济和社会发展的基础产业，对经济的发展起到越来越重要的影响。各地的经济社会发展要与当地水资源开发利用相协调，合理开发和节约利用水资源，以适应经济持续、健康、协调发展的需要。解决阿拉善地区生态环境问题的关键是充分利用好水资源的问题。

对下一步的工作，会议纪要提出，要确定目标，制定实现恢复居延绿洲、梭梭林、贺兰山次生水资源涵养林的措施。由水利部牵头，根据 1992 年确定的黑河流域分水原则，提出按比例分水的具体方案。国家计委和甘肃、青海、内蒙古三省（区）政府参加，开会研究确定，签定协议，贯彻落实。尽快督促黄河水利委员会成立黑河流域管理机构，加强对黑河流域水资源管理协调工作。工程建设问题待分水方案落实后确定。由地矿部负责对阿拉善地区地下水源状况进行系统勘察，摸清该地区的水资源状况。阿拉善地区生态环境综合治理纳入国家"九五"计划和 2010 年规划，资金由国家计委统一平衡。国务院各有关部门要按照职责分工给予积极支持，具体工作由国家计委会同有关部门和内蒙古自治区人民政府落实。

按照国务院会议纪要的要求，1996 年 3 月水利部发出通知，部署黑河干流水量分配具体方案编制、正义峡水利枢纽工程水库坝址论证等工作。黄河水利委员会组成黑河水资源工作队，赶赴黑河流域深入现场调查水资源利用情况，就有关问题与甘肃、内蒙古两省（区）广泛征求意见，充分进行协商，最终达成共识，提出了不同来水情况下《黑河干流（含梨园河）水量分配方案》的初步成果。

该方案基于两个重要依据：一是黑河中游 20 世纪 80 年代的用水水平。根据分析，黑河中游 20 世纪 80 年代的正义峡下泄水量为 10 亿立方米，考虑为今后黑河中游预留部分发展用水量，提出的分水意见为：当莺落峡来水 15.8 亿立方米时，正义峡下泄水量 9.5 亿立方米，并控制鼎新片引水量在 0.9 亿立方米以内，东风场区引水量在 0.6 亿立方米以内。二是黑河中游 20 世纪 80 年代的用水规模。"92 分水方案"依据的用水规模主要为 80 年代中期黑河中游的用水规模，当时黑河中游的人口总数为 105 万人，耕地面积为 278.3 万亩，灌溉面积为 203.3 万亩，以黑河干流水系出山口总水量为 24.75 亿立方米为基准计算，黑河中游多年平均需要消耗河川径流量约为 15 亿立方米。

1997 年 3 月，水利部在北京召开由国家计委，青海、甘肃、内蒙古三省（区）水利厅，水利部规划总院，黄河水利委员会等单位负责同志参加的黑河干流水量分配方案协调会，对黑河现状工程条件下分水方案再次征求意见。

此次协调会是对黑河"92 分水方案"进一步细化、具体化。即研究莺落峡断面丰、枯水年不同来水情况下，分配给黑河下游（正义峡断面）的年水量。"92 分水方案"，是依据黑河多年平均水量分配方案，主要内容，即在莺落峡河川径流为 15.8 亿立方米时，正义峡断面下泄水量 9.5 亿立方米。其中，分配给鼎新灌区毛水量 0.9 亿立方米，东风场区 0.6 亿立方米。"92 分水方案"的前提条件是当年来水量，实际上，上游来水是动态的，不同的年份来水量是不一样的。因此，在"92 分水方案"基础上，提出现状工程条件下、丰枯水年水量分配方案，非常迫切和必要。

协调会议上，如何认识和解决丰水年和枯水年的水量分配矛盾，成为甘肃和内蒙古两省（区）意见分歧的焦点。

甘肃方面认为：枯水年，中游地区也是干旱年份，需水量很大，因此提出要求多用黑河干流水量。而丰水年，上游来水量大，中游地区降雨也多，汛期可能还有洪水灾害，需要向下游增加排泄洪水的能力，以减轻对中游地区的洪涝灾害。

内蒙古方面认为：枯水年，下游更需要黑河上游来水补给；在丰水年，中游地区加大对下游洪水量的排泄，下游有广阔的干旱草原，同意接收大流量洪水。

综合会议代表的意见，水利部认为：黄河水利委员会的专家与技术人员，通过对黑河流域水资源利用情况深入调查，与甘肃、内蒙古两省（区）充分交换意见进行协商，提出的黑河干流水量分配实施方案，既有现状根据和理论依据，又考虑了动态因素，技术上是合理的。经过各方面努力，是能够实现的。

1997年10月，水利部在北京召开"现状工程条件下黑河干流（含梨园河）水量分配实施方案初步成果论证会"，经进一步研究论证，决定将《黑河干流（含梨园河）水量分配实施方案》呈报国务院。

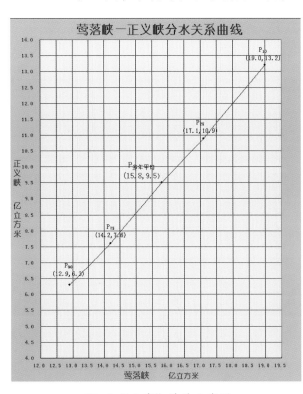

"97分水方案"关系曲线图

12月，水利部以水政资〔1997〕496号文就实施《黑河干流（含梨园河）水量分配方案》问题致函甘肃、内蒙古两省（区）人民政府，函称：该方案已经国务院审批，希遵照执行。

国务院审批的黑河分水方案，正式明确了丰枯年份水量分配指标：在莺落峡多年平均来水15.8亿立方米时，分配正义峡下泄水量9.5亿立方米。莺落峡 25% 保证率来水 17.1 亿立方米时，分配正义峡下泄水量 10.9 亿立方米。对于枯水年，水量分配兼顾两省（区）的用水要求，也考虑了甘肃的节水力度，提出莺落峡 75% 保证率来水 14.2 亿立方米时，正义峡下泄水量 7.6 亿立方米；莺落峡 90% 保证率来水 12.9 亿立方米时，正义峡下泄水量 6.3 亿立方米。其他保证率来水时，分配正义峡下泄水量按以上保证率水量直线内插求得。此方案可谓之"线"方案。

这一黑河分水方案，被称为国务院"97 分水方案"。

该方案在"92 分水方案"基础上，依据实测水文资料，以枯水年照顾中游地区农业灌溉用水、丰水年照顾下游天然生态用水为基本原则，考虑了水资源和社会发展各方面情况，兼顾了各方利益，是符合实际的。

国家分水方案的确立，只是走出了第一步。由于黑河水资源短缺，供需矛盾突出，下一步，黑河水资源管理如何具体实施，如何保证方案全面贯彻落实，注定还有大量艰苦细致的工作要做。当务之急是必须抓紧成立黑河流域管理机构，统一管理全流域水资源，组织实施和监督干流调水，把来之不易的黑河分水方案落到实处。

第三节　黑河调水首战告捷

一、黑河流域管理在艰难中起步

酝酿成立黑河流域管理机构，发端于 20 世纪 90 年代中期接连发生的几场剧烈的沙尘暴。此后机构审批辗转起伏，经历了曲折的发展过程。

1993 年 4 月 19 日至 5 月 8 日，一场罕见的沙尘暴袭击了新疆、甘肃、宁夏和内蒙古部分地区。沙尘暴经过时，最高风速为 34 米每秒，最大风力达 12 级，最低能见度为零。这场风暴造成 85 人死亡，31 人失踪，264 人受伤；12 万头（只）牲畜死亡、丢失，73 万头（只）牲畜受伤；37 万公顷农作物受灾，4330 间房屋倒塌，直接经济损失达 7.25 亿元人民币。

1994 年 4 月 6 日开始，从内蒙古西部刮起大风，额济纳沙漠戈壁的沙尘随风而起，飘浮到河西走廊上空，漫天黄土持续数日。河西走廊上空发生强沙尘暴。

1995 年 5 月 16 日，一场特大沙尘暴从内蒙古阿拉善盟额济纳旗拐子湖附近平地而起，袭击银川市等地。所到之处天昏地暗，飞沙走石，能见度为零。

风头过后，风力仍有 10 级以上，风速高达 20 ～ 30 米每秒。

1996 年 5 月 29 日至 30 日，自 1965 年来最严重的强沙尘暴袭掠河西走廊西部及宁夏银川等地，黑风骤起，天地闭合，沙尘弥漫，树木轰然倒下，人们呼吸困难。

据统计，接连几次沙尘暴造成了巨大损失。阿拉善地区造成直接经济损失 0.6 亿元，间接经济损失 15 亿元。甘肃、宁夏造成直接经济损失 3.5 亿元，间接经济损失 15 亿元，死亡、失踪 111 人，受伤 400 多人。沙尘暴重灾区的阿拉善盟受灾面积达 24 万平方公里，占全盟面积的 89%，草场地面表土被刮走 10 多厘米，40% 多的牧草当年无法恢复；胡杨树被吹倒 20 多万株，200 多万亩梭梭林被毁，残活量仅有 30%；14 万亩农田被沙土压埋在 1 米以下，吉兰泰、雅布赖和查干池盐场再生盐池被沙尘填埋，6000 吨芒硝被风卷走；275 公里公路路面保护层被风蚀，沙源地段堆集路面的黄沙有 2 米多高；广播电视发射塔倾倒损坏，信号中断四五天；频繁剧烈的沙尘暴还严重威胁了酒泉卫星发射基地，以及附近包兰铁路、兰新铁路的运行，到处是令人痛心的惨烈景象。

剧烈肆虐的沙尘暴

频繁的沙尘暴灾害引起了国家高层的密切关注。1995 年 4 月，国务院办公厅召开 11 部 4 省（区）负责同志专题研究解决阿拉善盟生态环境问题的会议，形成的会议纪要中就明确提出"为了加强对黑河流域的治理和水资源的合理利用和分配，成立黑河水资源管理机构是必要的，由水利部提出组建方案报中编办审批"。

经过此次会议传达的精神和

沙尘暴遮天蔽日

水利部的安排，1996 年 1 月 18 日黄河水利委员会向水利部呈报《关于成立黑河流域管理局的请示》，正式提出黑河流域管理机构问题。

国务院确定"97 分水方案"后，成立黑河流域管理机构，实施黑河干流分水的形势更加迫切。

为了尽快推进这项工作，水利部在职权范围内，于 1996 年 11 月 30 日以人教〔1996〕581 号文件对黄河水利委员会的请示作出了批复，明确：黑河流域管理局为黄河水利委员会所属的全额拨款事业单位，机构级别为正局级，局机关驻地兰州，编制 30 人，局级领导 3 人，内设办公室、执法监督处、综合计划处三个部门。与此同时，水利部上报中编委积极向国家申请机构编制。

因当时正赶上国家机构改革，机构编制全面冻结。为尽快启动黑河水量调度工作，经黄河水利委员会研究，黑河流域管理局暂以黑河流域管理局（筹备组）在黄河水利委员会驻地郑州办公，由常炳炎任黑河流域管理局筹备组组长，王义为、郝庆凡任副组长，先期进行流域管理局机构组建等筹备工作。

在此期间，黑河中游地区每年引水量以 4000 万～5000 万立方米的速度持续增长，到达下游的水量逐年减少，生态环境进一步恶化。每到冬春之际，西北、华北地区黄沙弥漫，遮天蔽日，沙尘暴愈演愈烈。社会各界要求加强黑河生态环境治理的呼声十分强烈。

鉴于黑河分水已迫在眉睫，此间，黄河水利委员会向水利部上报了《关于黑河流域管理局筹备情况的报告》，请求正式组建黑河流域管理局，以便抓紧展开工作。根据水利部的答复，1997 年 10 月黄河水利委员会成立黑河流域管理局，由常务副局长常炳炎主持工作，王义为、郝庆凡任副局长。

正在这时，又一场沙尘暴猛烈袭来。1998 年 4 月 5 日，内蒙古中西部、宁夏西南部、甘肃河西走廊一带遭受了强沙尘暴的袭击，影响范围之广，波及北京、济南、南京、杭州等地。

沙尘暴的主要发源地之一，是黑河下游的阿拉善盟额济纳。日益严重的生态环境危机，让阿拉善盟人民心急如焚。当时正值国家实施机构改革，黑河流域管理机构编制审批冻结。

为了加快黑河流域管理机构的批复，阿拉善盟行署决定主动作为，要求盟水利局副局长杨振宇具体负责，全力推进黑河流域管理机构报批工作。

随后，1998 年 9 月至 1999 年 1 月，杨振宇驻守北京，专门向水利部、中编办、国务院参事室、人事部等单位积极反映催办黑河流域管理局机构编制批复一事。

1998 年 9 月，国务院中央编制办公室武建华与水利部人教司侯京民就黑河流域管理机构问题，专程赴黑河下游额济纳地区考察，经现场详细了解情况，感到黑河下游生态环境势态确实严重，正式成立流域管理机构，抓紧实施国务院批准的黑河水量分配方案，已经成为当务之急。武建华当即表示回京后立即办理批文。

1998年9月中央编制办公室和水利部人教司有关部门负责同志在额济纳旗调研

然而，正值国家机构改革的紧要时期，破例批复机构编制，并非中编办能够最终决定。眼看机构编制审批再次受阻，杨振宇心急火燎，他遂与阿拉善盟副盟长吴精忠商量，通过国务院参事提建议的途径促进此事。

为此，他们几经辗转，找到了国务院参事王秉忱、吴学敏，详细汇报了黑河下游生态环境形势的严重情况，反映了尽快成立黑河流域管理机构的紧迫性。在国务院参事室安排下，10月中旬至11月30日，由参事室副主任陈良鹤带队，王秉忱、吴学敏两位参事参加，专程赴额济纳进行了考察，重点了解了成立黑河流域机构的情况。回到北京，王秉忱、吴学敏两位参事联名向国务院提出了《关于阿拉善地区生态环境综合治理的三点建议》，其中一个重要内容就是，建议尽快批复黑河流域管理局机构、人员编制和经费落实，实施国务院批准的黑河水量分配方案。

这份建议很快送达国务院领导手中，朱镕基总理和温家宝副总理阅后做出了批示。1999年1月24日，中编办正式批复了黑河流域管理机构编制，1999年3月15日水利部人教司转发中编办文件，通知黄河水利委员会成立黑河流域管理局。

黑河流域管理机构编制的批复是黑河流域分水工作的重大突破，是多少年来下游额济纳旗人民群众呼唤生态环境保护的强烈心声。这份批复文件印制后，武建华在第一时间电话通知杨振宇到中编办来取批文，并对杨振宇说："文件终于签发了，让你等了四个多月，为阿拉善和额济纳人民高兴，我要把文件亲自交在你的手中，由你转交水利部。"

一个地方的盟水利局副局长到中编办要编制，按常规这是多么不可思议的事情。但是以杨振宇为代表的阿拉善人，用一片诚心使中央领导了解到了额济纳旗生态恶化的真实情况和成立黑河流域管理局的紧迫程度；以坚忍不拔的毅力为黑河分水上下奔波，诠释了一名老共产党员为党为人民的忠心。

2000年1月26日，经过4年筹备的黑河流域管理局在甘肃兰州市正式挂牌，时任黄河水利委员会主任鄂竟平出席挂牌仪式。挂牌仪式上，水利部水资源司、人教司负责同志对黑河水资源管理的职责，提出"一节（约）、二管（理）、三保（护）、四调（水）"，要求黄河水利委员会及黑河流域管理局，依据国家有关法律法规，以公平、公开、公正的原则，严格黑河流域管理，予管理于服务之中。当前工作的重点是，落实黑河干流水量分配方案，编制年度水量分配方案和关键期水量调度方案，制定水量调度管理办法及水事矛盾协调规约，以及开展流域规划。鄂竟平对黑河流域管理局强调指出，要充分认识黑河水资源管

中央机构编制委员会办公室（批复）

中编办字[1999]7号

关于水利部黄河水利委员会
黑河流域管理局机构编制的批复

水利部：

你部《关于申请组建水利部黄河水利委员会黑河流域管理局的函》（水人教[1997]510号）收悉。经研究，同意成立水利部黄河水利委员会黑河流域管理局，暂核定事业编制30名，同时，黄河水利委员会总编制由26200名减为26170名。

一九九九年一月二十四日

中编办批复成立黑河流域管理局的文件

2000年1月26日黑河流域管理局在兰州挂牌成立

理与调度工作的复杂性、艰巨性，加强与各有关方面的协调沟通，做好实时水量调度，确保分水方案的落实。并要求，黄河水利委员会所属单位和部门，都要全力支持黑河管理工作。出席仪式的黄河水利委员会领导和青海、甘肃、内蒙古三省（区）的有关负责同志表示，将全力支持黑河流域统一管理工作的开展，以相互理解、相互支持的协作精神团结治水，共谋发展。

新成立的黑河流域管理局作为黄河水利委员会在黑河流域的派出机构，主要职责是：负责《中华人民共和国水法》（简称《水法》）等有关法律、法规的实施和监督检查，制订流域性的政策和法规。负责流域综合规划及各专业规划的编制并组织实施。负责黑河水资源的统一管理和调度；在管理范围内负责组织实施取水许可和水资源论证等制度；编制水量分配方案和年度分水计划，检查监督流域水量分配计划的执行情况。负责组织流域内重要水利工程的建设、运行调度和管理；负责安全生产工作及直管工程建设质量与安全监督工作。负责职权范围内的水政监察、水行政执法和水行政复议工作，协调处理流域内省（区）际及有关单位之间的水事纠纷。代表黄河水利委员会行使对甘肃河西走廊地区石羊河、疏勒河的行业管理权。按照规定或授权，负责管理范围内国有资产的监管和运营；负责管辖范围内资金的使用、检查和监督等。

接过这副沉甸甸的担子，主持黑河流域管理局全面工作的副局长常炳炎感到肩上的责任格外沉重。为了尽快掌握黑河流域水资源管理与生态环境状况，当天他便带领工作人员走访了中国科学院兰州分院院长程国栋院士，并与中国科学院寒区旱区环境工程研究所专家就共同开展黑河流域环境保护研究等问题进行讨论。

黑河流域管理局挂牌运转，标志着黑河流域水资源统一管理与水量调度，在建立体制机制上进入了一个新阶段。

为了贯彻落实国务院确定的黑河分水方案，统筹流域经济社会发展和下游生态环境改善的用水需求，国家批复成立水利部黄河水利委员会黑河流域管理局，负责黑河流域水资源统一管理与水量统一调度。黑河流域管理局肩负使命，艰苦创业，开拓进取，建章立制，精心编制水量调度方案。流域各方克难攻坚，协力奋战，冲破重重阻力，通过实施"全线闭口、集中下泄"等措施，使额济纳沙漠腹地迎来久违的清流。黑河干流水量调度首战告捷，谱写了一曲世纪之交的绿色颂歌。

二、肩负使命，开拓前行

2000 年春天，北京接连 12 次遭到大规模沙尘暴袭击。3 月 14 日强烈的沙尘暴在阿拉善形成，3 月 15 日下午沙尘飞扬至北京，持续时间达 49 小时，分布高度为 3500 米左右。3 月 20 日沙尘暴第二次袭击北京，时间持续长达 51 小时，北京总降尘量高达 3 万吨，相当于人均 2 公斤。3 月 27 日，沙尘暴再次袭击北京，局部地区瞬时风力达到 8 ~ 9 级。

5 月 12 日，中央电视台《新闻调查》栏目播出题为《沙起额济纳》的专题节目。这篇新闻报道说，额济纳绿洲主要依靠黑河水，但 20 世纪 90 年代以来，黑河水流入内蒙古阿拉善盟额济纳旗的平均径流量不断减少，甚至断流，水事管理的各自为政、中上游地区的无序开发，使大量生态用水被占用，导致额济纳绿洲这道中国西部的重要生态屏障受到严重损伤。

当时，国务院总理朱镕基正在河北考察防沙治沙工作，观看中央电视台播出的节目后，当即指示陪同考察的水利部部长汪恕诚，抓紧研究解决黑河和塔里木河的有关生态环境和水资源问题，要求水利部尽快提出解决问题的对策。

沙尘暴逐步升级，中央领导的指示要求，社会各界的强烈呼声，使命与责任，重重压在黄河水利委员会和刚刚成立的黑河流域管理局领导同志的肩上。

调水任务时不我待，一系列工作紧张展开！

2000 年 5 月 22 日，在兰州召开的 2000 年度黑河干流水量调度工作协调会上，与会代表同意《1999 ~ 2000 年度黑河干流水量实时调度预案》确定的原则和方法。即调度年及年内时段划分、年度分水的平行线原则、水账结算的原则。黑河流域管理局按"97 分水方案"，具体落实在 2000 年的情况，最终建议方案为"当莺落峡多年平均河川径流量为 15.8 亿立方米时，正义峡下泄水量 8.0 亿立方米"。至此，黑河中下游分水难题迈出了坚实的一步，即将进入具体实施阶段。

6 月 20 日，黑河流域管理局开门办了三件事。

第一件，"约法三章"。常炳炎组织召开全体会议，大家在一起交流情况、分析形势、明确任务、布置工作，并对黑河调水工作提出明确要求：摆正位置、不卑不亢；艰苦朴素、敬业爱岗；严肃纪律、不扰地方。

第二件，组织培训。黑河流域管理局 17 人中，有 15 人是第一次到黑河，管理黑河，必须首先熟悉黑河，了解黑河。黑河流域管理局首期业务培训讲座，由常炳炎主讲，从"黑河在哪里？"讲起。

第三件，现场勘察。6月20日至21日，黑河流域管理局工作人员全体出动，实地查勘莺落峡黑河出山口，莺落峡、高崖、正义峡水文站，草滩庄水利枢纽，正义峡坝址，张掖、高台、临泽大桥等处的引水口工程，感知体察黑河流域的自然地理、水源状况、生态环境、人文历史及地方风情等。

6月24日，黑河流域管理局兵分两路，一路由常炳炎带领，收集水文工程和用水资料，连夜对数据进行处理，编制1999～2000年度黑河水量调度方案；一路由郝庆凡带领，沿黑河流域下游金塔、鼎新灌区，东风场区和额济纳旗进行查勘。

6月29日至30日，黑河流域管理局在甘肃省张掖市召开了由甘肃省、内蒙古自治区水利厅及有关部门代表参加的2000年黑河实时水量调度工作会议，研究部署《1999～2000年度黑河干流水量实时调度方案》。会议确定，从2000年7月1日开始实施黑河历史上第一次水资源统一管理。

会前，根据水利部批复的黑河干流水量实时调度方案和水利部颁布的《黑河干流水量调度管理暂行办法》，黑河流域管理局组织有关单位技术人员，按照滚动修正、逐步到位的原则，制订了当年7月的调度计划。

这是一项从未开展过的创新性工作。为了制订出一套体现公正公平、各方都能接受而又切实可行的调度方案，黑河流域管理局会同黄河水利委员会设计院、黄河水利科学研究院科技人员组成工程组，深入中游13个灌区中80余处引水口门、27座平原水库，现场查勘了解工程布局及其运行情况。晚上回到驻地，来不及清洗身上的汗水和尘土，接着又投入分析资料、处理数据、编制方案的室内作业，每天工作时间都多达15小时以上。正是凭借着这种使命担当、协作奋战的精神，终于在会前拿出了调水方案。

黑河干流年内水量调度方案的编制原则和水量计算方法是，按平行线原则编制年度分水方案，按逐时段（月、旬）滚动修正年总量。基于6月底的水文预测，本年度莺落峡断面预估来水量为15.48亿立方米，相应正义峡下泄水量为7.62亿立方米，其中7月应下泄1.03亿立方米；根据1999年11月11日至2000年6月30日实测资料，该时段正义峡断面下泄水量与应下泄水量相比少0.55亿立方米，少泄部分在今年7月、8月、9月三个月补齐，各月分别补0.15亿立方米、0.2亿立方米、0.2亿立方米；7月正义峡断面计划下泄1.18亿立方米。这套方案的提出，为黑河水量调度工作会议召开和即将开展的调水实战提供了重要的理论依据和技术支撑。

第一次黑河实时水量调度工作会议上，主持会议的黑河流域管理局领导强调指出，实行黑河干流水量实时调度，是黑河水资源统一管理的当务之急，党中央、国务院和各级领导对此项工作高度重视。有关各方要从大局出发，将黑河水量调度作为一项严肃的政治任务，实行行政首长负责制，各级水行政部门要积极配合，当好参谋。采取有力措施，保证调度预案的顺利实施。

与会代表表示，坚决贯彻执行中央对黑河水资源统一管理的重大部署。在黑河流域水资源统

消逝的绿洲，枯死的胡杨

一管理和调度工作中，将相互理解，团结治水，全力配合，共谋发展，积极落实调度方案，做好黑河流域水量调度工作。

但是，一进入审议《2000年7月份黑河干流水量调度实施意见》，会场上的气氛变得有些紧张起来。

位于黑河中游的张掖地区，本身的用水矛盾就很突出。这里的农作物以小麦、玉米等粮食作物为主，生长期相同，用水引水高峰期集中在五六月份和十一月份的冬灌，集中用水期也成了每年争水抢水期。在当地干部群众看来，黑河水就是他们的命根子。在这种情况下，实施黑河跨省（区）分水，中游地区不仅要处理内部的争水矛盾，还要为下游生态用水做出更大让步和牺牲，其难度之大，不难想象。

不过，为了国家生态建设的大局，望着与会代表们期盼的眼神，甘肃省的代表思虑再三，终于和内蒙古自治区的代表一同在此次会议纪要上郑重签了字。那一刻，会场上顿时爆发出经久不息的掌声。

会议结束后，黑河流域管理局调度人员即刻开赴黑河中游沿线，投入黑河干流水量统一调度这场大战。

一旦投入实战，一系列现实困难迎面而来。

首先是传统观念的强大阻力。千百年来，水从门前过，谁用都没错。水自天上来，想什么时候用，就什么时候用，想用多少就用多少。长期以来人们习惯了农业种植的用水粗放、大水漫灌，如今要实施计划用水，用水观念形成了激烈冲突。

难度还在于"兼顾各方利益"。黑河本身属于资源型缺水，2000 年 7 月、8 月上游来水明显偏少，年水量为 14.6 亿立方米，少于多年平均水量的 15.8 亿立方米，这使黑河 2000 年首次分水调水更是难上加难。

黑河水量调度是对不同省（区）现状用水的再分配，牵涉到各方利益的再调整，在水资源供需矛盾十分尖锐的现实情况下，要让中游地区做出利益牺牲，说服当地群众的工作极其艰巨。

面对严峻的挑战，黑河流域管理局一面根据当年调度工作目标，细化月、旬调度方案，同时，在张掖再次召开黑河水量实时调度工作会议，重点研究讨论落实水量实时调度方案的工程和管理措施。

会议认为分水方案是协调两省（区）分水问题的依据，拟采取的具体工程和管理措施是实施调度方案的保障，相应的工程管理措施由地方政府负责实施，实行行政首长责任制。

甘肃省的代表通报了在黑河中游地区拟采取的工程和管理措施，包括组建机构，加强领导，设立专门的水调办公室。将 7 月份引水下泄指标分解到张掖、临泽、高台三县（市），再细分至各灌区引水口门。实行行政首长负责制和分级负责制。充分利用新闻媒体的宣传和舆论监督作用，提高对黑河分水的认识。每隔五日集中检查一次，监督各县（市）水量使用情况等。

内蒙古自治区的代表通报了额济纳地区保证生态用水的措施，包括 2000 年在苏泊淖尔苏木查干毛道地区退耕种草种树 1000 亩；2001 年底之前全部转移沿河地区 1 万峰骆驼，其中 2000 年底前转移 4000 峰，退牧还草还林；用 5 年时间在额济纳东、西河沿岸围拦封育胡杨林总面积达到 50 万亩，并完成退牧转移任务，其中 2000 年落实围拦封育 4 万亩；赛汉桃来苏木巴彦塔拉嘎查约 400 平方千米范围内的牧民，2001 年初全部退出，实行禁牧。

经过会议研究后，一致同意黑河流域管理局经过充分调查分析提出的"全线闭口、集中下泄"调度措施。大家认为，这是一项保证水量实时调度措施落实到位的创造性措施。要派出用水监督小组，解决经费和必要装备，抓紧人员培训，确定职责范围，抓紧开展运行。

三、全线闭口、集中下泄

黑河流域管理局通过前期的现场调研、宣传动员、技术准备，并加强流域的统一认识和协商沟通，促成了中游地区同意利用灌溉间隙实施第一次"全线闭口、集中下泄"，从此拉开了黑河水资源统一管理的序幕。

这年汛期，黑河没来一个洪峰，到8月，给下游分水的指标仍有缺口。"全线闭口、集中下泄"是中游的唯一选择。

这是黑河流域历史上第一次跨地区、跨省（区）调水，又赶上张掖地区遭遇严重旱情。由于长时间没有降雨过程，草滩庄以下灌区异常干旱，自7月以来，正义峡断面河床断流天数达20多天。为了灌溉引水，高台黑河大桥下数百名农民自七坝渠引水口沿河修筑导流坝，向上游延伸500米，导流坝工程建成了，此时却因实施干流向下游调水，而自己不能引水，心急如焚。像七坝渠引水口这样的情况，张掖地区有成千上万亩嗷嗷待哺的农田。在这种情势下，实施"全线闭口、集中下泄"，需要付出极大的利益损失，承受的压力之大，不难想见。

然而，地方政府的职责和视野一旦放大到国家利益的高度，便产生出强大的决心和勇气。在这次跨地区"全线闭口、集中下泄"调水工作中，张掖地区行署从工程监管措施的提出、研究决策到行署行文，前后时间不足三个小时，这种高效的工作作风，充分体现了他们壮士断腕的态度和决心。

启动仪式上，张掖地委委员曹克俊在讲话中强调了国务院领导指示精神和调水的重大意义。张掖地区行署常务副专员刘隽宣读了张掖地区行署《关于增大黑河干流下泄水量的紧急通知》，要求所辖张掖、临泽、高台三县（市）8月21日12时至24日12时，沿黑河干流全线实施"大、小引水口统一关闭，集中下泄，增大正义峡下泄水量，任何人不得擅自开口引水"。

张掖市副市长孟仲代表张掖、临泽、高台三县（市）地方政府表示，坚决执行地区行署的决定，加强对全线闭口落实情况的监督检查，确保集中下泄、向下游调水顺利进行。

"黑河张掖段全线闭口、集中下泄开始实施！"随着张掖行署专员田宝

张掖行署专员田宝忠一声令下，草滩庄水利枢纽启闸泄水

忠一声令下，草滩庄水利枢纽泄水闸全部开启，张掖段沿黑河两岸88个引水闸口全部关闭，波浪滔滔的黑河水奔腾北去。

为了确保调水顺利实施，黑河流域管理局数十人组成的监督检查工作组，会同张掖地区3个督查组、地县水利部门139名干部，分赴沿线引水口，监督检查，昼夜不舍，强力推进，历史上第一次黑河干流跨省（区）调水实战，就此拉开大幕。

实施"全线闭口、集中下泄"，首当其冲的矛盾是由于中游地区群众难以接受而产生的激烈对立情绪。

有这样几件典型实例。

高台县数千群众站在黑河岸边，他们身后，地里玉米旱得叶子发卷，秆子发蔫，眼睁睁望着滚滚黑河水从家门口流过，自己亟待浇灌的庄稼却有水不能引，不禁心急如焚。该县罗城乡一位70多岁老农说，眼前这种吃亏的感觉，就像从自己口袋里掏钱给人家一样啊！

一次督查中，督查组发现一个引水口对地区下达的调度计划拒不执行，直到行署专员赶到现场严令发话才勉强将引水口关闭。专员离开现场后，他们又提闸放水。为此黑河流域管理局不得已断然要求甘肃省水利厅及有关部门将总引水闸关闭。

据统计，这年水量调度期间，中游地区共发生各类水事纠纷30余起，其中围攻县政府、乡政府的事件就达10余起，并曾发生千余人聚众上河堤强烈要求放水的事件。

在巨大压力下，张掖地区及所属三县（市）地方政府和水利部门做了大量艰苦细致的思想疏导工作，逐步得到了黑河沿线有关方面和当地群众的理解与支持。

进入9月，"全线闭口、集中下泄"仍在继续向前艰难推进。

9月3日至4日，黑河流域管理局在银川市主持召开了2000年第三次黑河干流水量实时调度工作会议。会议总结了8月份水量调度计划执行情况，重点安排了黑河干流9月份水量分配方案与调度措施。根据水情测报，9月份将按旬实时调度，上旬按来水偏枯制订用水计划，中旬、下旬视上旬来水情况予以调整，同时明确了相关调度措施。

会议之后，张掖地区行署迅速行动，9月7日发布了《关于下达九月份黑河干流张、临、高三县（市）用水计划及调度措施的通知》，决定对9月份中游地区用水量按枯水年来水进行分配，从9月8日15：00时至13日15：00时，25日8：00时至30日8：00时，分两次统一关闭张掖、临泽、高台三县（市）黑河沿岸引水渠口，集中下泄 5 天。对平原水库一律采取限制蓄水措施，以确保正义峡下泄水量。

为保证实施方案切实落实到位，张掖地区将任务落实到每个灌区和每个责任人，各负其责，要求严格按照分配指标安排灌区用水计划，任何单位、任何人不得超计划用水。地区水电处和三县（市）要共同组成监督检查小组，加强闭口期间的水量监督检查。同时强调，要耐心细致地做好群众的思想工作，保持社会稳定。地委、行署严肃指出，哪一级执行分水方案不力或引发水事纠纷，首先追究党政一把手的责任。

严格的要求，严明的纪律，大大增强了张掖地区各级领导干部的紧迫感和责任感。实施闭口期间，张掖、临泽、高台三县（市）对灌溉计划进行重新调整，下达按月调水计划和调度措施，及时召开灌溉形势分析与调水工作督查会，通报情况。地县（市）主管领导坐镇一线，狠抓调水与抗旱措施落实，排解水事纠纷，做好群众的思想工作，确保全线闭口的顺利实施。

黑河中游地区"全线闭口、集中下泄"向下游地区输水的作法，其实质是河段供水的轮灌制。在缺水严重的江河及灌区，轮灌（轮流供水）已被证明是一种既科学合理、又行之有效的措施。它的理论依据来源于国内外普遍使用的农田水利设计规范中的续灌、轮灌制度。1999 年黄河干流实施水量统一调度，严重缺水的下游山东河段，就率先实行了按地（市）三段轮灌制。

此次黑河中游地区"全线闭口、集中下泄"的同时，甘肃省水利厅也协调酒泉地区金塔县鼎新各灌区限制引水（平原水库不蓄水）。就是说，行为的初衷是向更下游的内蒙古自治区额济纳绿洲输水。以省际间调水为目的安排轮关轮灌，在黑河流域还是第一次。由于时间较短，加之长时间断流造成的河道渗漏严重，输往下游地区的水量有限，但正是自 8 月 21 日中游闭口起，加之上游地区后续来水量增大，正义峡断面从 8 月 21 日至 31 日下泄水量才能达到 0.44 亿立方米。"全线闭口、集中下泄"是当时现状条件下实施黑河分水最为有效的措施。作为这场黑河水量统一调度大战的总枢纽，黑河流域管理局全体人员进驻张掖现场后，风餐露宿，深入现场查勘水利工程现状，认真研究分析资料，精心制订调度方案，夜以继日，辛勤劳作，充分体现出了河流代言人的使命担当精神和勇于进取、甘于奉献的工作作风。

中游地区"全线闭口、集中下泄"启动实施后，黑河流域管理局迅即派出两个监督检查组沿黑河干流全线实施巡回监督，跟踪水头流程进行现场检查。尤其是对草滩庄水利枢纽、东西总干渠、老西干渠、鼎新灌区大坝、天仓干渠、北河湾水库及龙渠沿线引水口门等关键节点，反复进行现场监督，

草滩庄水利枢纽集中下泄情景

严格检查闭口落实情况。几个月间，他们往返奔波于一个个引水口、一处处水利设施，足迹踏遍了黑河上中下游、左右岸。戈壁沙漠，条件艰苦，这些困难都挡不住他们矢志不渝完成调水任务的决心。

一次督查中，黑河流域管理局副局长郝庆凡因制止当地擅自开闸引水，遭到群众激烈围堵，经当地公安部门赶到协调处理，才化解了紧张事态。

当年曾亲历这场"全线闭口、集中下泄"调水大战的黑河流域管理局副局长任建华，多年后回忆起当时的情景，深有感慨地说，"那时我们的全部心思，都是在关注着黑河水头走到了哪里，引水口门是否全部关闭，千里戈壁上是否长出了胡杨树幼苗……"

据不完全统计，仅2000年"全线闭口、集中下泄"水量调度三个月间，黑河流域管理局工作人员进行现场督查就达22组（次），累计480个工作日。

高度的使命感、责任感，各条战线的协同奋战，行之有效的管理措施，换来的是当年9月"全线闭口、集中下泄"的良好效果。8月30日，额济纳旗哨马营水文断面过流，9月13日，额济纳旗狼心山（巴彦宝格德）分水枢纽过流见水。据水文实测，正义峡断面9月上、中旬平均流量分别为27.5立方米每秒和50.0立方米每秒。9月1日至20日，正义峡下泄水量0.67亿立方米。调水配水方案的全面落实，为下游输水做出了重要贡献。

四、沙漠腹地喜迎清流

2000 年 10 月 3 日，对于额济纳旗来说，可谓双喜临门。

这天下午 18 时，奔波数百公里的黑河水沿着额济纳东河抵达额济纳旗驻地达来库布镇。同一天，额济纳首届"金秋胡杨节"在这里隆重开幕。方圆诺大范围内的人们沿着河道追逐着水头，欣喜若狂，一片欢腾。额济纳旗旗委书记巴图朝鲁高举双手，激动地高喊："二十岁以下的年轻人，你们谁在这枯旱之年的十月见过黑河水！没有，没有啊！"

令人激动亢奋的场面仍在上演。10 月 4 日，狼心山以下额济纳西河过流 30 公里，额济纳东河过流 130 公里。远道而来的黑河水缓缓流过干渴已久的额济纳草原，深情浇灌着两万多亩林草地。

此刻，全面实现 2000 年黑河干流水量调度的目标，进入了决定性的关键一役。

10 月 4 日至 7 日，黑河流域管理局主持召开 2000 年第四次黑河干流水量实时调度工作会议。除甘肃、内蒙古两省（区）水利厅的参会代表外，会议还特别邀请酒泉卫星发射中心和青海省祁连县的代表以观察员身份参加。会议总结了黑河干流 9 月份水量调度执行情况，重点讨论审议了《黑河干流 10 月份水量分配方案及调度措施》，发布了《2000 年 10 月份黑河干流水量调度计划》。

鉴于 10 月上旬莺落峡来水量较少，与会代表认为，实现 10 月份正义峡分水指标，面前的任务仍很艰巨。为确保本年度水量调度任务全面完成，黑河流域管理局与甘肃、内蒙古两省（区）应采取强有力措施，进一步加大对黑河干流水量调度执行和下游用水情况的现场监督检查力度，不达目标，决不收兵。

然而，正在这时，老天却出了个新的难题。10 月中旬以后，位于黑河上中游交界的莺落峡来水量明显偏丰。而按照黑河年度分水平行线原则，莺落峡当年来水量多少，直接关系正义峡的相应下泄水量。也就是说，黑河分水原则是莺落峡来水多，向正义峡多分水，莺落峡来水少，向正义峡少分水。1999 ~ 2000 年实际总水量是 14.6 亿立方米，按此计算，正义峡下泄水量应为 6.47 亿立方米。

时间短，调整余地小，又正值冬灌高峰期，如不采取果断措施，很难以在剩下的最后 12 天内完成 2480 万立方米的下泄任务，这给全面完成黑河分水任务增添了很大难度。

为此，10月29日黄河水利委员会在张掖市主持召开了1999～2000年度黑河干流分水方案协调会，协调落实本调度年余留期的水量调度措施。会议经过充分讨论，决定自11月9日起，中游张掖市、临泽县、高台县实施第5次"全线闭口、集中下泄"，采取紧急调度措施，开启高台县白家明塘、天城湖和后头湖3座水库泄水闸，全部放空水库蓄水，以弥补下泄水量的不足。为了向更居下游的内蒙古自治区额济纳绿洲输水，甘肃省水利厅积极协调，黑河下游酒泉地区金塔县的鼎新灌区、酒泉卫星发射中心也采取了限制引水措施。

与前几次时有激烈冲突的氛围相比，此次实施"全线闭口、集中下泄"，更多的是那些深明大义的动人故事。

张掖地区行署副专员张正谦说得好："上下游唇齿相依，给下游调水，保护下游生态系统，也就是保护中游的生产能力；保护黑河流域资源环境协调发展，也就是保护我们共同的家园，这是上下游共同的责任和义务。如果不给下游均水，下游的今天就是中游的明天。"

为了落实分水方案，张掖地区承受重重困难和压力，黑河沿岸88个闸口、5次闭口、累计30天，没一个口子引水。为此，有120多万亩农田和林草地缺水受旱。

几年后，时任黑河流域管理局局长常炳炎回忆说："维护生态系统、保持良好的自然环境是全流域的共同利益所在，张掖为保证首次分水成功做出了巨大贡献。那一年，眼看快到分水截止时间了，还差一点分水指标没有完成，张掖市政府硬是咬牙放空3座水库，补齐了分水指标。比油还金贵的水一放，水库里养殖的鱼苗也跟着流了下来，当地百姓心疼得直掉眼泪。"

分水关键时期，高台县县长谭树德一直坚守一线。他说："对共产党员领导干部来说，这场黑河分水是一场政治考验。尽管高台县今年因分水有1.4万亩农田受到不同程度的旱情损失，但我们通过井灌等措施弥补，总算是带领全县人民闯过了这一关。"

负责守护高台县友联灌区新开渠闸口的盛承有老汉，11月9日清晨接到上级关闸指令，毫不迟疑，立即全部关闭闸门。看到闸下还有些漏水，便冒着零下10摄氏度的严寒，跳进河里，把成捆的胡麻草塞到闸门下面，彻底堵死了漏水。

"秋水老子冬水娘，不浇冬水不长粮。"这是高台县当地流传的农谚。每年秋后，地里要浇上一遍冬水，来年开春小麦才能下种。但这年秋冬，为了给下游输水，友联灌区有 2000 多亩地一茬水也没浇。

毛正智，甘州区小满镇一位普通的庄稼汉，为了保证调水，毅然放下自己家地里的农活，加入堵坝护水、支援下游的队伍行列。

当时，黑河流域管理局编印的《黑河半月谈》，记录了实施黑河水量调度期间一件件感人的故事。其中，一篇讲述黄河水利委员会汽车队 5 名司机驰援黑河水量调度的文章写道：一个月内，为考察额济纳生态环境和水资源状况，他们驱车数万公里，跑遍黑河中下游地区、水利枢纽和田间村落。隆隆的汽车发动机声划破了戈壁荒漠的沉寂，深深的汽车辙印增添了沙溪深处的波纹。居延海边，胡杨林丛，风蚀沙丘，留下了他们辛勤的汗水……

在党中央、国务院高度重视下，黑河流域各方面协同奋战，强力推进，在枯水年份情况下，通过采取"全线闭口、集中下泄"措施，水量调度收到了显著成效。截至 11 月 19 日，正义峡总共下泄水量 6.5 亿立米，超过该年莺落峡来水 14.62 亿立方米相应分水量 6.47 亿立方米。这标志着，黑河 2000 年分水任务已全面完成！

黑河是一条季节性河流，实施集中调度情况下，影响行水速度的因素主要在于流量大小，前期河道是否过水，集中调度的时长。草滩庄到哨马营 360 千米左右，到狼心山 410 千米，到额济纳旗 540 千米。当初的黑河水量调度情况是，4 ～ 5 月，当莺落峡断面流量 30 ～ 50 立方米每秒时，水头到达哨马营断面 7 天左右，到达狼心山 8 天左右，到达额济纳旗 10 天左右，7 ～ 8 月，当莺落峡断面 200 ～ 300 立方米每秒时，水头到达哨马营断面 3 天左右，到达狼心山 3.5 天左右，到达额济纳旗 4.5 ～ 5 天左右。

中游地区第一次实施的"全线闭口、集中下泄"，8 月 21 日从草滩庄放水，水头于 30 日到哨马营水文站，9 月 13 日到狼心山水文断面，10 月 3 日到额济纳旗达来库布镇。更何况，水头不是一次性到达，而

狼心山（巴彦宝格德）分水枢纽，黑河水在这里分配到东、西两河 董保华摄影

是经过多次"全线闭口、集中下泄",接续传递,将水送到额济纳旗达来库布镇的。

从上面的调度过程和数据,不难读懂当时调水的艰难。第一,黑河下游河床为砂土质,因地下水开采严重,下游河床干涸已久,渗漏严重;第二,河床长时间没有过水,造成水头演进速度非常慢,甚至走着走着,出现水头往回拐的现象;第三,中游引水口门非常多,在当时的条件下,无法全部监管;第四,黑河流域管理局调水资料空白,水头演进速度没有规律可寻。然而,就是在如此艰难的条件下,通过共同努力,全面完成了黑河2000年分水任务,取得黑河调水首战告捷!

这年,黄河通过实施水资源统一管理与水量统一调度,使20世纪90年代年年断流的黄河在大旱之年实现全年不断流。新疆博斯腾湖两次向塔里木河输水成功。世纪之交,"三河"调水的极大成功,引起举世瞩目和热烈反响。

12月初,国务院总理朱镕基、副总理温家宝在黄河水利委员会主任鄂竟平《关于完成黑河干流1999～2000年度水量调度目标任务》的汇报材料上,分别做了重要批示。

朱镕基总理批示:"这是一曲绿色的颂歌,值得大书而特书,建议将黑河、黄河、塔里木河调水成功,分别写成报告文学在报上发表。"

温家宝副总理批示:"黑河分水的成功,黄河在大旱之年实现全年不断流,博斯腾湖两次向塔里木河输水,这些都为河流水量的统一调度和科学管理提供了宝贵的经验。"

2000年,国务院黑河分水方案全面落实,黑河水量统一调度成功实施,实现了黑河跨省区调水的历史性突破,为黑河水资源优化配置,实施干流水量统一调度,创造了良好的开端。

五、聚焦调水表彰大会

2001年2月15日,黄河、黑河、塔里木河调水和引黄济津总结表彰大会,在北京隆重举行。

对水利战线来说,过去的2000年,是极不平凡的一年。黄河在全流域旱情普遍严重的情况下,实现了全年不断流,保证了沿黄地区城乡居民生活用水,基本满足了农业按调度计划用水,兼顾了工业用水,合理安排了生态环境用水,初步扭转了黄河干流十年来持续断流的局面。

为了缓解黑河下游河湖干涸、荒漠化、生态系统恶化的局面,黑河水量开始实施统一调度，先后四次33天全线关闸闭口，集中向下游送水，为下游生态系统的改善创造了必要的条件，黑河分水方案第一次得到落实，在历史上首次成功地实现了跨省区分水。

在新疆，为了抢救塔里木河下游日益恶化的生态系统，两次通过博斯腾湖向下游应急输水，使塔里木河下游地下水位有所回升，为全面治理塔里木河流域、保护绿色走廊赢得了时间。

为了缓解天津市的供水危机，成功实施引黄济津工程，使天津人民第六次喝上了黄河水。

世纪之交，我国北方地区发生严重干旱，水资源供需矛盾十分突出。在党中央、国务院的正确领导下，水利部门精心组织、科学调度，地方各级政府和有关方面，顾全大局，密切配合、团结协作，实现了黄河大旱之年不断流，黑河历史上首次跨省区分水，塔里木河两次向下游输水，引黄济津任务圆满完成。"三河调水"和引黄济津，捷报频传，是水资源统一管理和合理配置的成功实践，为今后水资源管理工作提供了宝贵的经验，被称为一曲绿色的颂歌。在工作中，广大水利职工和干部群众发扬奉献、负责、求实的精神，知难而进，精心预测，精心调度，精心协调，为完成调水任务提供了有力保障，涌现出许多先进典型。

黑河流域甘肃省张掖地区为了保证首次黑河调水成功，实施四次"全线闭口、集中下泄"措施，并放空3个水库向黑河下游内蒙古额济纳地区补水；为了保证向塔河下游顺利输水，塔里木河流域管理局全体工作人员，日夜奋战在荒无人烟的戈壁滩上；在引黄济津工程实施过程中，山东、河北、天津三省区做出了巨大努力，克服了多种困难，确保了按期开闸引水和正常的输水秩序。

为总结"三河调水"和引黄济津工作经验，进一步推进流域水资源统一调度和科学管理，水利部决定召开这次表彰大会。

国务院副总理温家宝专门为表彰大会发来贺信，指出：传统

总结表彰大会获奖代表领奖

的治水思路正在发生重大变化，已经开始把生态用水放在重要的位置。优美的环境、良好的生态系统是社会的迫切需要，是经济社会可持续发展的必然要求。在治水实践中，我们既要考虑经济用水、生活用水，又必须充分考虑生态用水、环境用水，必须坚持人与自然的和谐共处。调水成功充分说明，对流域水资源实行统一管理是十分必要的，效果是十分明显的。对流域水资源进行统一规划，统一调度，统一管理，系统解决各种水问题，统筹考虑各种用水需求，才能使有限的水资源得到优化配置，发挥最大的经济效益、社会效益和环境效益。当前和今后一个时期，我们面临的水资源形势十分严峻。必须下大力气狠抓节水工作，提高用水效率，加强水资源的规划和管理，搞好江河水资源合理配置，协调好生活、生产和生态用水，以水资源的可持续利用支持经济社会的可持续发展。

　　表彰大会上，宣读了水利部《关于表彰黄河、黑河、塔里木河调水和引黄济津先进集体和先进个人的决定》。黄河水利委员会水量调度管理局等10个单位为"黄河调水先进集体"，黑河流域管理局等3个单位为"黑河调水先进集体"，新疆塔里木河流域管理局等3个单位为"塔里木河调水先进集体"，

人民日报出版社、中国水利水电出版社出版的新闻报道集

海河水利委员会防汛抗旱指挥部办公室等5个单位为"引黄济津先进集体"。74名同志分别获得黄河调水、黑河调水、塔里木河调水、引黄济津先进个人荣誉称号。黄河水利委员会以在"三河调水"工作中发挥重要作用，受到特别表彰。

水利部部长汪恕诚在总结表彰大会讲话中指出，在工作取得成绩的同时，必须清醒地看到，2000年调水的成功，只是流域水资源统一管理工作的起步，今后的任务还非常繁重。从根本上解决经济社会发展和生态系统改善对水资源的需求，要做的工作还很多；水法制体系需要进一步健全；管理体制、管理机制需要进一步完善，管理手段、用水和管水的观念需要进一步更新。这就要求我们必须始终保持清醒的头脑，始终保持高度的责任感和使命感，通过长期、艰苦、细致的工作，扎扎实实地把各项工作搞好。

"三河"调水首次获重大成功，引起全社会的热烈反响，成为各大新闻媒体聚焦的热点。

人民日报在题为《跨入新世纪的门槛，我国水利战线传来捷报》的报道中称：在党中央、国务院的亲切关怀下，三河调水的成功，标志着我国河流水量的统一调度和科学管理取得重大突破。

该报道指出，近些年，我国北方地区持续干旱，加上水资源的过度利用和无序管理，黑河连续10多年汛期断流，下游地区胡杨林大片死亡。由水资源引发的生态环境问题和社会问题也日益突出。跨省区调水，牵涉到上下游、左右岸方方面面的利益和关系，需要各方全力配合。三河调水在世纪之交取得了辉煌的成就，这是水资源统一调度和管理的成功。

人民日报另一篇新闻《有水则为绿洲，无水则为荒漠》称：黑河发源于青海祁连山北麓，纵贯甘肃河西走廊腹地，注入尾闾内蒙古居延海。2000年，黑河人为了共有的家园，完成了中国第二大内陆河历史上第一次跨省区调水，成为黑河史上的创举！

第三章　时代命题

进入 21 世纪，党中央、国务院高度重视黑河流域水资源供需矛盾与生态环境问题。总理办公会议专题研究《黑河水资源问题及其对策》，国务院批复《黑河流域近期治理规划》，对实施黑河流域综合治理，加强流域水资源统一管理和科学调度，确保 3 年内实现国家确定的水量分配方案等作出重大部署。

黑河流域管理局负重前行，开拓进取，精心编制黑河干流水量调度计划，加强调度与督查。在流域各方通力协作下，2002 年黑河下游全线过流，干涸十年的东居延海喜迎清流，重获生机，成为黑河干流水量调度又一重要里程碑。

第一节　问题与对策

一、黑河水资源问题及其对策研究

2000 年，在首次实施黑河水量调度取得历史性突破的同时，黄河水利委员会按照中央领导指示和水利部部署，深入开展了黑河水资源问题及其对策研究。

2000 年 5 月中旬，朱镕基总理考察内蒙古、河北防沙治沙工作期间，对黑河生态问题作出重要指示。不久，又在水利部一份关于黑河治理问题的报告上作了批示，要求抓紧开展有关研究并提出报告，报国务院研究实施。

根据朱镕基总理的指示，水利部召开专题会议作出部署，决定由黄河水利委员牵头立即开展黑河水资源问题及其对策研究。

黄河水利委员会高度重视这项工作，于 2000 年 5 月 26 日成立了领导小组（水利部于 6 月 18 号批复），鄂竟平主任担任组长，副主任陈效国、黄自强任副组长，其他委领导、相关部门与委属单位负责人为成员。同时抽调精干力量，成立了 200 余人组成的编制工作组，按照"专人、专职、专项经费、专门办公场所"要求，立即投入了研究工作。首先编制了研究工作计划，明确了具体分工、控制进度和质量要求。研究目标确定为，根据黑河流域人口、资源、环境、经济社会协调发展的客观需要和国家实施西部大开发战略的总体要求，认真研究黑河流域水资源开发利用中存在的主要问题，分析水与社会稳定、经济发展、生态环境改善等方面的关系，提出黑河水资源开发利用、节约和保护、流域治理的总体思路、工程布局、实施意见和保障体系。初步拟定提交的主报告为《黑河水资源问题及其对策》，分项课题为《黑河流域水资源评价》《黑河流域生态环境问题及其对策》《黑河水资源管理及干流水量调度方案研究》《保障措施》等五项。

6 月 5 日，黄河水利委员会以黄办〔2000〕19 号文向水利部上报了《黑河水资源问题及其对策》研究提纲。该提纲共分为五个部分，分别为：黑河流域基本情况及水资源特征，黑河水资源利用现状及主要问题，流域综合治理总体思路与布局，治理目标及近期实施意见，加强黑河水资源统一管理的意见与建议。

此后，黄河水利委员会按照提纲和分工，集中力量深入开展了黑河问题的研究。其工作内容包括 50 多个分项，研究范围涵盖：调查黑河流域自然、社会经济状况，水利工程建设及管理运用情况，灌区用水统计分析，地表水、地下水资源量分布及其转换规律，流域生态环境演变特点，不同用水年林草建设规模，河道生态用水量，中游灌区节水改造初步规划，水资源管理体制和运行机制，不同来水条件下水量调度实施方案，以及黑河流域水利建设及管理的投入保障、经济政策、法规条例和科技支撑等。

经过一个多月实地调研、收集资料、计算分析的紧张工作，7 月 14 日编制完成报告草稿，黄河水利委员会先后三次召开编制工作领导小组会议，请有关专家共同研究、修改补充，形成了《黑河水资源问题及其对策》初稿。于当年 7 月 28 日报送水利部。

该成果指出：黑河是我国西北地区较大的内陆河，流经青海、甘肃、内蒙古三省（区），流域南以祁连山为界，北与蒙古人民共和国接壤，东西分别与石羊河、疏勒河流域相邻，战略地位十分重要。中游的张掖地区，地处古丝绸之路和今日欧亚大陆桥之要地，农牧业开发历史悠久，享有"金张掖"之美誉。下游的额济纳旗边境线长507公里，区内有我国重要的国防科研基地，居延三角洲地带的额济纳绿洲，既是阻挡风沙侵袭、保护生态环境的天然屏障，也是当地人民生息繁衍、国防科研和边防建设的重要依托。黑河流域生态环境保护与建设，不仅关系流域的生存空间和经济发展，也关系到西北、华北地区生态环境的保护与改善，事关民族团结、社会安定、国防稳固的大局。黑河流域中下游地区极度干旱，区域水资源难以满足当地经济发展和生态平衡的需要，历史上水事矛盾已相当突出。20世纪60年代以来，进入下游的水量进一步减少，河湖干涸、林木死亡、草场退化、沙尘暴肆虐等生态环境问题进一步加剧，省际水事矛盾更加突出。按照国家实施西部大开发战略的要求和中央领导关于防沙治沙、加强生态环境建设的指示精神，从战略高度着眼，认真研究黑河流域水资源的有关问题，提出水资源开发、利用、配置、节约和保护的总体思路、布局和实施意见，保障流域经济社会和生态环境的协调发展，具有十分重要的意义。

《黑河水资源问题及其对策》（初稿）从水资源开发利用现状、水资源问题的突出表现、问题的成因分析、水资源供求形势等四个方面，分析了当前黑河流域水资源面临的主要问题；阐述了流域经济社会发展应充分考虑有限的水资源条件，必须改变以牺牲生态环境为代价的经济发展模式，调整产业结构与布局，通过资源优化配置，合理安排不同产业、部门和地区用水等重大认识问题；提出必须从战略高度把黑河生态环境保护作为流域综合治理的根本，抓住加强流域水资源统一管理、合理配置、高效利用这个关键，强化黑河干流控制性骨干工程建设，合理调整工程布局，对影响生态环境的关键技术问题，组织多部门、多学科联合攻关，为流域生态环境综合治理提供科学支撑。

编号	全宗号	案卷题名	黄委会关于《黑河水资源问题及其对策》研究			短期
	案卷号		W1-2000-36	提纲及历次修改稿的请示、报告		
序号	责任者		文 件 题 名	文件日期	发文编号	页号
1	黄委会		关于《黑河水资源问题及其对策》研究提纲的请示	2000.6.5	黄办[2000]19号	1
2	黄委会		关于《黑河水资源问题及其对策》（初稿）报告的请示	2000.7.28	黄办[2000]20号	20
3	黄委会		关于对《黑河水资源问题及其对策》报告（初稿）修改情况的报告	2000.8.7	黄办[2000]22号	83
4	黄委会		关于召开《黑河水资源问题及其对策》专家咨询会的通知	2000.8.21	黄办[2000]26号	116
5	黄委会		关于对《黑河水资源问题及其对策》（初稿）修改情况的报告	2000.9.1	黄办[2000]27号	122
6	黄委会		关于报送《黑河水资源问题及其对策》（送审稿）的报告	2000.9.15	黄办[2000]32号	127
7	黄委会		关于报送《黑河水资源问题及其对策》（第七稿）的报告	2000.10.31	黄办[2000]37号	131
8	黄委会		关于对《黑河水资源问题及其对策》（第七稿）报告修改情况的报告	2000.11.7	黄办[2000]38号	135~138

黑河水资源问题及其对策研究档案目录

妥否？请批示。

附件：《黑河水资源问题及其对策》研究提纲

水利部黄河水利委员会文件

黄办〔2000〕19号　　　　鄂竟平签发

二〇〇〇年六月五日

关于《黑河水资源问题及其对策》
研究提纲的请示

水利部：

根据水利部的统一部署，我委自5月20日全面开展了"黑河水资源问题及其对策"有关研究工作，于5月26日完成《黑河水资源问题及其对策》工作计划并上报水利部水资源水文司。现将《黑河水资源问题及其对策》研究提纲报上。

主题词：水资源　研究　黑河　请示

抄送：水利部水资源水文司

黄河水利委员会办公室　　　　2000年6月6日印制

2000年6月黄河水利委员会就黑河水资源问题及其对策研究报送水利部的请示

　　关于黑河流域生态环境综合治理的总体思路，该成果提出，以生态环境保护为核心，上中下游统筹兼顾，工程措施与非工程措施相结合，生态效益与经济效益兼顾，充分运用法律、行政、经济、科技、宣传教育等手段，多管齐下，近期以国务院分水方案为依据，切实加强水资源统一管理，强化节水，调整产业结构，加大政策扶持力度，逐步建立黑河水资源开发利用、配置、节约和保护的综合体系。

　　其总体布局是：建立健全黑河流域水资源统一管理调度体制，建设水资源监测、预报信息系统；全面推行节水，调整产业结构；建设骨干调蓄工程和输配水工程。上游以天然水源涵养林保护为主，强化预防监督，禁止开荒、毁林毁草和超载放牧，加强森林植被保护；中游以现有灌区节水为中心，开展灌区配套改造，推广高新节水技术，优化渠系工程布局，调整平原水库，适度发展井灌，合理利用地下水，治理盐碱。严禁垦荒，控制灌溉规模，压缩农田面积。调整农林牧结构，限制高耗水产业，发展特色经济；下游严禁超载放牧和垦荒，禁止滥采滥挖，加强人工绿洲建设，提高灌溉管理水平，重点搞好额济纳绿洲地区生态环境保护与建设。以此形成黑河流域水资源合理配置和生态保护体系。

据此总体思路与布局，研究提出的黑河综合治理目标是，建立和完善水资源统一管理和生态保护体系，重点加强水资源的统一管理调度和灌区节水改造，合理配置水资源，大力开展节约用水，逐步增加正义峡下泄水量，至2003年达到国务院审批的分水指标，即当莺落峡来水量15.8亿立方米的情况下，正义峡下泄水量达到9.5亿立方米，遏制生态环境恶化的趋势。通过实施跨流域调水，合理配置水资源，使生态环境得到有效保护和合理恢复。

为了实现这一目标，《黑河水资源问题及其对策》（初稿）提出了近期实施意见：

（一）实施水资源统一管理与调度，实行流域取水许可分级管理制度，加强黑河干流水量统一调度，根据来水情况，由黑河流域管理局逐年编制黑河干流水量调度方案，按程序报批。按照总量控制的原则，根据批准的黑河水量分配方案，由黑河流域管理局会同甘肃、内蒙古两省（区）对各取水口引水量进行核定，按照分级管理的原则，合理划定取水许可管理权限。甘肃、内蒙古两省（区）实行行政首长负责制，负责落实干流水量分配和实时调度方案。

（二）以中游灌区为重点，大力开展灌区节水配套改造，强制节水，优化渠系工程布局，加快渠系防渗处理，推广高新节水技术，优化调整平原水库，合理开采地下水资源。

（三）加快干流骨干工程建设，加快前期工作步伐，争取早日开工建设，增强水资源调蓄能力。

（四）调整经济社会发展布局，中游地区压缩农田灌溉面积，全部用于生态植被建设，同时，限制高耗水农作物种植和高耗水、重污染企业发展，国家给予适当的政策扶持。下游额济纳地区为使有限的水资源最大限度地用于生态建设，应限制牧业，退耕还林，发展特色经济。

（五）搞好生态环境建设及水源保护，建议国家将上游祁连山水源涵养林建设列入"天然林保护工程"；中游要采取综合措施，加强生态植被建设，治理盐碱化；下游要以改善绿洲生态与环境为前提，改变传统放牧方式，推广舍饲、半舍饲，围栏封育，恢复植被，控制土地沙漠化。

（六）加强和完善水文站网，建立水资源监测信息系统。按照实施黑河干流水量统一调度要求，完成莺落峡、正义峡等水文站网自动测报系统建设，加强祁连、莺落峡、正义峡、哨马营、狼心山等水文站的建设和管理，建立先进的水文自动测报和水资源管理调度系统。

（七）加强水利基础工作，以保护和合理恢复流域生态环境为目标，抓紧开展并尽快形成黑河水资源开发利用保护规划,开展流域水资源承载能力、生态环境需水，地表水、地下水转换规律，平原水库调整、渠道衬砌可能产生的生态环境问题，干流水量调度关键技术等方面的科研工作。

（八）加大投入力度，国家应加大对该地区的投入力度，建立多渠道、多层次、多元化的资金筹措机制，保证重点工程建设资金。

关于加强黑河流域统一管理，《黑河水资源问题及其对策》（初稿）提出了以下意见与建议：

一是完善流域管理体制。鉴于黑河上、中、下游的经济结构、用水习惯等方面差异较大，用水矛盾十分尖锐，利益调整极为复杂。因此，必须建立起权威、高效、协调的流域管理体制，实行流域管理与行政区域管理相结合。建议成立高层次的流域管理协调委员会，负责研究黑河的重大问题，组织协调流域管理各方面的关系。有关部门和省（区）在各自职责范围内分别组织实施议定的事项。

二是建议国务院制定《黑河水资源管理条例》,将黑河水资源管理的规章、制度和有关授权以法规形式予以明确，依法实施流域统一管理。《黑河水资源管理条例》建议内容包括：黑河水资源开发利用的基本原则；黑河水管理体制和管理方式；流域管理和区域管理的职责和权限；水量调度管理办法、干流工程管理办法、干流河道管理办法、水事纠纷处理办法、省际用水水事协调规约等。

三是采取经济手段，有效管理、科学配置水资源，地方政府要加强对水资源费和水费的征收，合理核定水价，按实际引水量收费；对于不同用途的用水，采用不同的水价；严禁用水户超计划用水，用经济杠杆促进节水的实现。

2000年8月4日，水利部水资源司等有关部门对《黑河水资源问题及其对策》初稿进行了研究讨论，提出了修改意见。根据修改意见，黄河水利委员会组织编制工作组及有关专家进行了认真修改，于8月7日将修改稿上报水利部。

8月26～27日，根据水利部领导的指示，黄河水利委员会在北京召开专家咨询会，邀请中国科学院和中国工程院部分院士，有关高等院校和科研院所专家和水利部各有关司局负责人对《黑河水资源问题及其对策》（初稿）进行了咨询讨论。之后，根据专家提出的意见，黄河水利委员会编制工作组再次进行修改，并专门召开党组会议，对修改情况进行了研究讨论，再次上报水利部。

9月8日，水利部副部长张基尧主持由中国科学院和中国工程院部分院士，有关高等院校和科研院所，黑河流域各省区水利厅以及有关单位专家和代表参加的会议，对黄河水利委员会报送的《黑河水资源问题及其对策》（初稿）研究讨论。根据会议提出的修改意见，经修改补充，黄河水利委员会完成了送审稿（第六稿），上报水利部。

鉴于黑河问题涉及国务院多个主管部门及流域三省（区），水利部将黄河水利委员会提交的送审稿（第六稿）分送国务院有关部门和黑河流域省（区）征求意见。

10月30日，黄河水利委员会接到水利部汇总的反馈意见，立即进行专题研究、修改补充，形成了第七稿，于次日再次上报水利部，请求能于近期予以审定。

11月3日，水利部召开部长专题办公会，对黄河水利委员会上报的《黑河水资源问题及其对策》（第七稿）进行研究讨论，提出了一些修改意见。根据部长办公会提出的修改意见，黄河水利委员会于11月6日召开编制工作领导小组会议，连夜进行了认真研究修改，形成《黑河水资源问题及其对策》（第八稿），于11月7日以黄办〔2000〕38号文上报水利部。

至此，黄河水利委员会集中力量，实地调研，收集资料，分析研究，日夜兼程，历经5个多月紧张工作，先后八易其稿，最终完成了《黑河水资源问题及其对策》这项对黑河流域生态环境治理、实施水资源统一管理具有重要意义的研究成果。

二、总理办公会议

2001年2月7～28日，一个月内，国务院接连召开三次总理办公会议，都是研究水的问题。

2月7日，第93次总理办公会议研究《21世纪初期首都水资源可持续利用规划》问题。

2月21日，国务院第94次总理办公会议专题研究审议水利部提交的《黑河水资源问题及其对策》专题报告。

2月28日，第95次总理办公会议研究新疆塔里木河生态建设问题。

黑河水资源问题及其对策研究，是按照朱镕基总理指示由水利部部署开展的一项重要工作。

历史上黑河流域的用水矛盾十分突出，地区之间经常发生严重的水事纠纷。中华人民共和国成立以后，黑河流域的经济建设得到了迅速发展，但由于流域干旱缺水生态环境脆弱，加之粗放的灌溉方式，不合理的垦荒、放牧、滥采，造成湖泊干涸，森林死亡，草场退化，绿洲萎缩，沙漠蔓延。1993～1995年，黑河下游阿拉善及所属额济纳地区，连续三年发生特大沙尘暴，造成重大损失。对此，国务院于1995年两次召开会议，专门研究解决这一地区的生态环境恶化问题，有关部门和地方政府做了大量工作，采取了积极的措施。但由于诸多因素，该地区生态环境急剧恶化之势一直未得到有效遏制。2000年入春以来，来自这一地区的沙尘暴更加肆虐，沙尘暴的频率已发展到年年发生，多次袭击西北、华北地区，甚至波及华东地区。

对此，朱镕基总理对黑河治理问题先后作出指示和批示，要求充分考虑到解决黑河生态问题的难度，抓紧开展有关研究提出报告，报国务院研究决策。

这次总理办公会议专题研究审议的《黑河水资源问题及其对策》报告，就是落实朱镕基总理指示，由黄河水利委员会组织编制的这部研究成果。

《黑河水资源问题及其对策》报告指出，黑河作为西北较大的内陆河流，由于水资源的短缺，加上盲目开发和乱垦、乱采，导致水事矛盾激化、生态环境急剧恶化，其严重状况，已到了非解决不可的时候。它事关流域的经济发展，事关西北地区、华北地区生态环境的保护与改善，关系民族团结、社会稳定和国家西部大开发战略实施。

报告认为，黑河水资源问题，是西北地区水资源和生态环境问题的一个典型代表，突出表现在流域水资源供需矛盾尖锐、水资源短缺以及生态环境恶化趋势严重。

报告提出了黑河流域综合治理的基本思路，即坚持以生态保护与改善为根本，以水资源的科学管理、合理配置、高效利用和有效保护为核心，上中下游统筹规划，工程措施与非工程措施相结合，生态效益与经济效益兼顾，协调生活、生产和生态用水，充分运用法律、行政、经济、科技、宣传教育手段，进行综合治理，使黑河流域生态系统得到逐步修复。近期目标是到2005年使生态系统不再恶化，计划采取四大措施，一是灌区节水改造与配套，二是实施水资源统一管理和调度，三是积极稳妥地进行经济社会发展布局和经济结构调整，四是搞好生态建设和水源保护。据初步概算，完成近期工程治理措施共需要投资23.5亿元。

总理办公会议审议《黑河水资源问题及其对策》研究报告认为，黑河流域生态改善迫不及待，遏制生态系统恶化，是有利于子孙后代的大事。要重点抓好节约用水，提高水价，大力改变农业种植结构，鼓励种植经济效益高的作物。2000 年"三河"调水的成功经验说明，政府可以用行政手段进行水资源的调配。要充分发挥政府的行政职能。要把国家给西部地区退耕还林的政策用足，农业部和国家林业局要配合种树种草。政府可以对经济活动进行调控。但从长远看，单用行政手段还不够，要搞好流域立法，抓紧制定黑河流域管理条例，用法制和经济手段管理水资源。

会议指出，黑河水资源问题是一个关系到方方面面的综合而且复杂的社会问题和环境问题，解决黑河水资源问题，应以生态环境保护与改善为根本，以水资源的科学管理、合理配置、高效利用和有效保护为核心，兼顾生态效益与经济效益，协调生活、生产和生态用水，进行流域综合治理。因此，需要社会各方面的共同努力，多管齐下，协同作战，妥善处理。采取有效的措施，遏制黑河流域生态环境恶化的趋势。

会议认为，《黑河水资源问题及其对策》研究报告的基本思路明确，提出的总体布局、阶段目标及对策措施，具有较强的针对性和可操作性。

朱镕基总理在总结讲话中指出，保护额济纳旗生态环境不仅是对当地的保护，也是对内蒙古、甘肃的保护，同时对我国航天事业发展、边疆稳定、民族团结也具有重大意义。针对《黑河水资源问题及其对策》提出的治理规划与措施，在完成规划任务时间和力度上提出了更高的要求，明确表示在资金投入上给予保证。他指出，只要用正确的方法、正确的手段做好工作，上中下游的矛盾是可以协调的。希望各部门、各省（区）抓紧开展工作，让我们早日看到罗布泊、居延海像在历史资料片中看到的那样波涛汹涌。

国务院第 94 次总理办公会议经过审议，原则通过《黑河水资源问题及其对策》提出的基本思路与对策措施。要求作进一步修改，在此基础上抓紧编制《黑河流域近期治理规划》，开展立法前期研究，起草《黑河流域管理条例》，落实好 2001 年国务院分水方案的水量调度实施计划。

国务院总理办公会议，专题研究黑河流域水资源与生态环境问题及其对策，充分体现出党中央、国务院对黑河流域水资源管理、优化配置、遏制生态环境恶化的高度重视，它像一股强劲春风，为进一步深化黑河流域水资源统一管理与水量调度，指明了前进方向。

三、黑河水到居延海

党中央、国务院对水利工作高度重视，为水利战线带来了大好发展机遇，极大地振奋了全国水利工作者的精神。

2001 年 3 月 5 日，水利部召开部务扩大会议传达三次国务院总理办公会议精神，部署流域综合治理与水资源统一管理工作。会议指出，改善生态环境是西部大开发的重点，也是水利与西部大开发最佳的结合点。水利工作要认真贯彻落实党中央、国务院的决策部署，近期在生态环境建设和基础设施建设上实现突破性进展，在塔里木河、黑河流域生态环境恢复和改善工作中干出成效。

此间，黄河水利委员会召开委务扩大会议，传达贯彻国务院总理办公会议精神，部署近期重点工作，强调要把确保黄河防洪安全、确保黄河不断流、进一步推动黑河生态系统建设作为当前工作的重要任务，把水资源可持续利用作为新世纪战略目标和方向，抓住机遇，坚定方向，扎扎实实地做好各项工作。

黑河 2000 年分水首战成功，为人们带来了信心与希望。对黑河流域管理局来说，这毕竟是刚刚起步，黑河水只是流到额济纳旗达来库布镇以下 20 公里，距离黑河尾闾东居延海还有 40 公里。如期实现国务院确定的三年规划分水目标，时间紧迫，更加艰巨的任务摆在面前。

此时的黑河流域管理局，可谓"一穷二白"，没有业务资料、管理模式、工作方式，所有的起步都得一点点探索、一点点积累。黑河分水最难点还在于，黑河流域管理局是水利部门派出机构，与地方行政机构没有隶属关系，加之法规章程尚未建立，既缺乏强有力的管理权力，又缺乏骨干性控制水库，在这种情况下，推进实施干流统一调水，可想难度之大。

管理手段的先天不足，需要大量协调工作来弥补。为此，他们既是管理者，又是工作队，还当宣传员。利用大小会议、不同场合和走访座谈，反复宣讲中央关于黑河调水的整体部署要求，谈国家对黑河中游地区发展的统筹考虑，与地方政府及部门统一认识，讲形势，交朋友，耐心细致地做思想工作，可以说，刚开始的黑河调水，就是靠这样的协调说服工作"从牙齿缝里挤出来的"。

时序进入 2002 年。穿越千年时空，人们在悠远历史中搜寻着那个神奇瑰丽的居延海。

历史上，每当春季四五月份，暖风吹化祁连山上的冰雪，汇成奔腾的河流，河水宛如一条晶莹的飘带，抛向额济纳旗北端，飘带尽头系着两颗洁白的"绣球"，那就是蒙语中的嘎顺诺尔和苏泊淖尔，汉语史料记载的弱水流沙——居延海。

然而，几千年来，居延海却在反复上演着"因水而兴，因水而废"的史剧。大批居民在开发居延地区的同时，砍伐大量树木，成为居延地区的一次次生态浩劫。20 世纪 50 年代以后，随着黑河流域大规模的移民开发，灌溉面积快速增长，人口大幅度增加，黑河下泄水量急剧减少，河道断流期愈来愈长，导致居延海生态环境日益恶化。

从 20 世纪 60 年代到 2000 年，40 年间居延地区共消失水域面积 370 万亩，每年有 4 万亩胡杨、沙棘、红柳枯死。草原牧场植物由 200 多种减少到 30 余种；沿河水井 60% 干涸或水量减少，部分发生水质恶化。1960～1980 年 20 年间，额济纳下游戈壁、沙漠面积增加了 462 平方公里，年平均增长超过 20 平方公里。素有"大漠双璧"之称的西、东居延海，于 1961 年和 1992 年先后枯竭。

黑河水是居延海的命脉。从贺兰山到吐鲁番盆地，从祁连山到蒙古国大戈壁的广阔地域内，只有居延海这个大湖泊。它处于阻止沙尘暴的前沿位置，对维持中国西北生态体系循环起着无可替代的作用。随着黑河下游地下水位大幅度下降，林草植被严重退化，居延海的消失，取而代之的是荒漠化、沙漠化。沙进人退，逐渐引发了气候演变，沙尘暴逐年增多。黑河下游生态告急，严重威胁着当地民族的生存空间与经济发展，直接关系到民族团结、社会安定、国防安全，关系到西北地区生态保护与改善。

居延海，难道真的只能成为一份干涸的记忆了吗？

此时，在干渴中苦苦挣扎的胡杨、红柳、梭梭，在干旱中望眼欲穿的额济纳人们，正与居延海一道急切地呼唤着共同的生命之源黑河水的到来。

这一天终于来到了。2002 年 7 月上旬，黑河上游出现较大来水，黄河水利委员会及黑河流域管理局抓住难得的机遇，及时部署实施"全线闭口、集中下泄"，甘肃、内蒙古两省（区）按照调度指令关闭黑河沿线所有引水口门，黑河水汇流如注，向东居延海奔涌而去。

7 月 17 日 17 时，黑河水如阔别已久的恋人，穿越茫茫戈壁，与东居延海深情相拥。9 月 22 日 6 时 30 分，黑河水再次抵达东居延海。干涸十年之久的"死海"重新获得了生机。这年 10 月中旬，东居延海的最大水域面积达 23.8 平方公里。碧波荡漾的湖面，倒映着蓝天白天，仿佛是画家笔下一幅美妙的山水画，又如同音乐家琴键中流淌的一曲动人乐曲。

"黑河水来了，居延海复活了！"额济纳旗人们掩映不住心中的无比喜悦，奔走相告，喜极而泣。

"我们祖辈生长在东居延海这边。十几年前眼看湖里快没水了，就搬到 100 里外的地方了。现在听说国家给调水，我们这是专门来看水的。东居延海真的活了。"说这话的是 73 岁的蒙古族老大妈乌兰其其格，说话间，老人家脸上笑出了一朵花。和她一起来的，还有 20 多位六七十岁的老人。

黑河水到东居延海

黑河下游全线过流，调水进入东居延海，是黑河水资源统一管理和水量调度的又一重要里程碑。它满载着中游地区人民的深情厚意，凝聚着水利战线各级领导与黑河水量调度人员的心血与汗水，充分体现了中央对黑河问题重大决策的正确。

四、节水型社会建设在行动

在黑河中游地区，着力推进节水型社会建设，是实现黑河水资源优化配置，促进下游生态环境改善的关键措施。

位于河西走廊的甘肃省张掖市集中了黑河流域92%的人口，83%的国民经济用水量和76%的耗水量。这里有充足的光热资源和土地资源，加上来自祁连山的黑河水，使之成为黑河中游绿洲，全国十大商品粮基地之一灌溉农业带。张掖市节水型社会建设直接影响着黑河中下游经济和生态水量消耗分配关系，左右着中下游生态系统演变的走向。

为此，2001年4月，水利部在甘肃张掖召开了黑河流域灌区节水改造座谈会。2002年水利部确定在张掖建立全国第一个节水型社会建设试点,水利部、甘肃省人民政府联合批复了《张掖市节水型社会建设试点方案》,经过广泛宣传发动,"张掖试点"正式拉开帷幕。

对张掖人来说,这是对传统用水观念的一场深刻革命。

一方面,张掖地区水资源需求与生产发展、完成分水任务与区域发展用水的矛盾十分尖锐。另一方面,由于受传统用水观念的左右,人们普遍有大水漫灌的思想,用水浪费现象普遍存在。

节水型社会建设"先行者"的重任,为张掖带来了挑战,也提供了历史性的转机。张掖市党政领导深深认识到,只有痛下决心,带领张掖人民从根本上破除传统用水观念,大力调整经济结构,引导群众树立水权意识、水商品意识和节水意识,才能真正建立起节水型社会。

首先在明确开展试点思路的基础上,编制了详细的试点建设方案。提出:以提高水资源利用效率和效益为目标,以水资源管理为主要内容,将现代水权和水价理论同区域实践相结合,在积极培育和强化公众节水意识的基础上,建立总量控制与定额管理相结合的水资源管理体制和合理的水价形成机制,形成政府调控、市场引导、公众参与的节水型社会运行机制;通过产业结构调整、经济手段调控、加强需水管理和推广新技术新工艺等措施,建设包括农业、工业、服务业和生活节水在内的节水型社会,不断提高区域水资源和水环境承载力,以水资源优化配置满足经济社会发展的水资源需求,以水资源可持续利用保障经济社会的可持续发展;立足全局,与黑河流域综合治理规划相结合,与区域经济发展战略相协调,全面规划,分步实施,立足地方,突出重点,管理为本,完善机制,措施配套,多部门协作,全社会参与,全面实现试点建设目标。

接着,从确立用水指标和配置方案入手,改革水资源传统管理模式和配置方式。为建立科学合理的用水定额指标体系,张掖市成立专门工作组,深入实际调查研究,具体分析各行业现状用水定额及节水潜力,参考有关地区行业用水定额指标,利用长期以来积累的灌溉试验成果,结合区域实际,考虑未来发展,编制执行《黑河干流水资源配置方案》,依据黑河分水指标,按照逐步调整、缺水和用水程度大致均衡、高效用水者优先配水、人均水量逐步接近的原则,明确流域内各县(区)用水总量,明晰和落实行业用水定额指标。

为切实落实用水总量控制和定额管理,张掖市先后制定出台20多项地方性管理办法,围绕两套指标体系,明确用水总量,逐级落实用水指标。用水

张掖市临泽县梨园河灌区

定额指标的确定，使各级政府、行业部门、基层组织和城乡用水户，明白了自己的水权总量，懂得了行业生产、作物种植的适宜用水量和用水效益，从而促使用水户根据各自水权主动调整经济结构、合理使用水资源。

在机制创新上，明晰水权，推行水票制。依据各县（区）用水配置方案，通过干流、灌区水库、分水枢纽工程以及机井水表计量控制法，将全市可用水权总量层层分解到县区、灌区以至乡镇、村庄，逐户核发水权使用证书，形成了用水者自身当家作主、自觉珍惜水资源、积极投身节水型社会建设的风气和局面。

水管单位根据水权总量，做出配水计划，核发水权证。用水户根据用水定额，持水权证向水管单位购买水票，按票供水。剩余水量的通过水票，进行回收、买卖和交易。水票制的推行，有力促进了水市场发育，为推进水的商品化迈出了重要一步。

临泽县梨园河灌区，是从黑河支流梨园河引水灌溉的大型自流灌区，针对以往存在的水利工程老化、渗漏损失大、灌区种植结构不合理等问题，先后制定出台了《梨园河灌区水资源管理办法》《梨园河灌区水权交易管理规则》《梨园河灌区水费计收使用管理办法》等规章制度。同时，灌区以节水为中心全面改建衬砌各类渠道，推行高新节水技术，实施低压管灌、滴灌、喷灌等多项节水措施，取得了很好的效果。

张掖属于绿洲灌溉农业，过去配水管水，基层群众参与少，造成配水不公，管理不透明，群众心里有意见，行动有抵触。试点开始后，全市组建农民用水者协会 768 个，参与水权的确定、水价的形成、水量水质的监督、公民用水权的保护、水市场的监管，并赋予协会斗渠以下水利工程管理、维修和水费收取的权力，形成了水资源管理各环节公开透明、广泛参与的民主决策机制。每次灌溉前，用水者协会召开会员代表大会，及时向用水户公布配水、放水、收费情况。灌溉面积、水量、水费公开，水费管理透明度增加，降低了用水成本，减轻了农民负担。由于水量定额分解，用水户实行总量控制，农民开始想方设法合理调配用水，以水定产、以水定植，科学用水的意识明显增强。

在张掖市民乐县，各灌区按照核定水权面积和水资源配置方案，给每户农民发放了水权证，将水量分解到户，严格计量，灌水定额大大降低，每亩每年比以前节约用水 100 ~ 120 立方米。该县三堡镇任官村农民用水者协会有 223 名会员、9 个灌水小组。通过协会和村委会协调，调换地块，平整田地，合理调整渠道布局，实行了连片种植和连片灌溉。

高台县以节水工程为契机，积极引导农户、集体及农林场扩大优质牧草种植面积，先后建成 3 个 500 亩以上的草种繁育基地，引进推广 7 个牧草新品种，全县种草面积不断扩大，优质牧草种植面积达到 10 万亩，建成了大型饲草生产企业。

在节水工程技术方面，张掖市结合黑河近期治理项目，加快输水设施、测水设施，加强水源地生态保护和建设，推广应用各项高效节水技术和城市污水集中处理回用工程技术等。大力开展渠道衬砌、污水处理、水资源重复利用等农业节水工程建设，推广实用农业节水技术，累计完成农业节水工程投资 12.4 亿元。膜下滴灌、喷灌、高标准低压管灌等高新节水技术示范推广取得了新突破。推广使用高效节水技术的灌溉面积有 91.74 万亩，加上常规节水面积 230 万亩。仅此两项，年均节水量就达 1.5 亿立方米。

在优化农业种植结构方面，张掖立足于区域优势资源，大力推进农业产业化进程，一方面推动相关节水经济机制的建立，通过经济杠杆促进用水效率的提高，通过优化布局产业结构，大力发展二、三产业，减轻农业对有限水资源的压

中游张掖调整种植结构，辣椒丰收　脱兴福摄影

力，提高水资源的承载能力。扩大玉米、啤酒花、葡萄、番茄等高效经济作物和林草面积，有效节约了灌溉水量，大大提升了农业水资源利用效益。以前农民种小麦每亩收入1000元，节水型社会建设试点实施后，张掖灌区七成以上的农田改种制种玉米，每亩收入达到2500元，经济效益大大提升。更重要的是，制种玉米的灌溉期在5月下旬至8月下旬，为每年实施的春季集中调水创造了条件。近年春季调水时间在45天左右，为下游植物萌发提供了关键水源。

建设节水型社会，关键在于全民节水意识的增强，用水观念、用水习惯的转变。为从根本上转变千百年来形成的用水观念和习惯，张掖先后制定出台了《张掖市节约用水管理办法》《张掖市水价管理办法》等一系列制度办法。强化宣传，提高节水意识，增强全社会忧患意识，使节水成为人们的自觉行为。

在上级部门指导下，张掖市通过几年试点，初步建立起了与水资源承载力相适应的经济结构体系、节水工程体系、与水权明晰相适应的水资源管理体系，形成了"总量控制、定额管理、配水到户、公众参与、水票流转、水量交易、城乡一体"的节水型社会运行模式。

2006年，张掖市创建节水型社会试点通过水利部验收，并被水利部、教育部、全国节约用水办公室联合授予"全国节水型社会建设示范市"称号。

"用水少却挣钱多的奥秘就在于，农业种植结构的调整和节水灌溉技术的提高。"在实实在在的收效中，张掖人对节水型社会建设的认识有了切身的感受。

第二节　国家作出重大决策

一、国务院批复《黑河流域近期治理规划》

2001年，无疑是要载入黑河流域综合治理史册的一年。新春伊始，国务院总理办公会议专题研究决策黑河流域水资源管理与生态环境治理问题。3月，黑河综合治理被列入第九届全国人大会四次会议审议通过的"十五计划"。

7月25日至31日，受国家发展计划委员会委托，中国国际工程咨询公司组织专家对黄河水利委员会通过大量调查研究编制的《黑河流域近期治理规划》进行评估，同意规划内容提交国务院决策。

黄河水利委员会组织编制的《黑河流域近期治理规划》，深刻分析了黑河水资源开发利用现状和生态环境存在的突出问题，认为：黑河流域中下游地区极度干旱，区域水资源难以满足当地经济发展和生态平衡的需要，历史上水事矛盾已相当突出。由于人口增长和经济发展，对水土资源过度开发，20世纪60年代以来，进入下游的水量逐渐减少，河湖干涸、林木死亡、草场退化、沙尘暴肆虐等生态问题进一步加剧，省际水事矛盾更加突出。水资源开发利用现状存在的主要问题是，气候干旱，当地水资源缺乏。地区社会经济发展考虑水资源条件不够，生产、生活用水挤占了生态用水；水利工程建设布局不合理，水量蒸发渗漏损失大；缺乏水资源统一管理，用水浪费现象严重。

《黑河流域近期治理规划》针对黑河流域水资源开发利用和生态环境中存在的主要问题，根据黑河流域人口、资源、环境和经济社会协调发展的客观需要以及国家实施西部大开发战略的总体要求，深入研究分析水与社会稳定、经济发展、生态建设与环境保护等方面的关系，提出了黑河流域综合治理的指导思想、治理目标、总体布局、近期实施意见和有关保障措施。力争通过三年近期治理实现国务院批准的分水方案，遏制生态系统恶化趋势，并为逐步改善当地生态系统奠定坚实基础。规划提出的综合治理指导思想，以生态建设与环境保护为根本，以水资源的科学管理、合理配置、高效利用和有效保护为核心，上中下游统筹规划，工程措施与非工程措施相结合，生态效益与经济效益兼顾，协调生活、生产和生态用水，充分运用法律、行政、经济、科技、宣传教育手段，进行综合治理。

针对流域生态系统恶化问题是自然和人类活动长期积累的过程，生态建设具有紧迫性和复杂性的特点，该规划提出进行分阶段治理，并提出2003年、2010年两个阶段的治理目标。近期（2003年）治理目标是，建立和完善水资源统一管理和生态建设与环境保护体系，大力开展节约用水，调整经济结构和农业种植结构，合理安排生态用水，实现国务院批准的分水方案，正常年份使正义峡下泄水量达到9.5亿立方米，使生态系统不再恶化。

规划提出，在黑河流域逐步形成以水资源合理配置为中心的生态系统综合治理和保护体系。上游以加强天然保护和天然草场建设为主，近期生态环境建设的重点是加强水源涵养林保护和草地综合治理，强化预防监督，禁止开荒、毁林毁草和超载放牧，加强森林植被保护。遏制源头流域生态环境恶化的趋势，实现涵养黑河水源。

中游建立国家级农业高效节水示范区，深化灌区体制改革，灌区节水改造以引水口门的合并和渠系调整、渠系衬砌与建筑物改造、田间节水建设、废止部分平原水库和限制平原水库蓄水、合理利用地下水，推广高新节水建设、优化渠系工程布局，治理盐碱。搞好防风固沙林更新改造。严禁垦荒，压缩农田灌溉面积，限制水稻等高耗水作物种植，限制高耗水、重污染产业。逐步建立国家级农业高效节水示范区。达到向正义峡增泄2.55亿立方米的目标，以在三年内实现国务院审批的黑河分水方案为目标。

下游额济纳旗居延三角洲地区加强人工绿洲建设，严禁超载放牧和垦荒，禁止滥采滥挖，生态环境建设以发展饲草料基地建设、封育胡杨林、发展人工绿洲灌溉等措施，合理高效利用水资源，以遏制下游生态环境系统恶化为目标。

规划2001～2010年黑河流域治理工程措施，主要包括灌区节水配套改造、控制性骨干工程、生态建设和水资源保护、水量调度管理决策支持系统建设等。

灌区节水配套改造方面，规划提出了引水口门合并和渠系调整、渠系衬砌与建筑物工程改造、田间节水工程等多项措施及相应的规模；提出了废止、限制平原水库蓄水，以及增加地下水利用的工程措施和开采规模；提出了利用高新技术节水，增加喷灌、微灌和管道输水灌溉的规模。

生态建设方面，上游源头区重点加强林业工程建设和草地治理；中游进行退耕、限牧的同时，进一步营造农田防护林和防风固沙林，建立高效稳定的可持续发展农业绿洲；下游重点加强额济纳绿洲水利工程建设，发展林草灌溉面积，改善传统牧业方式，最大限度地保护和恢复植被，遏制流域生态系统恶化趋势，逐步建立良性循环的生态系统。

水资源保护方面，通过严格限制高耗水、重污染企业发展，提出了2010年干流污染物总排放量和水质控制目标。

水量调度管理系统建设方面，规划尽快建立一套"实用、可靠、先进、高效"的黑河水量调度管理决策支持系统。

为实现2003年落实国务院批复的分水方案，即在当莺落峡多年平均来水量15.8亿立方米情况下，正义峡下泄水量9.5亿立方米，规划提出，三年近期流域治理的重点是抓好灌区节水改造、退耕还林还草、生态建设、水量调度管理决策支持系统建设、基础研究和前期工作，近期治理总投资额23.5亿元。明确了三年近期治理各项措施的规模和任务，并制订了详细的年度项目实施计划。

针对黑河流域水资源管理问题，规划特别强调，加强流域水资源管理的行政、经济、法规、科技等保障措施建设。提出了一系列重要保障措施建设，包括建立健全流域统一管理与行政区域管理相结合的管理体制、实施水资源统一管理和调度、进行经济社会宏观布局调整、逐步建立合理的水价体系、强化基础研究工作、加强法规建设等内容。

规划的总体目标是，通过实施近期三年治理工程措施与非工程措施，增加正义峡断面下泄水量 2.55 亿立方米，于 2003 年底实现国务院批准的黑河干流水量分配方案，使当地生态恶化的趋势得以有效遏止，为实现流域人口、资源、环境与经济社会的可持续发展打下良好基础。

2001 年 8 月 3 日，国务院（国函〔2001〕86 号）文件批复了水利部报送的《黑河流域近期治理规划》。批复指出：

国务院批复的《黑河流域近期治理规划》

（一）原则同意《黑河流域近期治理规划》，请认真组织实施。规划中涉及的建设项目，按照基本建设程序逐项报批。

（二）实施黑河流域综合治理，要坚持以生态系统建设和保护为根本，以水资源的科学管理、合理配置、高效利用为核心，上、中、下游统筹考虑，工程措施和非工程措施紧密结合，生态建设与经济发展相协调，科学安排生活、生产和生态用水。

（三）要以国家已批准的水量分配方案为依据，按照分步实施、逐步到位的原则，采取综合措施，逐年增加正义峡下泄水量。到 2003 年，当莺落峡多年平均来水 15.8 亿立方米时，正义峡下泄水量 9.5 亿立方米；并控制鼎新片引水量在 0.9 亿立方米以内，东风场区引水量在 0.6 亿立方米以内。

（四）加强流域水资源统一管理和科学调度。要建立健全流域统一管理与行政区域管理相结合的管理体制，明确事权划分。黄河水利委员会黑河流域管理局负责黑河水资源的统一管理和调度；组织取水许可证制度的实施，编制水量分配方案和年度分水计划，检查监督流域水量分配计划的执行情况；负责组织流域内重要水利工程的建设、运行调度和管理；协调处理流域内各省（区）之间的水事纠纷等。流域内各省（区）实行区域用水总量控制行政首长负责制，各级人民政府按照黄河水利委员会黑河流域管理局制订的年度分水计划，负责各自辖区的用配水管理，采取综合措施，确保三年内实现国家确定的水量分配方案及各项控制指标。

（五）要充分运用经济杠杆，促进节约用水。合理核定黑河流域不同行业的供水水价，大力进行定额水价制度，对定额内的用水实行基本水价，对超定额用水实行累进加价制度。

（六）流域内的经济发展要充分考虑水资源条件，积极稳妥地进行经济结构调整。不再扩大农田灌溉面积。2003 年以前黑河干流甘肃省境内要完成 32 万亩农田退耕、自然封育任务；积极调整作物种植结构，限制种植水稻等高耗水作物。流域内的城市和工业要贯彻节水优先、治污为本的原则，严格控制兴建耗水量大和污染严重的建设项目。

（七）要切实加强资金管理和工程质量管理。真正管好、用好工程建设资金，提高资金使用率和使用效率。严格工程建设管理，精心设计，精心施工，确保质量。

（八）同意建立联席会议制度。由水利部牵头，国家发展计划委员会、财政部、国家林业局、国家环保总局、农业部、国土资源部、总装备部等部门和内蒙古自治区、甘肃省、青海省人民政府及黄河水利委员会参加，协商解决黑河流域综合治理的重大问题。联席会议议定的事项由有关部门和省（区）在各自职责范围内分别组织实施。议定事项的落实情况由黄河水利委员会督办。

国务院的批复强调指出，加快黑河流域综合治理，对于实现流域经济和社会可持续发展，加强民族团结，具有十分重要的意义，是实施西部大开发战略的重点工程。内蒙古自治区、甘肃省、青海省人民政府、中央有关部门和单位要加强领导，密切配合，保障投入，确保完成《黑河流域近期治理规划》确定的各项目标任务，逐步恢复黑河生态系统。

善治国者必治水。国务院对《黑河流域近期治理规划》的批复，充分体现了党和国家对黑河流域综合治理的高度重视与果断决策。再次表明，在党中央坚强领导下，按照国家总体战略部署，同心协力，扎实推进，就一定能全面实现既定的规划目标，取得黑河流域水资源管理和生态建设的新胜利。

二、来自中国工程院的报告

在国家对黑河问题作出重大决策部署期间，2001 年 5 月，国务院批准立项、中国工程院主持研究的"关于西北地区水资源配置、生态环境建设和可持续发展战略研究"重大咨询项目正式启动。

该项目由全国政协副主席、中国工程院院士钱正英任课题组组长，35位院士、近300名专家及西北6省（区）130多位有关人员参加，是一项跨学科、跨部门的综合性战略性研究。阵容强大，专家荟萃，意义深远。

在21世纪来临之际，人们更加关心中国的水资源问题。针对如何解决我国的洪水危害、水资源紧缺和水污染、南水北调工程如何实施等问题，根据国务院领导的指示，中国工程院组织了覆盖多学科的43位两院院士和近300位专家，以《中国可持续发展水资源战略研究》为总项目，分设防洪减灾对策研究、水资源评价和供需平衡分析、农业用水与节水高效农业建设、城市水资源利用保护和水污染防治、北方地区水资源配置和南水北调、生态环境建设与水资源保护利用、西部地区水资源开发利用共7个课题组，经过一年多紧张工作，提出了《中国可持续发展水资源战略研究》综合报告和9个专题报告。该成果报告分析了当前我国水资源现状和面临的问题，从水资源可持续利用支持我国社会经济可持续发展的战略高度，从8个方面提出了实行我国水资源战略性转变的咨询建议。为新世纪国家经济社会发展战略决策提供了重要支撑，得到了中央领导的充分肯定和高度评价。

我国西北地区水资源极度紧缺，生态环境问题尤为突出。为此，国务院批准立项由中国工程院组织国家有关部委、中国科学院和高等院校、科研院所及有关省、自治区，开展《西北地区水资源配置、生态环境建设和可持续发展战略研究》的重大咨询项目。

该项目围绕西部大开发重大发展战略，紧紧抓住水资源配置、生态环境建设和可持续发展的主题，分别以西北地区的现状和问题、人与自然和谐共存的发展方针、生态环境治理、建设高效节水防污型经济社会、合理配置水资源和战略对策等9个专题，系统分析西北地区水资源配置与生态环境建设，研究提出西北地区可持续发展战略。

项目启动后，院士和专家们通过深入田间地头、草原戈壁、厂矿企业进行实地考察，获取了大量第一手资料。考察研究中，他们深深感到，西北是我国最干旱的地区，生态环境极其脆弱。不少地方的水土资源已经过度开发，生态环境出现了很多问题，有的地方已呈现生态危机。如何在保护和重建生态环境的条件下，使社会经济得到持续发展，对于西北地区来说是极大的挑战。

专家研究认为，为了保证西北地区社会经济可持续发展，必须坚持人与自然和谐共存的发展方针，坚决转变经济增长方式，大力调整产业结构，建设高效节水防污的经济与社会，并合理安排生态环境建设，同时，实施适当的人口政策，控制人口过度增长。

经过一年多的深入调查、预测分析、科学研判等综合性研究，该项目完成了《西北地区水资源配置、生态环境建设和可持续发展战略研究》综合报告和《西北地区水资源及其供需发展趋势分析》《西北地区自然环境演变及其发展趋势》《西北地区生态环境建设区域配置及生态环境需水量研究》《西北地区土地荒漠化与水土资源利用研究》《西北地区农牧业可持续发展与节水战略研究》《西北地区城镇发展及水务对策研究》《西北地区工矿资源开发的用水对策研究》《西北

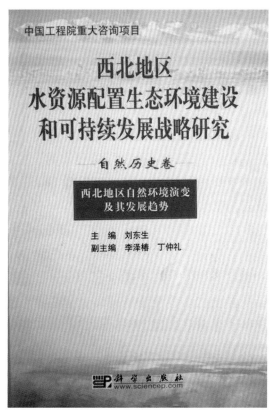

中国工程院关于西北地区水资源配置
和可持续发展战略研究项目成果

地区水污染防治对策研究》《西北地区水资源重点工程布局研究》9个专题报告。

该成果综合报告中提出了10项战略对策：（一）加强水资源的统一管理；（二）干旱区和半干旱区的植被建设以封育为主，退耕休牧还草；（三）防沙治沙的重点是防治原有耕地、草地、林地的沙化；（四）加强农业基础地位，增加对农牧业的资金投入；（五）因地制宜地保证粮食供需平衡；（六）发展工矿业，推进城镇化；（七）在加快发展经济的同时，坚决防治污染；（八）实施少生快富的人口政策，消除贫困；（九）抓紧前期工作，建设南水北调的西线工程；（十）建立西北地区生态环境建设的部门协调机制。

该成果综合报告认为，只要坚决贯彻人与自然和谐共存的发展方针，坚决转变经济增长方式，大力调整产业结构，建设高效节水防污的经济与社会，并合理安排生态环境建设，可以在水资源可持续利用的基础上，支持社会经济的可持续发展，有条件在10年内使西北地区的生态环境建设取得突破性的进展。

2003年1月20日，国务院副总理温家宝听取中国工程院研究成果的汇报。

陕西、甘肃等6省（区）及国务院有关部门的负责同志80多人出席汇报会。会上，课题组组长钱正英作了全面汇报，课题组副组长、中国工程院院士、中国工程院副院长沈国舫，课题组副组长、中国工程院院士、中国科学院院士潘家铮作了补充发言。

温家宝对这项课题成果给予了高度评价。他说，参加研究的院士和专家从民族的、历史的和综合国力竞争的战略高度，以科学的态度和求实的精神，审视我国西北地区可持续发展问题，充分体现了我国广大科技工作者忧国忧民的责任感和振兴中华的强烈愿望。提出的方针和对策，建立在科学研究的基础上，符合我国国情，具有很强的针对性和可操作性，为各级政府制定经济社会发展的规划和政策措施提供了很好的参考依据。

温家宝指出，西北地区水资源配置和生态环境建设，是关系中华民族长远发展的重大战略问题。水资源短缺是制约我国特别是西北地区经济社会发展的重要因素。解决这个问题的关键，就是要确立和贯彻人与自然和谐共存的发展方针。在西北地区，确立和贯彻这个方针，具有十分迫切的现实意义。人与自然和谐共存，就要求人类正确认识和正确运用自然规律，一切活动都不能违背自然规律，更不能以牺牲自然环境为代价。西北地区的开发与建设，要把生态环境建设摆到突出位置，生态环境建设的基本任务是保护、恢复和改善生态环境。西北地区经济和社会发展，必须考虑水资源的承载能力和生态环境的人口容量，努力建设高效节水防污的经济与社会。要调整产业结构，合理配置水资源，在保证生态环境建设必要用水和经济社会合理用水的同时，还要保持水资源的可持续利用，并留有适当余地。

西北地区水资源配置和生态环境建设研究中提出的西北地区水资源配置、生态环境建设和可持续发展战略、水资源供需发展趋势分析、自然环境演变及其发展趋势、生态环境建设区域配置及生态环境需水量研究、土地荒漠化与水土资源利用研究等重大研究成果，为进一步做好黑河水资源优化配置、统一管理、科学调度与生态环境建设，提供了战略性指导和参考。

三、绿色颂歌谱新曲

又是一年芳草绿。2003年8月14日，黑河水带着绿色的承诺再次来到东居延海。碧波荡漾，群鸟云集，绿洲复苏。

为加快恢复黑河下游生态环境，黄河水利委员会及黑河流域管理局决定乘胜而进——向西居延海调水。

干涸龟裂的西居延海

西居延海位于额济纳旗的赛汉桃来苏木境内,历史上曾以水草丰秀著称。20世纪30年代著名记者范长江踏访中国西北角时,曾在《塞上行》中对居延海的生态环境留下这样的描述:"这里的胡杨林,全在原始状态中,在胡杨林密集的地方,日光投不到地面上来,四望都是阴森。人类对这里自然加工的痕迹,可以说丝毫没有。"由此可见,那时这里的自然生态环境还是很优美的。

自20世纪50年代开始,由于黑河中游地区大规模开发,居延海两个大湖萎缩加剧,西居延海于1961年干涸。失去生命光泽的大漠明珠,被白茫茫的碱漠和荒沙覆盖,演变成了沙尘暴肆虐的发源地。

2002年8月,黄河水利委员会主任李国英、副主任苏茂林全程考察黑河中,在西居延海看

2002年8月黄河水利委员会主任李国英(左二)、副主任苏茂林(左三)在黑河正义峡考察

到干涸龟裂、一片荒漠的湖底，心情十分沉重。李国英深有感慨地说：黑河下游绿洲萎缩，尾闾湖泊干涸，生态系统急剧恶化，主要原因在于上游草场退化严重，水源涵养能力大幅度下降，中游地区经济用水量迅速增长，挤占了下游生态用水。因此，在黑河治理中，必须正确处理生态建设与经济发展的关系，处理好生活、生产、生态用水三者的关系，保证河流有一个足以维持自身生命的基本水量。也正是在这次考察中，黄河水利委员会领导层萌发了调水进入西居延海，实现黑河治理新突破的设想。

如今就要向干涸荒漠的西居延海调水，这无疑又是一场破冰之举。为了确保调水成功，黑河流域管理局精心制订水量调度计划，积极协调地方政府，从8月27日起，将当年第二次"全线闭口、集中下泄"期间到达狼心山断面的后续水量全部调入西河地区，首先保证黑河水沿西河向西居延海推进，与此同时，沿途灌溉林草地，补充地下水。

进入9月，黑河流域管理局根据制订的《黑河干流9月份水量调度计划》，要求黑河中游地区实行"限制引水，集中下泄"措施，自9月5日起总引水量不超过50立方米每秒。9月8日起，实施当年关键调度期第三次"全线闭口、集中下泄"措施，以期最大限度向西河输水。

9月24日16时，黑河水头借助上游洪水过程，经过长途跋涉，抵达西居延海，过水面积达100多平方公里。满目黄沙、龟裂遍野的西居延海，暌违黑河水42年，波涛再现，重获新生，一条完整的生命之河再具轮廓，创造了黑河水量调度的又一奇迹。

2003年，黑河水量调度成功实现了国务院确定的黑河分水目标，即当莺落峡断面多年均值来水15.8亿立方米时，正义峡断面下泄水量指标由2000年的8亿立方米分别增长到2001年的8.3亿立方米、2002年的9亿立方米、2003年的9.5亿立方米。

2004年4月21日，中共黄河水利委员会黑河流域管理局党组成立，孙广生、郝庆凡、任建华任党组成员；孙广生任党组副书记（主持全面工作，6月21日孙广生任党组书记）。随着国务院确定的黑河三年分水目标到位，新一届领导班子研究提出，从2004年起，黑河水量调度工作从应急调度转入常规调度，调度时间由半年调度转为全年调度。

5月17～18日，黄河水利委员会主持召开黑河干流2003～2004年度水量调度工作会议。会议确定本年度黑河干流水量调度目标是实现"两个确保"，即确保如期完成水量调度任务，确保调水进入东居延海。

然而，成就与考验总是相伴而生。2004年7月以来，黑河来水持续偏小，

1 ~ 19 日，莺落峡断面平均流量 77.4 立方米每秒，比同期多年平均值偏少 43%。自 7 月 11 日实施当年关键调度期第一次"全线闭口、集中下泄"措施，截至 19 日，莺落峡累计来水 0.6343 亿立方米，正义峡断面下泄水量 0.2504 亿立方米，下泄水量远低于近年同期平均水平，距 7 月下泄指标差距很大。同时，甘肃西流水电站 2004 年建成投产蓄水 0.862 亿立方米，又加重了调水压力。下游地区自 4 月份断流以来，下游河道断流，地下水位明显下降，特别是东风水库几近干涸，已严重影响到东风场区的科研、生产和生活用水。

面对巨大的困难和压力，黑河流域管理局急流勇进，坚持确保正义峡下泄指标，确保调水进入东居延海的"两个确保"调水目标，决定采取灌溉期按计划配水和限制引水，利用大墩门引水枢纽蓄水，适时集中下泄，利用已建上游电站适时进行补水等调水措施。6 月下旬，黑河流域管理局调水人员开赴张掖等地调水第一线，现场展开工作。并于 7 月 11 日开始实施"全线闭口、集中下泄"。

然而就在这时，7 月 19 日下午，张掖市水务局派人到设在张掖的黑河流域管理局调度办公室，转达市委市政府的意见称，"鉴于中游地区旱情严重，明天张掖地区各闸门开口引水。"这也就是说，该市为了抗旱，将不按"全线闭口、集中下泄"的既定调水方案执行。

按照黑河调水协约制度规定，调水方案是由黑河流域管理局、甘肃省水利厅、内蒙古自治区水利厅三方代表共同协商确定的。黑河水资源统一管理与调度已经走过三年，虽然一路磕磕碰碰，很不平坦，但是分水协商的共识已经基本达成，地方政府和群众的抵触情绪已经缓解很多。如今，正在调水十万火急的关键时刻，张掖单方面提出要改变既定调水方案，怎么办？

面对情况突然发生，此时正在张掖现场调度办公室的黑河流域管理局副局长任建华立即向黑河流域管理局局长孙广生进行电话汇报，商定立即召开紧急协调会，进一步明确黑河流域统一管理与调度的原则立场，控制事态发展，确保既定调水方案按计划进行。

然而，这个紧急协调会怎么开，成了迎面而来的大难题。

如果处置不好，对黑河调水的权威性和严肃性，对黑河流域管理工作推进，都将是严重的影响。为此，任建华彻夜未眠，思考着会议上说什么，怎么说。他认为这已不是一次简单的突发事件，作为黑河流域管理者，这是捍卫国家重大决策的责任，是一种底线的气节与担当。黑河分水，决不能因此而夭折！

当天，黑河流域管理局张掖现场调度发出次日召开黑河水量调度紧急协商会议的通知。会前，黑河流域管理局连夜召开了通气会，通宵达旦，一面准备会议资料，一面安排人员现场督查，以防事态突然扩展。

紧急协调会议上，任建华通报了前期水量调度情况，严肃、坚定地提出了黑河水量统一调度工作要坚定不移地贯彻"四个不能变"原则，即年度目标不能变、工作原则不能变、协调机制不能变、调度程序不能变。同时，会议要求甘肃省水利厅立即采取切实措施，本次减少的闭口时间在8月份补回，8月份"全线闭口、集中下泄"时间不少于15天。

此次紧急事件引起了水利部的高度重视，要求黄河水利委员会和黑河流域管理局，坚守黑河水资源统一调度的工作原则，任何组织和单位都不能随意改变。

8月7日，黄河水利委员会在郑州召开黑河水量调度特别会议。会议要求流域有关单位和部门必须站在讲政治的高度，全力以赴、团结协作，克服一切困难，确保实现年度调度目标。会议再次强调，坚持和贯彻"四个不能变"原则：

（一）年度目标不能变。尽管黑河水量调度形势异常严峻，但要坚定信心，克服困难，坚定不移地实现"两个确保"的工作目标。

（二）工作原则不能变。要坚持共同协商、互谅互让、顾全大局的工作原则，共同维护黑河流域团结治水的局面。

（三）协商机制不能变。通过连续4年黑河水资源统一管理与调度实践，基本建立了黑河水量调度协调机制。遇到问题要严格按照协调机制的要求进行，凡经过协调会议议定的事项，谁都无权单方面做出改变。协调未果的要报上级主管部门协调决策。实时调度中要加强协商、协调与沟通，严肃水调纪律，严格执行统一调度指令，自觉维护黑河水量调度的严肃性。

（四）调度程序不能变。按有关规定，流域机构协商有关各方，在国家批准的分水方案基础上制订各月调水计划，有关地方政府负责调度计划的实施。

此次会议还就切实落实行政首长负责制、现场监督检查、电站蓄水等问题作了进一步部署要求。

应急处置，坚守底线，维护流域管理权威，为黑河水资源统一管理与水量调度的深入进行，发挥了压舱石和稳定器作用。

8月20日9时30分，千里跋涉的黑河水，在人们的理性抉择中，缓缓流到额济纳绿洲腹地，东居延海再度迎来生命的绿色。这年，居延海入湖水量达5220万立方米，为统一调度以来年最大值，形成35.7平方公里浩渺水面。

这其中蕴含的欢乐与悲愁，困难与压力，中游人明白，下游人明白，为黑河分水而奔走的黑河流域管理者体会尤为深切。

第四章 治理之路

按照国务院的决策部署，水利部及中央有关部门、黄河水利委员会、黑河流域三省（区）和中国酒泉卫星发射中心、95861部队，协力奋战，狠抓落实。成功实现了黑河干流三年分水目标。通过近十年的共同努力，实现了规划的任务与既定目标，黑河流域水利工程建设、水资源统一管理和生态建设取得了显著成就。这一时期，水利部、黄河水利委员会分别颁布实施《黑河干流水量调度管理办法》《黑河取水许可管理实施细则》（试行），为逐步完善黑河流域管理制度，推动黑河水资源管理、优化配置和水量调度工作提供了基本法制保障。

第一节 盘点黑河近期治理成效

一、上游涵养水源显成效

2010年，是国务院批复的《黑河流域近期治理规划》规定完成的最后时限。通过中央有关部门、黑河流域管理局、流域三省（区）各方面的共同努力，实现了规划的任务与既定目标，黑河流域治理、水资源统一管理和生态建设取得了显著成就。

祁连山，是中国西部重要生态安全屏障，也是黑河流域重要水源产流地，此间地貌涵盖高山、冰川、森林、草原等，海拔介于2000～5000米，是中国生物多样性保护优先区域。祁连山东西长约 1000 公里，珍贵的水资源灌溉了河西走廊和内蒙古额济纳旗，为万千生灵提供了生存条件。

受气候和人类活动的影响，黑河上游祁连地区面临的生态问题主要表现在：森林带下限退缩和天然林草退化，生物多样性减少等。黑河流域的祁连山地森林区，20 世纪 90 年代初森林保存面积仅约 100 余万亩，与中华人民共和国成立初期相比，森林面积减少约 16.5%，森林带下限高程由 1900 米退缩至 2300 米。在甘肃的山丹境内，森林带下限平均后移约 2.9 公里。

《黑河流域近期治理规划》中，对黑河上游生态保护提出的要求是，加强天然保护和天然草场建设，强化预防监督，禁止开荒、毁林毁草和超载放牧，加强森林植被保护。根据规划安排，黑河上游项目规划实施治理总面积 285 万亩，实际完成 295.36 万亩。

其中，肃南县近期治理工程规划的建设内容有：草地围栏封育 60 万亩、天然林封育 30 万亩、人工造林 4 万亩、新打机井 9 眼、管灌面积 0.45 万亩。实施中经过调整，截至 2010 年 7 月，累计完成草地围栏封育 96.85 万亩、天然林封育 64.42 万亩、人工造林 1.4 万亩、新打机井 9 眼、管灌面积 0.45 万亩。

祁连地区规划建设的内容有：草地围栏封育 120 万亩、天然林封育 30 万亩、人工造林 6 万亩、黑土滩和沙化草地治理 35 万亩。经调整后，实际草地围栏封育 110 万亩、天然林封育 30 万亩、人工造林 6 万亩、黑土滩和沙化草地治理 35.5 万亩、河沟道整治 10.18 千米。

黑河上游祁连山区林草茂密

　　通过管、护、封、育、禁、养六大措施的实施，退化草原得到休养生息，植被覆盖大幅度提升，祁连山水源涵养功能得到提高。当地采取人工草地方式治理的黑河源，草地植被盖度从治理前的 10% 左右提高到 80% 以上；采取补播牧草方式治理的黑土滩，草地植被盖度从治理前的 30% 左右提高到 60% 以上，鲜草产量也得到了大幅提升。治理完成后的草场将依托"企业 + 合作社"综合生产方式，把黑土滩打造成产草基地—养畜基地—制种基地—产学研基地—牧游基地为一体的草畜联动产业园。

　　规划的实施，离不开广大农牧民群众的响应和支持。在祁连县大浪乡，许多牧民主动减少牲畜数量，严守生态底线，保护世代居住的草场植被。牧民拉布吉将自己 600 头羊、200 头牦牛"减产"一半，他说，"生态环境是我们这代人的，也是后代的。现在少挣一点就是要给后代留财富，金山银山不如绿水青山。"

　　祁连县黑土滩退化草地治理，沙化治理完成 16.18 万亩。"黑土滩"型退化、沙化最为严重的草地主要地处平均海拔在 3500 米以上的高原。产生的主要原因是牧民过度的放牧，鼠害猖獗及水土流失严重，生态平衡失调。经过祁连县黑土滩沙化的治理和养护，草地覆盖度普遍增加，水源涵养功能不断增强，生态环境得到了有效好转，促进了生态自我修复。据测定，黑土滩退化草地治理、沙化治理项目实施后，项目区草地的盖度增加 40% 以上，产草量每亩增加 60 公斤以上。黑土滩沙化治理取得了很好的效果。

　　对此，在祁连县工作近 30 年的草原监理工作站副站长马彦武深有感慨地说："野牛沟沙龙滩部分草场退化为黑土滩后，几乎寸草不生，原本在这里生存的野生动物几乎不见，牧民们也逐渐废弃了这块原本水草丰美的草场。"

　　黑河上游草地围栏、天然林封育、人工造林和黑土滩沙化治理等治理工程的实施，取得了显著的生态效果。草地围栏封育，围栏内产草量，高度、覆盖度、植物种类都比围栏外有了很大的提高。天然林封育提高了森林覆盖率，提升了水源涵养能力。天然林实施封育后，肃南县康乐林场，祁连县阿柔乡围栏内株高、幼苗、覆盖度、郁闭度都明显优越于围栏外。

　　黑河上游地区治理，保护了流域源头生态环境，给当地经济社会发展带来了机遇。随着近期治理的实施，上游区域生态环境好转，造林和围栏草场面积不断增加，有效促进了农牧区经济的可持续发展。农牧民生产、生活质量得到提高，居住环境明显改善，农牧民收入大幅度增长。

　　近期治理实施后，治理区的水利管理机制更加健全，农业生产条件有所提高。在黑河上游近期治理工程建设过程中，采用了一系列成熟的新型施工技术。工程建设过程中，本着因地制宜、择优选择的原则，保证了项目所采用的技术水平和技术装备水平的先进性、适用性、经济性与安全性。在人工造林项目中，肃南县和祁连县为提高苗木成活率，针对部分干旱地段造林难度大、苗木成活率不高的实际情况，广泛推广先进科技，采用苗木生根粉处理、保水剂等技术，提高了造林质量和苗木成活率。在黑河上游近期治理工程建设中采用的技术水平先进，适宜当地条件，经济性与安全性都已达到预期目标，对当地水利人员的技术能力、林业等行业的发展产生了积极的推动作用。

截至2017年，黑河源头所在的祁连县全县绿化面积已达6万多公顷，城镇绿化覆盖率达39.05%，人均公共绿地面积达35.51平方米，绿地率为24.61%，有效发挥了祁连作为全省乃至全国水源涵养地和生态屏障的重要作用。

黑河上游生态环境的修复，有力带动了祁连县旅游业的增长态势。祁连县坚持生态保护优先，打造"天境祁连"旅游品牌。良好的生态优势，成为助推经济转型的新引擎。

"十二五"期间，祁连县提出建设高原旅游名县，大力发展生态旅游业的战略目标，相继出台了《加快旅游商品开发意见》《加快旅游餐饮业发展的意见》等文件，先后编制完成《全县旅游发展总体规划》《卓尔山旅游景区建设性详规》《阿咪东索旅游景区建设性详规》等规划。期间，全县共投入旅游项目建设资金9.05亿元，着力增强了主要景区的服务功能，相继开发建设了卓尔山、阿咪东索、祁连鹿场、瑞士印象街、宗姆廊桥等旅游设施。旅游经济实现规模和速度双增长、质量和效益双提升。2016年2月，祁连县被列入首批国家全域旅游示范区创建名录，成为国家全域旅游发展示范区。目前，祁连县旅游行业从业人员已达1万余人，全县农牧民收入20%来源于旅游收入。

祁连青黛，白雪皑皑。从雪山走来的黑河含远山之悠长，携冰雪之灵秀，护佑和润泽着祁连山下辽阔而厚实的高地。黑河流域近期治理，涵养了上游水源，稳固了祁连山区的美丽环境，也给当地经济社会发展增添了绿色动力。

二、中游节水型社会建设"排头兵"

因为有了黑河水的浇灌，得天独厚的张掖被滋养成誉满全国的塞上江南"金张掖"。当然，耗水大户也在中游。由于对水资源的粗放利用，黑河奔向尾闾湖泊居延海的脚步，从20世纪50年代起，愈发沉重艰难。

为此，张掖革故鼎新，更新用水理念，建成了中国第一个节水型社会试点，成为了节水型社会建设的"排头兵"。张掖及时调整思路、倒逼节水，先后打出节水工程建设、种植结构调整、用水管理模式改革等一连串"组合拳"。

黑河中游 90% 的水用于农业灌溉，农业节水工程建设是建设节水型社会的关键。

按照《黑河流域近期治理规划》和《黑河工程与非工程措施三年实施方案》安排，黑河中游及下游鼎新片区节水工程规划建设的内容有：完成干渠 485 千米，支渠 610 千米，斗渠 550 千米的高标准衬砌防渗；完成田间配套 90 万亩；完成配套机电井 800 眼；新建机电井 500 眼；安排低压管道灌溉、滴灌等高新技术节水面积 43.5 万亩；灌区节水改造 32 万亩，退耕还林还草 14.79 万亩。

黑河中游地区通过综合采用渠系衬砌、渠系调整、田间配套等工程节水措施以及水价体系的调整和灌溉体制的改革，为中游地区发展节水高效农业奠定了坚实的基础，有力地促进了中游地区节水型社会的建设。通过节水工程的实施，年度节水量、节水面积占总面积的比例不断提高，正义峡下泄水量明显增加，对下游生态改善发挥了重要作用。

同时，中游节水工程项目的实施，还对产业结构的调整产生了积极推动作用。工程建设需要大量水泥、钢筋、石子、沥青、胶泥、砂子、油毡等建筑材料以及滴灌管等高新节水工程材料，因此极大拉动了当地社会经济的发展。节水工程建设对原有水利基础设施进行了改造和完善，新修建大量的干渠、支渠、斗渠、机电井，进行了大批的田间配套工程建设，形成了有效灌溉和工程维护网络，使中游地区的农村基础设施水平和能力得以大幅提高，农业生产条件大为改善。一大批农村剩余劳动力有机会从事二、三产业的生产，在增加农民就业机会、提高农民收入的同时，加快了二、三产业的发展，使中游地区农民的收入得到了大幅度增加。

调整产业结构，同样是建设节水型社会的重要举措。

黑河中游各区域积极调整发展思路，制定相关政策。中游平原灌区严禁种植水稻等高耗水作物，同时加大了优质牧草的种植比例，由"粮食作物 + 经济作物"的二元种植结构模式，逐步转化为节水型的"粮食作物 + 经济作物 + 饲料作物"的三元种植结构模式，以适应大力发展养殖业的需要，支撑生态农业的发展。为了降低农业用水所占比例，各典型区积极采取退耕还林还草、禁止种植高耗水作物、增加经济作物种植面积等措施，大力调整农业种植结构，使农业种植结构逐渐趋于合理，粮食作物逐年减少，经济作物逐年增加。2009 年，甘州区的粮食、经济作物、种草比例调整为 28：69：3，

张掖高效节水示范田

与 2000 年相比，粮食作物比例下降了 36 个百分点，经济作物比例则上升 44 个百分点，林草比例下降了 7 个百分点；粮食种植面积由 2000 年的 68.83 万亩调整为 60.42 万亩，减少了 8.41 万亩；而经济作物种植面积净增加了 122.72 万亩。

张掖市水务局调水办主任柳小龙介绍说："现在张掖农民用水少却挣钱多的奥秘就在于，农业种植结构的调整和节水灌溉技术的提高。"柳小龙告诉记者，种植结构调整后，张掖灌区七成以上的农田都种植了制种玉米，以前农民种小麦每亩收入 1000 元，现在改种制种玉米后，每亩收入能达到 2500 元，经济效益可观。2011 年 9 月，优质的"张掖玉米种子"获得全国唯一的农作物种子地理标志证明商标证书，该市玉米种子的销售量也占到了全国同类市场份额的四成左右。

除了节水工程建设和产业机构调整，对用水管理模式进行深入而有效的改造，也是张掖市建设节水型社会的重头戏。

在这场用水变革探索中，张掖市把水与农民的利益捆绑起来，全面推行"灌区＋协会＋水票"用水管理模式，探索形成了"政府调控、市场引导、公众参与"的节水型社会运行机制。

张掖市将全市可利用的水资源量作为水权，逐级分配到各县区、乡镇、村社、用水户（企业）和国民经济各部门，确定各级水权，实行以水定产业、以水定结构、以水定规模、以水定灌溉面积，核定单位产品、人口、灌溉面积的用水定额和基本水价。每个用水户通过用水定额明确初始水权，管理部门通过定额管理掌握用水户节水指标，将用水量控制在年用水指标之内。在推行水票运转方式的同时组建农民用水者协会，促进水市场形成。水的总量被严格控制起来，全市用水权总量逐级分配到各县、乡、村、社，明晰到户，配水到地，初步实现了水权明晰。

水票，作为水权的体现发放到农民手中。据张掖市水务局介绍，张掖市每个农户都有一本水权证，每本水权证都明明白白地标明每户农民每年可使用多少水资源。农民分配到水权后便可按照水权证标明的水量去水务部门购买水票。水票作为水权的载体，农民用水时，要先交水票后浇水，水过账清。对用不完的水票，农民可通过水市场进行出卖，从而完成水权交易。

"水票就相当于人民币，用不完的水票，通过水市场卖了可以换钱。"高台县三清渠水管所所长丁在明说，自从节水型社会建设开始后，"卖水"成了这里农民的常事。如今，让张掖农民多浇水都不干，因为农民有了自己的水权。有了水权，水就是自己的，农民们知道节约的水就是收入，对水的浪费实际上就是对自己财富的挥霍。这一用水管理模式的变革，使农民用水观念发生了巨大变化，改变了农民群众长期以来形成的大水漫灌式的用水习惯和粗放的耕作方式。农户关心水、珍惜水的意识明显增强，户户明确总量、人人清楚定额的局面已形成。

调查结果显示，张掖市的甘州、临泽和高台的农民人均收入在原来规划预测的基础上分别增加了1168.5元、684.5元及731元，增幅分别增加了32.5%，24.3%及26.2%，农民普遍生活水平提高。与此同时，治理区的学校教育、卫生医疗条件也有了显著改善。

在抓好农业节水试点工作的同时，张掖市的城市生产、生活节水也全面铺开。从2004年开始，张掖市城市、工业节水试点从落实两套指标体系抓起，确定在20个企业先行开展工业节水试点。对企业用水总量和单位产品用水定额，实行指标管理；城市生活用水推行分户计量，定额管理。另外，按照建

中游地区高效节水农业

设节水型社会的要求,城市新开工建设的居民住宅楼,全部要求安装节水器具;宾馆饭店、公共厕所大部分改造安装了感应式节水产品。

除此之外,黑河中游近期治理的实施,还有效缓解了水资源供需矛盾。黑河近期治理前,中游地区县与县、乡与乡、村与村之间相互争水、抢水、破坏水利工程的水事纠纷和违法案件经常发生。黑河近期治理实施后,灌区内实行计划用水、节约用水,减少了水事纠纷的发生,水供需矛盾得到了极大的缓解,促进了中游地区的社会稳定。

张掖市节水型社会建设试点产生了显著的效益。2001～2010年开展试点期间,先后成功组织实施了45次黑河水量统一调度,累计向下游泄水100.07亿立方米,占来水总量174.6亿立方米的57.5%,与调度前10年相比,多下泄21.37亿立方米,实现了经济结构调整与水资源优化配置的双向促动、节水与经济社会发展的"双赢",张掖因此成为全国节水型社会建设的"排头兵"。

三、下游生态复苏创奇迹

黑河水重回大漠,绿了居延海、金了胡杨林。经过黑河流域治理,额济纳不再是"沙起额济纳"的风沙策源地,美丽的下游生态环境,已成为带动当地旅游经济的"绿色引擎",构成国防科研基地的有力保障。

根据《黑河流域近期治理规划》,额济纳旗应发展饲草基地4万亩,胡杨林封育30万亩;完成草场灌溉配套工程,包括狼心山等154座分水闸改建,渠系配套建设635千米,更新配套和新建机电井110眼,牧民安置1500人等。经设计部分变更后,安排发展饲草基地4.08万亩,胡杨林封育30.9万亩,更新配套和新建机电井110眼,牧民安置1506人。

《黑河流域东风场区近期治理规划》于2004年批复,2006年实施。由于东风场区的特殊性,项目在实施过程中产生了较多的变更。14号西区生态建设工程,因2007年土地划界,工程区部分土地划归航天镇,加上人工费用和材料价格上调等因素,因此将13000亩人工防风林和770亩饲草料基地建设规模分别变更为8928亩和370亩。根据科研试验需要,对项目区其他规划项目也作了一些变更。

在东风场区近期治理规划中,有一个重要的单项工程"10号东区生活用水水源工程",被称为东风场区的"第二水源地"。

由于原来的10号东区生活用水水质不达标,为此,《黑河流域东风场区近期治理规划》专门安排了"10号东区生活用水水源工程"，以解决这一问题。

在该项水源工程方案中，将水源地定于 10 号东区东南方向直线距离约为 25 千米处的 38 号地区，该区地下水资源丰富、水质良好，符合饮用水水源地各项水质要求。工程计划新打生活用水井 20 眼，建设 1 座加压泵站，配套输水主管道约 2×25 千米，新配置消毒设施 1 套，为分散小点号配置净水器 20 套。

这项工程实施，解决了酒泉卫星发射中心分散点生活用水水量不足和水质问题，保障了各点号内官兵生活饮用水安全。同时，开辟了新的水源地，改善了场区生活供水水质和供水条件；原有水源地全部用于电厂、科研供水任务。

随着黑河近期治理中的额济纳绿洲区生态工程全部建成并投入使用，下游输水效率显著提高，使有限的水资源得到了高效利用。

通过水利工程建设和水量统一调度，进入下游的水量不断增加，下游河道过水时间明显增长，狼心山以下河道断流时间大大减少，尤其是灌溉期来水时间、过水河段延长和来水量增加，下游绿洲生态用水量较 20 世纪 90 年代有了大幅度提高。2003 ~ 2009 年，在莺落峡丰水情况下，下游实际生态用水量平均值为 5.79 亿立方米。东居延海十年累计入湖水量达到 4.3 亿立方米，水面面积达到 40 平方千米，水量及水面面积均有大幅度增加，下游生态环境得到显著改善。具体表现在以下几个方面：

一是黑河下游生态系统有了明显的恢复，下游绿洲草场退化趋势得到有效遏制，林草植被和野生动物种类增多，覆盖度明显提高。其中，林地面积增加 127.57 平方千米，草地面积增加 11.97 平方千米，湿地面积增加 46.31 平方千米。而戈壁、盐碱地、裸土地面积比治理前分别减少 79.24 平方千米、111.86 平方千米、19.79 平方千米，下游土地退化的趋势得到了有效的遏制。

二是通过以围栏封育、水利工程以及人工灌溉工程等项目建设，下游典型植被胡杨、红柳对黑河治理响应明显，长势喜人，且离河道越近效果越明显。

三是东居延海及其周边生态环境改善尤为明显，生物多样性增加。东居延海水面面积逐年增加，最大水面面积超过 40 平方千米。居延海生态环境的变化，引来了天鹅、灰雁、黄鸭，美丽的白天鹅故地重游，近百峰骆驼从不同的方向拥向水边饮水；鲫鱼、草鱼、鲤鱼等在水中嬉戏；鸟鸣戏水、鸭浮绿波的动人景观再现；居延海特有的大头鱼已经复活，鱼身长度达到 15 厘米。

四是黑河流域治理项目的实施对下游的局地气候产生了有利的影响，下游绿洲生态用水量、居延海水量及水面面积的增加，使沙尘暴天气明显减

东风水库引水口

少。治理前 1987 ~ 1999 年的 13 年间，沙尘暴平均每年 5.85 次，治理后，2000 ~ 2009 年的 10 年间，平均每年沙尘暴次数为 3.5 次，比治理前年平均每年减少了 2.35 次。1988 年一年就发生沙尘暴 11 次，而经过近期治理，2008 年、2009 年每年的沙尘暴次数只有 1 次。

五是东风场区近期治理的实施，阻止了场区生态环境恶化的趋势，使场区内生态系统得到有效的恢复与保护，改善了场区周边的生态和小气候环境，减少了地下水开采，场区地下水位明显回升，用水效率明显提高。为我国重要的军事科研试验场区官兵生活用水安全和军事科研用水需求提供了保障，为国防试验基地的建设及发展创造了有利条件。

近期治理规划实施期间，下游各区域积极调整发展思路，制定相关政策，调整产业结构，把农牧业发展同生态环境保护与建设有机的结合起来，不断调整优化农牧业产业结构，加快特色种植步伐，大力推进农牧业产业化进程。

为保护额济纳绿洲生态环境，额济纳旗连续实施了五个年度的退牧还草工程，围封禁牧草场 430 万亩，划区轮牧草场 10 万亩，休牧草场 50 万亩。集中发展规模化的舍饲养殖，改变传统的"粮、经"二元结构为"粮、经、草"三元结构，进一步扩大优质牧草种植面积，积极开发沙生产业，推广特色种植业。2009 年，粮食作物播种面积 7905 亩，同比下降 36.8%；经济作物播种面积 45336 亩，同比增长 47.8%；其他作物播种面积 13428 亩，同比增长 35.2%。走出一条可持续发展之路，极大地促进了效益型农牧业的发展。

近期治理成功实施、黑河连年分水成功，使绿洲生态恶化的趋势得到遏制，生态环境持续好转，内蒙古额济纳的胡杨林、红柳林、居延海等生态景观恢复了生机，沿岸连绵的胡杨林美丽如画。

在前往额济纳旗的公路上，当眼前出现的不再是单调的戈壁风光，而是

东风场区近期治理工程开工仪式

河道两岸绿树丛生，碧蓝天空中雄鹰盘旋，珍珠般的羊群四下散落，圆顶的蒙古包洁白如玉，那就告诉你，额济纳旗马上要到了。

近期治理以来，按照"人口向城镇集中、劳动力向二、三产业转移"的发展思路，额济纳旗实施了转移搬迁工作。积极引导农牧民进厂务工，从事旅游、商贸、餐饮、加工等二、三产业。一、二、三产业比重已经由1999年的29∶30∶41调整为2008年的5∶51∶44。三年累计从胡杨林区搬迁生态移民499户，1511人，截至2006年底，转移安置的499户，1511人基本实现了迁得出、稳得住、能致富的要求，有效促进了农牧区经济社会的可持续发展。其中，从事二、三产业的有182户，从事舍饲半舍饲的有151户，从事农业生产的有166户，农牧民收入增加，生产、生活和居住环境明显改善，良好地维护了民族团结及社会安定。

与此同时，额济纳旗坚持"旅游兴旗"战略，以旅游为契机，依靠复苏的胡杨林相继推出金秋胡杨节和骆驼节，投入资金开发建设4条旅游线路，旅游产业蓬勃发展。现在，额济纳国际金秋胡杨生态旅游节已成为内蒙古自治区的"旅游王牌"之一，当地政府正以"金色胡杨"为名片，以"大漠童话额济纳"为旅游品牌，致力于将额济纳打造成国际旅游目的地。

"如果有人想在10月份旅行，我会推荐他去额济纳。秋季，这里的金色

近期治理后的胡杨林

胡杨与亮蓝天空交相辉映，强烈的反差、鲜明的影调，让任何文字都显得苍白无力。所以，很多游客和摄影爱好者都会赶到这里，用镜头去记录这塞外金秋。"这是一个国内知名旅游网站上，一位游客写下的游记开头。

东居延海重现碧波荡漾的秀美景色，同样成为游客向往之地。

伫立东居延海岸边极目远眺，湛蓝天空上的丝缎流云映衬着碧蓝水面上的粼粼波光，两种美丽的蓝，在视力极限的远方汇成一线。线上突然一颤，是翔集的雁群从水上腾空而起，不断变换着阵列，直到飞出人们的视线。沙漠地带干爽的风掠过水面，就多了些湿润的凉意，这风摇曳着岸边茂密的芦苇丛，细碎的沙沙声伴着远处的鸟鸣，让人心旷神怡。

这里是中国生态价值及其原真性和完整性最高的地区，是极具战略地位的国家生态安全高地。它既是水源涵养和生物多样性保护示范区域，也是生态系统修复样板。对于居延海的生态恢复，居延海湿地保护管理站站长范建利介绍说："这些年，通过生态调水，东居延海的水面面积维持在40平方公里左右。有了水，东居延海周边广阔湿地的生态环境得到了明显改善。以前死掉的柽柳重新长了起来，离开的鸟儿也都飞了回来。"

离开的人们也回来了。巴图孟克一家前些年离开居延海，搬到达来库布镇"胡杨人家"定居区。居延海生机复苏后，他回到这里，退掉大部分草场，减少了羊和骆驼的数量，开始搞旅游。他说："现在我们牧民不再以放牧为主了，主要是，每人每年3.1万元退牧补贴，再加上搞旅游做生意，总的收入比过去还多。"

守住生态底线，绿色发展大有潜力。近年来，额济纳旗以创建国家全域

近期治理后的黑河尾闾东居延海

旅游示范区为契机，不断完善旅游基础服务设施。除了胡杨林生态观光度假之外，额济纳旗政府还精心设计推广丝绸之路居延遗址探秘、边境口岸异域风情、沙海王国激情穿越等主题线路，不断提高旅游市场的吸引力。2018年仅"十一"黄金周期间便接待国内外游客达141.47万人次，实现旅游综合收入12.5亿元。

每年金秋时节胡杨树一片金黄的时候，来自四面八方的国内外游客涌集额济纳，当地宾馆和牧家乐到处爆满，连胡杨林景区边的地上都扎满了帐篷。旺盛的人气，给当地人民带来了丰厚的生态红利。

数据最有说服力。近期治理开始的2000年，额济纳旗全旗国内生产总值仅为1.47亿元，财政收入为0.140亿元。而在近期治理后的2009年，全旗国内生产总值增至26.5亿元，财政收入为4.0亿元，分别为2000年的18.0倍和28.6倍。农牧民人均纯收入由2000年的2765元增加到2009年的7833元，城镇居民人均纯收入由5236元增至16949元，分别增长了183%和224%。

黑河流域近期治理的实施，死而复生的金色胡杨和重现人间的美丽居延，点亮了额济纳的"大漠童话"，也点亮了沙漠腹地绿色发展的"生态童话"。"绿水青山就是金山银山"，在黑河水滋养的美丽家园，下游额济纳旗人民端上了"金饭碗"，吃上了"生态饭"。

黑河近期治理的实施，使黑河水源源不断调入下游，有效阻止了沙漠化趋势的蔓延，也使额济纳旗相邻的蒙古国从中受到生态效益，蒙古国游客对此给予高度评价，盛赞中国政府为老百姓干实事。从另一个侧面，维护了中国在国际上负责任的大国形象。

第二节　立规造法门

一、水事协调规约与流域联席会议

随着黑河水量调度工作的逐步深入，黑河流域水资源管理法治建设也同步展开。

2000年，在黑河分水工作正式开展之前，黑河流域管理局（筹备组）利用前期筹备这段时间，根据流域机构授权的管理职责，通过对黑河900多公里河道及流域灌区详细考察，多次会同甘肃、内蒙古两省（区）水利厅召开协调会，充分论证，激烈争论，反复修改，最后形成《黑河干流省际用水水事协调规约》。黑河流域管理局正式成立后，黄河水利委员会于2000年6月13日向甘肃省、内蒙古自治区水利厅发布了《黑河干流省际用水水事协调规约》。

该协调规约规定：黑河干流省际用水水事协调小组成员实行代表制。首席代表由黑河流域管理局和甘肃、内蒙古两省（区）水利厅各一人组成；副代表由黑河流域管理局、两省（区）水利厅各2人组成。甘肃、内蒙古两省（区）首席代表是两省（区）水行政主管部门在黑河水量分配、调度的全权代表；黑河流域管理局首席代表是黑河流域管理局在黑河水量分配、调度的全权代表。

该规约的工作机制是，定期或不定期协调小组召开工作例会，相互通报省际用水协调工作情况，研究有关协调方案和处理意见；负责水事问题协调及有关决议执行情况的监督检查。黑河流域管理局根据水事协调工作需要，负责召集并主持协调工作会议；协调小组会议分首席代表会议和副代表会议。省际用水产生的水事问题，首先由两省（区）首席代表本着互谅互让、团结协作的精神协商解决，若双方达不成共识，可将问题提请黑河流域管理局协调解决，经黑河流域管理局协调仍难达成一致意见时，由黑河流域管理局报请上级主管部门处理。

这部水事协调规约，为黑河水事协调工作提供了初步规范依据，对于积极预防和稳妥处理省际水事纠纷，初步形成沟通协商、团结治水的工作机制，奠定了工作基础。

为了落实国务院确定的分水方案，为黑河水量统一管理与分水年度具体操作提供遵循依据，2000年6月14日，水利部颁布了《黑河干流水量调度管理暂行办法》。

该暂行办法共分总则、调度原则、调度权限、用水监督、附则5个部分。规定黑河干流水量实行统一调度，总量控制，并实施年度水量分配和干流水量调度方案制度。黑河水量调度依据国务院审批发布的黑河干流水量分配方案进行。

暂行办法规定，甘肃、内蒙古两省（区）年用水量，根据年度莺落峡断面黑河来水量，依照水利部《黑河干流水量分配方案》中规定的两省（区）所占比例进行分配，丰增枯减。黑河水量实行年度总量控制、夏秋灌期（7月1日至11月10日）逐月调控及全年监督的调度方式。

关于黑河干流年度水量分配方案的调度权限，暂行办法规定，由黑河流域管理局编制，报黄河水利委员会批准。黑河干流年内各时段水量调度方案，由黑河流域管理局制订，甘肃、内蒙古两省（区）负责实施。

关于黑河水量调度计划执行情况的监督，暂行办法规定，由黑河流域管理局与甘肃和内蒙古两省（区）水利厅派员组成黑河用水监督小组，黑河流域管理局出任组长，在夏秋灌期定期或不定期对重要取水口的水量调度执行情况进行监督检查。黑河流域管理局定期向两省（区）和有关部门发布水量调度计划执行情况公告。

2002年4月22日，根据国务院批复《黑河流域近期治理规划》中建立黑河流域联席会议制度的要求，水利部经与流域三省（区）和国家有关部委协商，发函成立黑河流域综合治理联席会议委员会。该委员会主任由水利部副部长担任，副主任由黑河流域三省（区）副省长（主席）和黄河水利委员会主任担任。成员由国家发展计划委员会、财政部、国家林业局、国家环保总局、农业部、国土资源部、总装备部等部门、流域三省（区）有关部门负责人和黄河水利委员会分管副主任组成。联席会议的职责是，协商解决黑河流域综合治理的重大问题。委员会下设办公室，设在黄河水利委员会。联席会议议定的事项由国家有关部委和流域省（区）在各自职责范围内分别组织实施，议定事项的落实由黄河水利委员会督办。

黑河流域综合治理联席会议委员会成立后，黄河水利委员会编制起草了《黑河流域综合治理联席会议制度》（送审稿），报送水利部转呈国务院。

在此期间，黑河流域管理局依据水利部批复的黑河年度分水方案，根据水情分析及流域用水情况，合理安排流域生活、生产和生态用水计划，及时

中华人民共和国水利部

水函〔2002〕43 号

关于成立黑河流域综合治理
联席会议委员会的通知

国家发展计划委员会，财政部，国家林业局，国家环保总局，农业部，国土资源部，总装备部，内蒙古自治区、甘肃省、青海省人民政府，黄河水利委员会：

根据《国务院关于黑河流域近期治理规划的批复》（国函〔2001〕86 号）精神，为加快黑河流域综合治理，协调解决黑河流域综合治理的重大问题，经与有关省（自治区）、部（委、局）协商，决定成立黑河流域综合治理联席会议委员会，成员名单如下：

主 任 委 员：索丽生　水利部副部长

副主任委员：傅守正　内蒙古自治区人民政府副主席

　　　　　　贠小苏　甘肃省人民政府副省长

　　　　　　穆东生　青海省人民政府副省长

　　　　　　李国英　黄河水利委员会主任

— 1 —

委　　员：高俊才　国家发展计划委员会农经司副司长

　　　　　曹广生　财政部农业司助理巡视员

　　　　　娇　勇　水利部规划计划司司长

　　　　　吴季松　水利部水资源司司长

　　　　　魏殿生　国家林业局植树造林司司长

　　　　　樊元生　国家环保总局污控司副司长

　　　　　李伟方　农业部计划司副司长

　　　　　潘元灿　国土资源部规划司司长

　　　　　陈福友　总装备部后勤部基建营房局副局长

　　　　　苏茂林　黄河水利委员会副主任

委员会下设办公室，办公室设在黄河水利委员会，负责处理日常事务。

特此通知。

二〇〇二年四月二十二日

主题词：水利　人事　机构　通知

抄送：国务院办公厅。

水利部办公厅　　　　　　　　　　2002 年 4 月 23 日印发

— 2 —

成立黑河流域综合治理联席会议委员会的文件

制订并发布各月调度方案。通过召开水量调度预备会议、年度工作会议和月调度会议等，加强了与地方政府及水利部门和流域各有关单位的协商协调。调度期间，黑河流域管理局派员进驻干流重要水文站对水文测报工作进行监督，通过滚动分析水情，及时下达实时调度指令。

流域地方层面，各级政府实行了行政首长责任制，按照据黑河流域管理局发布的水量调度方案，每年关键调度期，地方水行政主管部门派出由水政、纪检、监察人员组成督查组，分片包干，封口堵漏。2005 年以来，编制年度水量调度方案时进一步细化了各级调度权限和责任。水利部每年向社会公告黑河流域水量调度行政首长责任人名单，接受社会的监督。黑河水资源统一管理与调度走向常规化，水量统一调度体制和机制已经初步建立。

在这种形势下，通过联席会议形式协商解决黑河流域重大问题，客观上并未运行，编报的《黑河流域综合治理联席会议制度》亦未得到批复。

在水政执法方面，根据水利部 13 号令《水政监察工作章程》规定，2000年 8 月成立了黄河水利委员会直属黑河水政监察总队。每年关键调度期间，水政监察总队对中下游沿河口门进行巡查和定期检查，现场纠正违规行为，对关键调度期间私自引水、违规引水者，及时进行处理。对于干流水电站引水用水，严格执行"电调服从水调"的原则，不定期进行检查，提出明确要求，维护水量调度秩序。黑河水政监察总队的建立，为保障实施水量统一调度，发挥了重要的监督执法作用。

二、《黑河干流水量调度管理办法》颁布

随着国务院确定的三年分水任务实现，居延海开始复苏，干涸的河床变得湿润，地下水位缓慢回升，枯萎的胡杨林开始恢复绿色，这一切，给黑河流域的人们带来了信心和希望。

但是，黑河流域水事矛盾由来已久，根深蒂固，前几年调水成功，主要采取的是行政手段，这在特殊时期尚能发挥有效作用，但从长远看，如果不建立起完善的水资源管理法制体系，依法治水。依法管水，黑河下游地区的生态系统重建将不可能持久。要实现黑河综合治理目标,优化配置黑河水资源，妥善协调用水矛盾，保证黑河分水方案持续执行，必须强化法治手段，完善法规制度，为黑河流域水资源统一管理与调度提供有力的法制保障。

调水之初的 2000 年，水利部颁布了《黑河干流水量调度管理暂行办法》。这一暂行办法对黑河干流水量实施统一调度，维护黑河水量调度秩序，保障国务院确定水量分配方案的完成发挥了重要作用。但从立法属性上，暂行办法只是为确保如期实现国务院三年分水指标而制定的规范性文件，不属于行政部门规章。从内容上，原来的暂行办法仅对调度原则、调度权限和用水监督等作了一般性规定，而对水量统一调度的实施、调度程序、责任制、监督检查以及取水许可等均没有具体规定。随着黑河流域近期治理规划的实施，黑河水量调度出现了许多新情况新问题，原来的暂行办法已不能满足工作需要。因此，必须在总结黑河水量调度经验的基础上，对原暂行办法进行修订，使之上升为规章制度。

根据水利部的部署要求，从 2004 年 12 月开始，黄河水利委员会组织黑河流域管理局和有关部门抓紧进行了《黑河干流水量调度管理办法》立法调研起草工作。

研究过程中，工作人员以贯彻科学发展观，落实《水法》确定的水量调度制度为宗旨，认真总结黑河干流水量调度工作的经验，充分考虑黑河流域的实际情况和特点，提出了"国家对黑河干流水量实行统一调度，遵循总量控制、分级管理、分级负责"的原则。同时进一步强调，黑河干流水量调度的依据是国务院批准的黑河水量分配方案和水利部批准的黑河干流年度水量调度方案，有关各方必须坚决执行。

为了建立黑河水量调度长效机制，使该规章适用范围更广，制度设计更加严谨，措施更加完善，可操作性更强，该项立法起草工作着力在几个方面有所创新和突破。

一是确立黑河干流水量调度的管理体制。明确水利部、黄河水利委员会及所属黑河流域管理局、流域内三省（区）地方人民政府及水行政主管部门、东风场区、水库和水电站主管部门或者单位的管理职责，解决过去黑河水量调度体制不顺、责权不清的问题。这是《水法》在黑河流域水资源统一调度与管理工作中的一种探索和发展，是黑河流域特色化的一种表现。

二是健全黑河干流水量调度责任制。强化水量调度责任制的落实。规定：黑河水量调度实行地方人民政府行政首长负责制，黄河水利委员会及黑河流域管理局、东风场区主要领导以及水库、水电站主管部门实行单位主要领导负责制，并实行公告制度。明确责任主体、责任分工、责任内容、责任追究措施。对未达控制指标、超指标取水、违反水量调度规定及破坏水量调度秩序的行为规定相应的法律责任。

三是规定与水量调度有关的取水许可管理制度。实行严格的取用水管理是做好水资源配置的重要手段，也是调整水资源不合理开发利用的重要基础和依据。因此，应对新建、改建、扩建项目的水资源论证和取水许可制度的实施予以规定，并明确流域管理机构对取水许可制度实施的监督管理权限，为在流域内推行严格的水资源管理制度提供法规手段。

四是完善水量调度方案的编制程序。对年度、月用水计划建议的报送以及关键调度期月水量调度方案的制订及修正、调度指令的下达等均应作出具体规定，使黑河干流水量分配方案的落实更规范、更具有可操作性。

五是建立比较完备的应急水量调度制度。针对由于气候变化和人类活动影响，近年黑河出现极端水情的频率大大增加的情况，必须建立应急水量调度制度，对出现危及城乡生活供水安全等紧急情形或者预测年度水量异常时，可以实施应急水量调度，并规定应急调度预案编制以及实施程序和措施，确保在出现紧急水情时，能够有序应对，降低用水风险和损失。

前期立法调研认为，分时段调度是黑河水量调度实施以来的一个重要经验。按照年度水量调度方案、月水量调度方案和实时调度指令相结合的方式调度，实行年度断面水量控制和区域用水总量控制，逐月滚动修正，实践证明是公平科学、行之有效的。具体来说，在一般调度期，各省、自治区人民政府水行政主管部门及东风场区水务部门，应当根据年度水量调度方案及其控制断面下泄水量的要求，合理安排各时段引水计划，必要时应采取全线闭

水利部政法司、水资源司调研黑河立法工作

口、集中下泄或限制引水等措施。在 7 月 1 日至 11 月 10 日关键调度期，根据月水量调度方案，采取全线闭口、集中下泄或限制引水等措施，保证各控制断面当月下泄水量指标的落实。黑河流域管理局根据实时水情、雨情、旱情、墒情、水库、水电站蓄水量和用水等情况，可以对月水量调度方案作出调整，下达实时调度指令。因此，在对黑河干流各时段水量调度做出具体规定时，继续采用这种调度方法。

为了形成覆盖全面、内容具体、程序严密的黑河水量调度制度体系，立法研究中还提出了水量调度奖励机制、动用水库死库容、水文监测与监督、水量调度信息交流及通报等环节的相应规定。

2007 年初，水利部将部规章《黑河干流水量调度管理办法》起草工作正式列入立法工作计划。之后，黑河流域管理局根据国务院《取水许可和水资源费征收管理条例》等相关法规要求，对《黑河干流水量调度管理办法》草案再次进行修改。于 2007 年 9 月 28 日上报黄河水利委员会。在此期间，水利部有关部门对《黑河干流水量调度管理办法》的立法前期工作给予了多方面指导。黄河水利委员会组织起草工作人员赴黑河流域深入调研，正式发文广泛征求流域三省（区）和有关方面的意见，多次召开会议研究讨论，反复修改，先后七易其稿，形成了《黑河干流水量调度管理办法（送审稿）》及起草说明，于 2008 年 5 月报送水利部。整个立法研究起草工作，凝聚了流域各方的共识和智慧结晶。

2009年5月13日水利部部长陈雷签署第38号水利部令，颁布了《黑河干流水量调度管理办法》（以下简称《办法》）。

《办法》在系统总结黑河水量调度管理的实践经验和分析研究长期以来黑河水资源管理中的突出问题的基础上，把《水法》《取水许可和水资源费征收管理条例》《水量分配暂行办法》等关于水量调度的法律制度落到了黑河干流水量调度的实处，极大地加强和规范了黑河干流水量统一调度工作。具体表现在：

其一，《办法》填补了黑河流域水资源管理立法的空白，意义重大。《办法》是我国关于黑河流域水资源管理的第一部规章，也是我国在西北内陆河流域水资源管理与调度方面的第一部规章，是我国内陆河流域管理立法的重要成果，其颁布实行标志着黑河流域进入了依法调水、依法管水的新阶段，为合理、有序地调度和利用水资源，促进流域生态环境改善，实现经济社会可持续发展提供了有力的法规支撑。

其二，与之前的《黑河干流水量调度管理暂行办法》相比较，《办法》有着重大创新和突破。《办法》的前身是水利部2000年颁布的《黑河干流水量调度管理暂行办法》。《暂行办法》是为确保如期实现国务院三年分水指标而制定的规范性文件，而《办法》是为建立黑河水量调度长效机制而颁布的规章。在《暂行办法》的基础上，《办法》提出了一系列有关黑河水量分配、调度及监督管理的原则、体制和法律制度、工作机制，在充分反映黑河水资源及其管理调度的特殊性方面，对原《暂行办法》的有关规定予以补充、完善和发展，内容更加丰富，适用范围更广，制度设计更加严谨，调度措施更加完善，可操作性更强，取得了一系列创新性的突破。

其三，《办法》明确了黑河干流水量调度的基本制度，推动了黑河水调工作的法治化建设。《办法》确立了黑河干流水量调度的管理体制，健全了黑河干流水量调度责任制，规定了与水量调度有关的取水许可管理制度，完善了水量调度方案的编制程序，建立了比较完备的应急水量调度制度。此外，《办法》还对水量调度奖励机制、动用水库死库容、水文监测与监督、水量调度总结与报送、信息交流及通报等环节作了相应的规定，形成了"覆盖全面、内容具体、程序严密"的水量调度制度体系。这极大地推动了黑河干流水调工作的法治化建设。

其四，《办法》加强了黑河干流水量统一调度工作，推动了水量调度工作开展和目标实现。《办法》的主要内容和基本制度来自于黑河干流水量调度工作的经验总结和智慧结晶，反过来，《办法》的颁布施行也促进了黑河干流水量调度工作的进一步开展，取得了积极的成效。

《办法》的颁布实施，对于全面落实国务院批准的水量分配方案，推动黑河水量统一调度管理，促进水资源优化配置，规范流域各方执法守法、照章行事，加强黑河水量统一调度执行和监督检查，切实实现黑河水量依法调度，依法行政，做到有法必依、执法必严、违法必究，建立并维护良好的水事秩序，发挥了重要的作用。

以《办法》颁布实施后的第一个完整调度年 2010 年为例，在该年黑河干流全年来水偏丰、而 7、8 月份流域发生严重旱情的不利情况下，通过全面贯彻落实《办法》，加强对水量调度的过程管理，保证了中游地区灌溉用水，并实现了下游鼎新灌区和东风场区按计划引水，全年三次输水进入东居延海，黑河水量调度工作取得了显著成效。

三、规范管理黑河干流取水许可

2019 年 1 月 2 日，甘肃三道湾水电站所属的西兴能源投资有限公司收到了来自黑河流域管理局发出的准予延续取水许可的决定。这意味着该水电站递交的延续取水许可申请符合法定条件，在保证最小生态基流的前提下，可在黑河干流上游三道湾处年取地表水 12 亿立方米用于发电，有效期 5 年。

像甘肃三道湾水电站拥有黑河取水"身份证"的水电站还有 7 个，农业取水户 6 个，生态取水户 5 个。

规范黑河干流取水许可管理的工作起步于 2007 年。对水资源依法实行取水许可制度，是国家调控水资源需求，优化配置水资源、促进节约用水和有效保护水资源的基本法律制度。1993 年根据《中华人民共和国水法》，国务院发布实施了《取水许可制度实施办法》。2006 年在总结各地实施《取水许可制度实施办法》成功经验的基础上，国务院颁布实施《取水许可和水资源费征收管理条例》（国务院 460 号令），进一步加强对水资源配置、开发、利用、保护和节约的科学管理与统一调度。

国务院颁布实施取水许可条例以来，黑河流域地方水行政主管部门在实行取水许可制度方面，开展了大量工作，取得了成功的经验。但随着黑河水资源统一管理和干流水量调度的实施，这种分割管理的现状，已不适应黑河流域综合治理与生态建设新形势的要求。为此，2007 年 3 月 16 日，黄河水利委员会向黑河流域三省（区）水行政主管部门、流域内有关单位和黑河流域管理局印发《关于委托黑河流域管理局实施黄委管理范围内黑河取水许可管理工作的通知》（黄水调〔2007〕5号），授权黑河流域管理局实施黄河水利委员会管理权限范围内的黑河取水许可管理工作。

根据黄河水利委员会的授权，黑河流域管理局及时组织学习《水法》《取水许可和水资源费征收管理条例》《取水许可管理办法》等法律法规，深入分析黑河流域三省（区）实施取水许可管理制度的现状，进行了大量立法前期研究工作。

由于黑河流域机构起步较晚，流域统一管理制度基础薄弱，水资源利用与管理存在许多突出问题。

一是水资源宏观调控机制不健全。流域内水资源开发利用各自为政的现象表现十分突出。"水从门前过，不用白不用"等观念，长期驱动人们的用水行为，在水资源管理、生态环境修复等工作中，流域机构管理缺乏强有力的手段。

二是取水许可制度相配套的各项规章制度不健全。各有关部门的职责与权限不明晰，取水与计划用水、节约用水管理相脱节。

三是可供水量的控制未形成有力的运作机制。取水口的管理未能实现统一管理模式，水资源管理形成分割局面，流域机构不能全面掌握流域取水许可情况，难以有效实施总量控制。

针对上述问题，黑河干流取水许可立法前期研究中认为，建立黑河流域取水许可制度，应以水资源的合理配置和节约、保护为核心，以生态环境保护与建设为根本，以国务院分水方案为依据，通过加强水资源统一管理与调度，强化节水，严禁扩大农田灌溉面积，调整产业结构，加大政策扶持力度，逐步建立黑河水资源的开发、利用、配置、节约和保护的综合体系。

在严格执行《取水许可和水资源费征收管理条例》等上位法的前提下，黑河流域管理局组织有关人员编写完成了《黑河干流取水许可管理实施细则》初稿及实施方案，2007年12月报黄河水利委员会审查。

该实施细则初稿主要内容包括：（一）建立健全流域水资源统一管理调度体制，明确取水用水的内涵和取水许可的范围。明确流域和行政区域总量控制的要求和措施，明晰取水许可分级审批管理权限。（二）设立专门部门定期对执行情况进行检查监督，严格考核。（三）界定取水许可实施范围、管理方式、分级管理权限和取水限额、组织实施和监督管理等。（四）建立总量控制指标体系和定额管理指标体系，提高水资源开发利用效率。（五）根据批准的水量分配方案，结合实际用水状况、行业用水定额、下一年度来水量预测等，制订年度取水计划。（六）规范取水许可的申请

和审批制度。（七）以国务院批
准的黑河可供水量分配方案为依
据，完善取水总量控制制度，从
严控制新、改、扩建取水工程取
水许可申请的审批。（八）强化
建设项目水资源论证制度等。

　　《黑河取水许可管理实施细
则》（试行），经反复征求流域
三省（区）的意见并多次修改，
2010 年 7 月 29 日，黄河水利委
员会向黑河流域三省（区）和有
关单位印发实施。

　　《黑河取水许可管理实施细
则》的施行，使黑河流域取水许

现场执法督查

可管理权限更加明晰。按照水利部划分的取水许可管理权限，流域各方积极
配合黑河流域管理局进行取水许可换发证工作，黑河取水许可管理制度日趋
完善，规范有序。

　　黑河流域管理局在取水许可事后监督检查中，以"电调服从水调"执行、
计量设施运行、实际取水（发电）量记录、计划用水执行、生态流量达标下
泄等情况为重点，严格执行行政执法监督全过程记录制度，对已发证取用水
单位进行现场监督检查，并及时组织取用水户报送取水许可季度监督表。与
此同时，联合流域省（区）水行政主管部门开展干流水电站取水许可联合执
法监督检查，切实维护了流域正常取用水秩序。

四、推进流域管理立法相关研究

　　为了进一步推进黑河流域水资源管理法制建设，从 2008 年开始，黑河流
域管理局联合有关单位开展了以流域立法为主线，以流域管理相关法规政策
评估、流域取水许可制度、水量调度保障制度、流域生态补偿机制研究为主
要内容的立法研究项目，取得显著成效。

　　围绕流域管理立法，开展了《黑河流域管理条例立法研究》《黑河流域
水资源管理与调度规范立法体系建设研究》《黑河流域管理条例》立法建议
书编制等研究项目。通过对国内外流域立法经验的分析借鉴，深入调查分析

目前黑河流域管理中存在的主要问题，阐述黑河流域管理立法的必要性和可行性，对流域立法的基本机制和制度进行了初步的探索。在此基础上，黑河流域管理局组织编制了《黑河流域管理条例》立法建议书，提出了流域立法需要解决的重点难点问题及立法建议，于2014年提交水利部政法司。

为了对流域立法推进提供必要的借鉴和指导，2013～2015年先后展开《黑河干流水量调度管理办法》立法后评估、《黑河流域管理法律政策能力评估》和《现行涉水法律规范在黑河流域实施过程中的问题及其对策研究》等项目。对涉及水量调度、取水许可管理、水事协调、水工程建设管理的现行法律、行政法规、地方性行政法规、部门规章、规范性文件等，展开实地调研和问卷调查，评估现行涉水法规在黑河水量调度、取水许可管理以及流域生态、经济等方面的实施效果，分析存在的问题，对黑河干流水量调度、流域水资源管理法律制度的后续完善提出了建议。

为了从水权形态的角度推进流域水资源合理高效利用，2008～2009年黑河流域管理局相继展开了《黑河流域初始水权研究》《黑河流域水权转换管理办法》等项目研究。

在黑河流域水权研究中，以黑河流域水资源生态及社会经济发展需求为基础，着力探讨了黑河流域初始水权分配、水权转让等基础理论问题，厘清黑河流域初始水权管理的基本目标和关键要素，并以甘肃省张掖市节水型社会建设和水权转换实践为经验参考，总结黑河流域水权转换的成功经验，初步建构了黑河流域水权管理的制度框架、水权转换的审批机制、实施机制和监督机制的制度构建，完成了《黑河流域水权转换管理办法》（建议稿）。

《实施黑河干流取水许可制度研究》项目，通过综合研究分析黑河流域水资源开发利用现状、黑河干流水量分配方案、黑河流域取水许可现状等，依据水利部确定的取水许可管理权限，在《取水许可和水资源费征收管理条例》及《取水许可管理办法》等上位法规的框架下，制定黑河干流取水许可制度的总体性框架，对取水许可的审批权限、监管主体等进行论证分析，初步制定了《黑河干流取水许可管理实施细则（草案）》。

黑河水量统一调度以来的实践表明，行政首长责任制是保障黑河干流水量调度实施正常有序、巩固黑河水量调度成果的重要制度。为切实发挥行政首长责任制在黑河干流水量调度工作中的关键作用，2016年开展的《黑河干流水量调度行政首长责任制实施办法》研究项目，对水量调度行政首长责任主体、责任内容、责任落实、考核评价、责任追究、配套机制等问题进行了分析研究，完成了《黑河水量调度行政首长责任制实施办法》研究报告和《黑河水量调度行政首长责任制实施办法》（建议稿）。

2009年，围绕流域生态治理与保护，黑河流域管理局探索开展了《黑河流域生态补偿机制研究》项目，结合黑河流域生态环境现状和既有立法，对生态补偿机制进行考察，提出了黑河流域生态补偿机制的总体框架，对补偿模式、管理体制、基本原则、补偿主体和对象、补偿标准、补偿方式等进行了论证分析，为流域立法中生态补偿机制的构建，发挥了探索先行作用。

黑河取水许可检查

第五章　生态使命

　　针对长期以来人们过度开发利用，致使当今全球范围内河流生存危机的现实状况，经过对工业文明以来治水方针的深刻反思，从 2004 年开始，黄河水利委员会研究提出"维持黄河健康生命"治河新理念及河流伦理体系构建，深入开展了《维持西北内陆河健康生命》重大课题研究。在理论探索和实践中，黑河流域管理不断优化水资源配置，创新干流水量调度模式，形成了中国西北内陆河的"黑河样本"。

第一节　生态意识的觉醒

一、生命黄河的引领与启示

　　2004 年，黄河水利委员会立足唤起人们生态意识的觉醒，维持河流生命健康，实现人与自然和谐相处，研究提出了"维持黄河健康生命"治河新理念及河流伦理体系构建，为黑河流域及西北内陆河流域管理带来了重要的启示。

　　黑河与黄河，流域毗邻，一山之隔。古往今来，两大流域在政治、经济、文化、军事等方面有着千丝万缕的密切联系。水资源又都属于总量不足、资源型缺水流域。在流域管理授权范围上，黄河水利委员会除负责统筹管理黄河流域九省区综合治理开发之外，还负责包括黑河在内的西北内陆河流域的管理。因此，黄河治理开发与管理的方略与理念，对于黑河流域水资源统一管理，有着直接的引领作用。

针对长期以来人们过度开发利用，致使当今全球范围内河流生存危机的现实状况，2004年，黄河水利委员会以科学发展观和中国治水新思路为指导，经过对工业文明以来治水方针的深刻反思，研究提出了"维持黄河健康生命"治河新理念及河流伦理体系构建。

黄河是哺育中华民族成长的伟大摇篮，也是一条世界上最为复杂难治的河流。20世纪90年代以来，在下游"地上悬河"等重大问题没有得到根本解决的情况下，黄河又爆发了严重的水资源危机。由于生态用水被大量挤占，下游河道频繁断流，主河槽萎缩严重，加之沿河废污水排放量剧增，流域生态系统呈持续恶化趋势。1999年黄河水利委员会根据国家授权对黄河实行了水量统一调度，经过多方艰苦努力，实现了不断流。但是水资源管理的基础仍很脆弱，断流危机并未消除，黄河依然面临着洪水威胁严重、水资源供需矛盾尖锐、生态环境恶化等多重生存危机。

"维持黄河健康生命"治河新理念正是在这种形势下应运而生的。作为这一治河新理念的重要部分，河流伦理体系的构建在于，通过重新审视人与河流的关系，培育和弘扬河流生命理念，改善和调控治河决策管理，唤醒人们深刻认识水资源可持续利用对于经济社会可持续发展的重大意义，自觉投入人与河流和谐相处的伟大实践。

2004年9月黄河水利委员会举行河流伦理学术研讨会的会场情景

研究认为，河流是有生命的。一条河流的形成，大都经历过板块构造运动、沟谷侵蚀、水系发育、河床调整等历史时期。尽管每条河流的地质条件和外在形态各不相同，但都拥有共同的生命特征：

河流是由源头、干支流、湿地、连通湖泊、河口尾闾组成的庞大水系。它们一路接溪纳流，奔腾跌宕，最终或汇入海洋，或潜身内陆，具有完整的生命形态。

河流是一种开放的动态系统，流域水系之间，以流动为主要运动特征，进行着大量而丰富的物质生产和能量交换。

作为一个有机的生态整体，河流与生物多样性共存共生，构成了一种互相耦合的生态环境与生命系统。

在构成河流生命的基本要素中，流量与流速代表了河流生命的规模和强度，洪水与洪峰是河流生命的高潮与能量顶峰，水质标志着河流生命的内在品质，湿地则体现了河流生命的多样性。

正是由于这些特征，无数的河川溪流才显示了旺盛的生命活力。它们昼夜不停地腾挪搬运，以巨大的力量维持了生态环境和能量交换的总体平衡。河流所经之处，生灵跳跃，万物丰茂，一片生机。

奔腾不息的河流是人类及众多生物赖以生存的生态链条，也是哺育人类历史文明的伟大摇篮。千万年来，河流深刻影响了人类的历史发展进程，塑造了各具特色的文明类型。河流与人类文明的相互作用，造就了河流的文化生命。在漫长的历史发展进程中，人类受河流百折不挠、交融汇流等自然形态的精神塑造，使得纷争不已、相互隔膜的部落族群，获得标志性的文化认同，最终演化成了民族本土的文化品格和深层意识形态。

河流文化生命具有强大的传承功能。世界上所有的大河在孕育人类文明的同时，都书写了一部生动的河流文化生命史。它们或是记录治国安邦方策，演绎哲学思想，或是标量科技发展水平，借鉴历史演进规律，浩若烟海，博大精深，成为民族发展过程中重要的精神宝库。

河流文化蕴含着深邃的美学价值。河流景观奔腾不息，声色鲜明，极具运动性和个性化的特质，激发了人类丰富的想象力和自然情怀，从而产生了河流美学。

河流的自然生命与文化生命，属于存在和意识的关系。后者伴随前者兴衰而兴衰。一度辉煌的巴比伦文明后来成为"陨落的空中花园"，美洲玛雅文化给后人留下一堆难以破解的神秘废墟，中国古老丝绸之路上的楼兰国悄然消亡在滚滚大漠。一幕幕文明没落的悲剧，无不是由于河流断绝、水源枯竭、生态平衡遭到严重破坏的结果，它们像沉重的历史警钟在悠悠时空中回荡。

综观人类文明的发展史，每个时期经济社会发展水平不同，人们对河流的认识观念与关系也各不相同。

原始文明时期，人类依附并崇拜河流。在生产力水平极为低下的原始社会，古人对大自然心存敬畏，他们"逐水草而居"，以渔猎为生，被动地依附于自然。每逢水旱灾害，不得不祈灵上天恩典，把河流尊奉为神灵顶礼膜拜。这一时期，人与河流处于一种原始的和谐状态。

进入农耕文明时期，随着青铜器、铁器的相继使用，人类开始有条件兴建一些水利工程，对河流洪水有了一定的控制能力。但由于此时人类

2005年时任黄河水利委员会主任李国英著
《维持黄河健康生命》

改变河流的能力非常有限，因此仍然认为河流对人类具有主宰作用，在相当程度上保持了河流的生态平衡。

工业文明时期，随着生产力的迅速提高，人类基本上摆脱了对自然力的依赖，能够通过科学技术来控制、改造和驾驭自然过程，在意识形态上，"人定胜天"思想逐步占据了主导地位。生产规模、生产生活方式的巨大变化，极大地刺激了人们从河流中获取财富谋求社会进步的欲望。用水需求急剧增加，众多水利工程的兴起，大量工业和生活废水排入河流，对河流形态、资源能力、运动规律以及河水品质产生了巨大影响。河道断流，河床萎缩，湖泊干枯，尾闾消失，水质污染加剧，生物多样性减少，直接导致了河流生态的空前危机。

生态文明时期，人与河流和谐相处将成为人类的必然选择。全球性的生态危机，直接威胁着人类文明的发展和延续，迫使人们寻求新的更合理的发展道路，也引发了国际社会"重新定位人与河流关系"的反思。在中国，生态环境治理得到了高度重视，先后实施了黄河、黑河、塔里木河调水，白洋淀生态应急补水等工程。河流生态的重建与初步恢复，促进了一个生态文明

时代的到来。

河流伦理构建的意义，一是扩大了道德共同体的边界。把道德权利扩大到河流的所有成员和共同体本身，确认河流的内在价值和持续存在的权利。二是要求人类从河流的征服者转变为河流共同体的一员，应尊重河流共同体中的所有成员。三是要求改变只把河流当作资源来管理的传统观念。承认河流永续生存的权利，承担保护河流的责任和义务，建立一种符合经济、生态、伦理和审美多价值评价体系。四是提出人对河流的责任和义务，重塑人与自然新型关系。

在实践领域，河流伦理的提出，为河流流域的规划与实施提供了新的理念和行动原则。人与河流生态秩序的最高境界是共存共生、和谐相处，这就要求人与河流的关系上升为法律关系，把人对河流的行为列入法律的调整对象，把人与河流和谐相处作为人类活动的共同价值选择。

作为河流共同体的成员，所有自然物种都有分享河流资源的权利。对于人类而言，尤其应负有保护河流资源和为后代发展繁衍留存河流资源的责任。河流的生命过程有其自身的特点与规律，人类应充分尊重河流的自身规律，开发利用河流的活动，应遵循尊重和顺应河流自身规律的法则。河流权利的法律实现形式，靠人类对自身活动的规范与制约。河流立法、执法和守法，最根本的在于匡正世风，促使人们河流伦理道德水平的提高。

河流生命论的提出，治水观念的转变，生态意识的觉醒，丰富了生态文明建设的内涵，为人类与河流从对立走向和谐，提供了有益的思想启迪和指导。

黄河水利委员会关于"维持黄河健康生命"治河新理念及河流伦理研究，得到国内外有关人士的密切关注和广泛响应。2005年10月，在第二届黄河国际论坛上，来自64个国家和地区的专家学者、20多个国际组织的2000多名代表汇聚黄河之滨，以"维持河流健康生命"为主题，共同探讨维持河流健康生命、河流伦理以及如何面对河流忧患与危机。中外专家经过广泛深入的讨论达成共识，发表了《黄河宣言——维持河流健康生命》。

该宣言中说：河流是地球上最为古老、最为生动、最富有创造力的生命纽带。她越高原、辟峡谷、造平川，自远古一路走来，不仅形成流域两岸丰富多姿的地形地貌和生物种群，而且哺育、滋养、繁衍了我们人类以及人类伟大的文明。

河流是有生命的。在这个川流不息、循环往复的生命系统中，通过蒸发、降水、输送、下渗、径流等环节，水能进行多次交换、转移和更新，构建或孕育出更多的形态、更多的物种，形成瑰丽壮观、无与伦比的地球景观。因

2007年出版的《河流伦理丛书》之一
侯全亮、李肖强著《论河流健康生命》

2009年"十一五"国家重点图书出版项目
侯全亮主编的《生态文明与河流伦理》

为有了河流的生命及其丰富多彩，才有了人类生命的衍生和繁茂。

人与河流唇齿相依，休戚与共。然而，由于人类活动等因素的巨大影响，在当今，全世界范围内许多河流都正面临空前的危机：河源衰退，尾闾消失，河槽淤塞，河床萎缩，河道断流，水体污染，等等。由此致使依赖河流动力的周边生态系统产生紊乱乃至崩溃，全球各民族的文明延续亦遭受沉重的质疑和巨大的挑战！

面对上述严峻的现实，人们不禁忧心忡忡，难道当今人类不仅在享用祖先的遗产，而且还要透支后代的财富吗？

维持河流健康生命，是人类在自然界中的警醒和回归，更是人类社会可持续发展的必然要求。基于这种认识：

我们有责任与义务：倡导和谐社会的理念，推动人与自然和谐相处的进程，维护河流应有的尊严与权利，保持河流自身的完整性、多样性和清洁性，使其在地球上健康流淌。

我们有责任与义务：动员社会各界力量，研究河流健康生命的理论，探讨人水和谐关系，建立人与自然的伦理观念，通过立法和广泛宣传，使人们像珍惜自身生命一样珍惜河流生命，自觉保护河流健康。

我们有责任与义务：作为河流的代言人，正视以往对河流的伤害，以科学发展观统领全局，系统编制流域经济社会发展综合规划，压缩超出水资源承载能力的发展指标，强力推动调整产业结构，加快建立节水型社会的步伐。

我们有责任与义务：为河流提供充足条件，提高河流自我调节和自我修复能力，达到与自然协调一致的目的。

我们有责任与义务：树立新型治河观念，强化对河流本体的维护和引导，在探索与实践中，以科技为先导，逐步恢复河流的健康面貌，使人、河流、生态达到协调一致的理想境界。

我们有责任与义务：更加珍视河流对人类文明的贡献，光大河流对人类文明的创造力，重塑流域内居民的相互认同，强化公众参与，推动社会文明的永续发展。

愿有志于维持河流健康生命的世界各国政府、国际组织、社会各界积极行动起来，共同推动维护河流健康生命的事业。愿河流之水生生不息，万古奔流！

一部《黄河宣言》的问世，以应对河流危机为目标，从河流代言人的角度，发出了尊重河流、善待河流、保护河流的时代强音，也为包括黑河在内的西北内陆河生态环境治理带来了重要启示。

二、维持西北内陆河健康生命之研究

在维持黄河健康生命研究的引领下，2005年，黄河水利委员会组织黑河流域管理局等有关单位，围绕维持西北内陆河健康生命问题，开展了新的理论探索。

我国西北内陆河地区，西起帕米尔高原国境线，东至贺兰山、乌鞘岭，北自国境线，南接羌塘高原，分别与黄河、长江、额尔齐斯河、伊犁河、额敏河流域及羌塘高原水系相邻，国土总面积219万平方公里，拥有漫长的国境线，居住着许多不同的民族。地域广阔，物种富集，自古以来就是东西方交流的重要区域。在矿产资源开发、国际贸易交通、国防建设与边疆稳定等方面，具有十分重要的战略地位。

西北内陆河水系，主要包括新疆塔里木河、天山北麓诸河、柴达木盆地诸河、青海湖水系、疏勒河、黑河、石羊河等水系。究其形成的主要原因，一是深居内陆，远离海洋，独流入海路径不畅；二是降水稀少，径流不足，没有足够水流动力冲出山原以达外海。

　　与平原地区河流相比，内陆河由于受海洋季风影响较弱，降水稀少，加之地广人稀，很少出现人与河流争地的矛盾，因此洪水问题不很突出，其主要矛盾突出表现为干旱缺水和土地荒漠化。因此，研究维持西北内陆河健康生命也主要围绕这一特点而展开。

　　研究认为，西北内陆河流域的演变和开发，经历了原始状态、和谐状态、危机状态、尾闾消亡状态四个阶段。随着历史的发展和人类的扩张，目前西北内陆河大多渐渐失去固有的风韵，显得伤痕累累，不堪重负。人类用水需求急剧膨胀，与河流能力、绿洲生态之间出现总量严重失衡和结构失调，致使流域生态环境产生巨大变化。河流萎缩，湿地沙漠化，沙尘暴肆虐等生态环境的恶化，使西北内陆河处于危机阶段，局部地区甚至演变为危及人类生存空间的生态灾难。

　　针对如何合理平衡人类生产生活用水、河流需水、天然绿洲需水之间的突出矛盾这个带有共性的问题，为了更好地指导西北内陆河流域管理工作，黄河水利委员会秉承可持续发展的理念，及时组织开展了维持西北内陆河健康生命的研究工作。此项工作一经启动，立即得到了新疆、青海、甘肃、内蒙古水利厅及新疆生产建设兵团水利局的积极响应与密切配合。

　　这项研究分为"西北内陆河对经济社会发展的重要支撑""人类社会发展对河流的开发过程""天然绿洲萎缩后的生态灾难""人类活动惯性发展对河流流域造成的生态破坏后果""维持西北内陆河健康生命的提出""维持西北内陆河健康生命的目标""维持西北内陆河健康生命的主要措施"等7大部分。分别分析论述了西北内陆河水资源的重大战略作用，河流与人类历史文明，人类社会发展对河流的开发过程，传统用水方式变革的艰巨性等。在此基础上，重点研究提出了维持西北内陆河健康生命的内涵、目标与应采取的主要对策。

　　研究认为，不同的河流具有不同的自然地理和社会人文环境，面对着不同的矛盾和人类不同的期望，从而决定了不同河流健康生命的具体目标和具体要求也就各不相同。维持西北内陆河健康生命主要应满足以下要求：

　　（一）实现全河道过流。河流生命在于水的流动，维系西北内陆河流生命的核心是保持正常的水循环功能，这也是维持水系完整和绿洲供水的基本条件。由于近年来西北内陆河流缺水严重，进入下游及尾闾地区水量越来越少，有的河流多年甚至数十年无水进入尾闾地区，直接威胁河流生命安全。因此，维持西北内陆河健康生命当务之急是实现全河道过流。

（二）维持一定规模的河流绿洲。西北内陆河流多发源于高寒山区，出山后即进入干旱缺水的荒漠戈壁地区，并依托河流水源形成一定规模的中下游绿洲。除去人口稀少的高海拔山区，西北地区适于人类集约开发的地区多为河流绿洲。在这一地区，绿洲靠河流而生存，河流也依托绿洲而保持其水系完整、稳定以及河流生态系统的健康发展。维护河流绿洲繁茂生长、物种繁衍、自我更新并保持必要规模，是维持河流健康生命的必要条件。

（三）阻断沙漠连接。内陆河流下游及尾闾地区分布着浩瀚的沙漠，目前部分沙漠已成扩张连接之势。阻断沙漠连接，成为国土整治的重要任务。而要阻断沙漠连接，根本在于保证河流下游及尾闾湖泊湿地水源补给，保护河流绿洲，尤其是下游及尾闾绿洲的适宜规模和自我修复能力，避免因人类活动造成沙丘活化，进而危及河流与绿洲稳定。

据此，该项目研究提出了维持西北内陆河健康生命的目标体系与主要措施。总体目标是，河湖稳定畅通，绿洲茂盛，地表水系稳定，水源补充及时，绿洲不萎缩，维持生态稳定。

对于西北内陆河流域而言，保持绿洲不萎缩是一个很重要的体征。

西北内陆河及其哺育的河流绿洲共同组成了当地复杂的生态环境系统。绿洲靠河流来哺育，河流也依赖绿洲为生态屏障。西北内陆河地区因干旱少雨，生态系统自我修复功能要较我国中东部地区脆弱，水土资源及绿洲生态系统承载能力较低，因此更要求人们多方面爱护天然绿洲，保持其健康正常的自我修复功能。西北干旱地区天然绿洲稳定应保持天然绿洲必要的用水比例，维持地下水位稳定和适宜埋深；保护森林草原，禁止超载过牧、以及对植被区的乱挖、乱采、乱樵、乱伐等破坏行为，对于胡杨林等

2008年时任黄河水利委员会主任李国英主编《维持西北内陆河健康生命》

珍稀物种更要重点加以保护。经过努力，西北内陆河应视各河流情况不同，使河流绿洲保持或恢复到 20 世纪 50 年代至 80 年代某个时期的规模与水平。

　　实现维持西北内陆河健康生命这一总体目标的主要措施包括：健全和完善流域管理制度，实行水资源统一管理，统一规划，统一调度；加强河源及上游区的生态保护，限制中游地区人工绿洲的扩张，增强生态系统的自我修复能力；全面建设节水型社会，强化经济杠杆作用，建立水资源优化配置的水权制度；修建干流枢纽工程，增强水资源调节能力；建立完善水法制体系，为实现西北内陆河健康生命目标提供强有力的法制保障。

　　该研究项目以黑河为例，阐述了维持内陆河流域的实践探索与治理方向。几年来，在中央高度重视和坚强领导下，流域各方携手奋进，成功实现国务院批准的黑河分水方案，调水进入东居延海，实现下游干流全线过水，额济纳绿洲地下水得到了有效补充。按照国务院批准的《黑河流域近期治理规划》，实施了节水型社会建设和下游额济纳旗胡杨林自然保护区建设。维持黑河健康生命的初见成效，为中国内陆河管理模式探索出了一条成功之路，也见证了这个时代！

　　河流是有生命的，有生命就应有其内在价值和持续存在的权利。西北内陆河的自然生命与生态环境十分脆弱，其安危存亡，事关国家生态安全、社会安定、民族团结、民族振兴。因此，迫切需要人们尊重和维护西北内陆河应有的权利，保持其完整性、多样性和清洁性，使西北内陆河生生不息，健康流淌。

第二节　河畅流清生态秀

一、水量调度的"黑河样本"

　　2003 年实现国务院确定的黑河三年分水目标之后，黑河流域管理局针对黑河流域水资源时空分布特点，根据各河段生活、生产、生态不同用水需求，在实践中注重创新水量调度模式，从应急调度转入常规调度。相继实施生态水量调度、春季融冰期水量调度、一般调度期调度等调度措施，为黑河水资源充分发挥综合效益，提供了有效的模式设计和技术支持。

　　从 2004 年起，黑河水量调度从应急调度转入常规调度，调度时间由半年调度转为全年调度。这年 4 月，黑河下游断流，接着东居延海又一次干涸，引起社会广泛关注。当时，黑河流域管理局面临巨大的压力和困难。一是一般调度期来水偏丰，关键调度期来水大减；二是中游地区农作物春季遭受冻害，补种后增加了灌溉量，造成了前期下泄水量存在较大欠账；三是流域内产业结构调整，用水规律及水量转化规律发生了很大变化，潜流水明显减少；四是干流西流水电站建成蓄水，加重了调水压力。中下游地区普遍遭遇严重干旱，调水和灌溉的矛盾骤然上升。

面对困难和压力，黑河流域管理局按照"两个确保"的调水目标，即：确保正义峡下泄指标，确保调水进入东居延海。实施中，大胆创新，采取灌溉期按计划配水和限制引水，利用大墩门引水枢纽蓄水，适时集中下泄，利用已建上游电站适时进行补水等调水措施，沿途水量损失减少，输水效率提高，取得了良好效果。这年，干涸的东居延海再次迎来生命的绿色。居延海入湖水量达到统一调度以来最大水量5220万立方米，形成35.7平方公里浩渺水面。

2005年7月，黑河水量调度再创历史新高。黑河水进入东居延海与上年调入水量握手对接，首次实现了东居延海全年不干涸。

2006年，为连续不断地向黑河下游脆弱的生态系统输送生命之水，避免东居延海再度干涸，黑河水量调度模式从"全年分水，半年调度"转变为"全年分水、全年调度"。

在黑河水量调度模式重大转折的关键时刻，2006年4月7～9日，黄河水利委员会在西安召开黑河干流2005～2006年度水量调度工作会议。黄河水利委员会副主任苏茂林主持会议，就组织春季水量统一调度、有效控制中游耗水，首次实行正义峡断面下泄指标和中游地区耗水指标双控制的调度措施，进一步细化全年调度方案等，作了全面部署。

根据黄河水利委员会的部署，黑河流域管理局与甘肃省水利厅、张掖市政府商定，在春灌期尽可能多地增加泄水量，减轻关键调度期的压力。通过

黑河2005～2006年度水量调度工作会议现场

组织实施春季"全线闭口、集中下泄"措施，实现统一调度以来东居延海首次春季进水。

进入 5～6 月，黑河上游来水持续偏枯，中游地区旱情严重，加之中游地区秋禾作物扩大面积约 30 万亩，调水形势一度十分严峻。

正在这时，来水情况出现了转机。7 月 8 日，莺落峡断面出现大于 150 立方米每秒洪水，黑河流域管理局、甘肃省水利厅、张掖市政府抓住有利时机，及时实施洪水调度，适时采取"全线闭口、集中下泄"措施，7 月 21 日水头再抵东居延海。14 天闭口期，共向下游输水 1.75 亿立方米。至 8 月 20 日，东居延海蓄水量 3170 万立方米，水面面积 33.9 平方公里。

9 月 6 日 8 时，根据黑河流域管理局部署，黑河水量调度实施本年度关键调度期第三次"全线闭口、集中下泄"。调水期间，黑河流域管理局水量调度远程监控水情系统开始投入运用，为集中调水期间合理分配来水，提高水资源利用率提供了科学依据。从 9 月 7 日 4 时 30 分黑河水头抵达哨马营水文站，至 10 月 30 日 18 时，54 天内正义峡累计下泄水量 3.04 亿立方米，黑河水两次注入东居延海，实现连续 3 年调入东居延海水量的汇合衔接，进一步巩固了东居延海生态改善的成果。

2006 年度关键调度期调水共灌溉绿洲 71.9 万亩。东居延海水域面积达 38.6 平方公里，蓄水量 4720 万立方米，创下有水文资料以来的历史最高。

黑河水量统一调度，使黑河下游生命活力不断得到恢复，生态系统体征明显改善。

2006 年测量统计数据显示，实施黑河水量统一调度后比调水前的 20 世纪 90 年代，下游水量年均增加 1.41 亿立方米，进入额济纳绿洲的水量年均增加 1.11 亿立方米。沿河两岸和东居延海湖滨地区地下水位升幅明显。下游绿洲植被退化趋势得到遏制，戈壁和沙地面积比调水前减少约 36.4 平方公里，草地和灌木林面积增加 40 多平方公里。胡杨林得到抢救性保护，面积增加 33.4 平方公里，生长显著加快。东居延海生态环境明显改善，野生动

黑河流域管理局督查组在中游开展现场督查

物种类增多，生物多样性开始呈现，濒临绝迹的大头鱼再次畅游湖区，罕见的白天鹅、野鸭子等动物也频繁现身东居延海。

当一个碧波荡漾、生灵欢聚的东居延海重新呈现在世人面前时，人们开始对几年来水量调度的实践进行认真总结和思考，认识上有了新的升华。原来的调度模式仅考虑实现"两个确保"的总体目标，没有考虑水量分配过程与下游生态需水过程的吻合，也未从数据指标上论证维持居延海生态系统应保持的适宜水量。因此，如何使进入下游的水资源实现生态效益最大化，这是急需进一步研究探索的重要课题。

水文职工在正义峡断面观测水位

这种思考很快反映到了黄河水利委员会决策层。2008年，黄河水利委员会在全河工作会议上明确指出："黑河调水的最终目的并非单纯追求尾闾湖泊的水面面积。今后一个时期，黑河水资源管理与调度的方向和目标，应通过多种措施，维持和改善下游及尾闾生态系统。要从研究胡杨林生态演变规律着手，根据其生长发育的规律提出不同时间进入黑河下游河道的径流量及其过程要求，黑河水量调度应据此要求开展工作。"

按照黄河水利委员会的部署要求，黑河流域管理局立即投入生态水量调度工作的新探索。

按照调度时间划分，黑河的水量调度年为当年11月11日至次年11月10日。其中，根据莺落峡断面径流的年内分配特点和黑河中游的灌溉引水过程，以及可能采取的用水管理措施，调度时段又划分为：一般调度期 11 月 11 日至次年 6 月 30 日；关键调度期 7 月 1 日至 11 月 10 日。

实施生态水量调度，首先要对多年实地调查统计和观测资料进行分析，摸清黑河下游生态环境状况、不同时期的绿洲规模及其变化、入境水量和东居延海水量变化，探讨黑河下游天然植被生长与地下水位埋深的关系，论证黑河下游生态需水的关键期。以遥感分类和生态恢复的方法，计算黑河下游目标年、分水前和现状年的生态需水量。通过对中游农作物用水规律、下游植被生态需水规律、维持东居延海适宜水量等大量研究分析，提出维持黑河下游生态的最低生态需水量、保证需水关键期的最小输水量、配水区域选择等关键要素。在此基础上，研究构建下游生态水量调度的指标体系，包括狼心山断面径流过程及断面水量配置指标、地下水位指标、东居延海水量指标等，提出了春季集中调度、适时洪水调度、秋季 3 个月连调的生态水量调度模式。

当时，黑河上游黄藏寺水利枢纽正在开展前期工作，在生态调度模式研究中，黑河流域管理局还超前考虑了黄藏寺水库建成投入运用后的生态水量调度方式。即通过 4 月、7 月和 9 月调水，在基本满足黑河中游干流灌区用水的情况下，可以保量、适时、高效地输水到下游正义峡，正义峡以下采用渠道加河道的输水方式，保证鼎新灌区和东风场区用水要求，通过高效率输水，可确保进入额济纳绿洲的生态水量，并能基本满足原河道生态用水的要求。

按照生态效益最大化原则，在建立生态调度指标体系、研究生态需水、来水过程等工作基础上，2008 年，黑河流域管理局研究编制了当年《黑河生态水量调度方案》，提出了黑河下游生态用水控制指标及生态水量实时调度计划。

2008 年黑河生态水量调度的总体目标是：在实现"两个确保"的同时，进一步优化水资源配置，保证进入额济纳绿洲水量全部用于生态建设，实现生态效益最大化，维持和改善下游及尾闾生态系统。在调度时机选择上，加大春季调水工作力度，挖掘调度潜力，提高春季水量配置比例，为下游植被生长提供关键水源。在调度空间选择上，加强向生态脆弱区补水，向绿洲边缘区配水，分区轮灌。

6 月，黄河水利委员会批复了该方案，要求据此抓紧开展工作，确保生态水量调度目标的实现。

根据黄河水利委员会批复的调度方案，黑河流域管理局及时向流域三省（区）及有关单位印发了《关于加强非关键调度期水量调度工作的通知》，要求流域有关各方树立生态理念,对春季水量调度工作进行全面安排和部署,合理安排下游地区生态用水,加大春灌用水管理和春季调水协调力度。努力把春季生态调度计划落到实处。

与此同时,及时组织开展中下游用水调研,积极协调甘肃省水利厅,督促中游地区落实春季"全线闭口、集中下泄"和"限制引水、均衡下泄"措施。要求利用去冬今春雨雪较多的有利条件,尽可能压缩春灌用水量,加大春季正义峡下泄水量,扩大下游东、西河地区林草地灌溉面积。

对于下游额济纳绿洲生态用水管理,向内蒙古自治区水利厅发出《关于进一步加强额济纳绿洲水资源配置工作的通知》,要求按照生态水量调度要求和生态效益最大化的原则,结合狼心山断面来水情况,统筹规划,合理安排,提前制定额济纳绿洲生态用水配置计划,尽可能扩大东居沿海周边及黑河沿岸的林草地灌溉面积。同时着手制定生态恢复的整体规划,明确近期计划和远期目标,加快额济纳绿洲生态恢复和保护工作步伐。

4月份,中游地区组织实施20天"全线闭口、集中下泄"措施,是水量统一调度实施以来,春季闭口时间最长的一次。通过闭口措施,莺落峡断面累计来水量0.61亿立方米,正义峡断面累计下泄水量0.60亿立方米,狼心山断面累计下泄水量0.21亿立方米。

5月份,根据上游来水情况,及时组织实施10天"限制引水、均衡下泄"措施,有效增加了正义峡断面下泄水量。莺落峡断面来水约0.46亿立方米,正义峡断面下泄水量约0.32亿立方米,哨马营断面过水量约0.12亿立方米,狼心山断面过水量约0.09亿立方米。

生态调水组织实施中,黑河流域管理局坚持全程现场巡回督查,严格用水管理。及时上网发布有关水情信息,加强水量调度实时动态通报,为各级领导部署工作提供信息支撑。

两个月内集中向下游输水,最大限度增加了正义峡断面下泄水量。当年实现春季输水首次进入西居延海,西河水量配置比例得到提高,西河绿洲得到灌溉,有效补充了沿岸地下水,灌溉了绿洲植被,对下游天然植被萌蘖繁殖、更新复壮发挥了重要作用。同时,通过探索实践,在闭口时机选择、洪水调度、限制引水措施等方面也总结出了一套行之有效的实施办法。

事业前进的动力,在于不断创新,自我加压。黑河水量调度的实践发展,再次证明了这一点。

在工作实践中,黑河流域管理局调度人员发现,春季的水资源对于下游绿洲植被的生长至关重要,而且3月份下游的开河水量占整个春季(3～5月)

水量近 6 成。黑河水资源统一调度后至 2015 年 3 月，狼心山断面过水年均值达到 0.7 亿立方米，最大年过水量 1.14 亿立方米，这比 4 月、5 月两个月合计进入额济纳绿洲的水量还要多。

调度人员通过调研分析，冬季下游河段槽蓄水量比较大，可以更好地配置这部分水量。2016 年 2 月，鼎新黑河大桥—狼心山段河道的冰厚、冰量均明显好于往年，根据预判，3 月份开河水量将超过多年均值。

对于水资源极度紧缺的黑河流域来说，每个时段、每一立方米水，都是十分宝贵的。在总水量不增加的情况下，如何更好地"配"水，使有限水资源发挥最大生态效益，是近年来黑河水量调度的工作目标和重点。

2016 年，黑河流域管理局首次实施春季融冰期水量调度，利用开河期流量大、损失小、输水效率高的特点，为下游绿洲核心区、尾闾地区和多年未灌区域的植被生长关键期用水助力，成效显著。春季融冰期水量调度的实施，标志着黑河水量调度在时空上进一步向全年拓展。

在此基础上，2017 年黑河流域管理局主动作为，再次实施融冰期水量调度。春季融冰期水量调度的关键在于准确预判全面开河时间，抢抓有利时机。为此，黑河流域管理局密切关注下游河道冰情水情和气温变化，根据水文气象部门的滚动分析，及时作出了融冰期水量调度部署。

2 月下旬，黑河下游河道陆续开河，水量逐渐增大，哨马营、狼心山断面平均流量分别达 59.0 立方米每秒和 51.4 立方米每秒。2 月 28 日 16 时，狼心山断面流量增大到 71.0 立方米每秒，这表明，黑河春季融冰期水量调度已到了关键时期。黑河流域管理局当机立断，确定自 3 月 1 日起开始实施春季融冰期水量调度，利用全面开河时形成的大流量水头，向下游绿洲核心区和边缘区补水。

与此同时，按照黑河流域管理局通知要求，内蒙古自治区水利厅、阿拉善盟水利局及额济纳旗水务局以"尽可能增加林草地灌溉面积、扩大河道浸润范围、有效补充沿河地下水，优先向绿洲脆弱区和边缘区配水，充分发挥宝贵水资源的生态效益"为目标，抓紧开展了优化水资源配置工作。

经过精心组织实施，黑河 2017 年春季融冰期水量调度成就斐然。据统计，本年度前期哨马营断面过水量 3.70 亿立方米，比统一调度以来同期均值多 49%；狼心山断面进入额济纳绿洲水量 3.23 亿立方米，比统一调度以来同期均值多 61%，创下统一调度以来同期下泄水量"两个之最"。额济纳绿洲林草地灌溉面积 51.3 万亩，较上年同期增加 12.1 万亩。

春季融冰期水量调度的成功实施，为黑河下游绿洲植被生长提供了宝贵的水源。下游绿洲灌溉面积进一步扩大，东河、西河实现了全线过流，延长了河道浸润范围，有效补充了地下水位，保障了植被生长关键期的所需水量。

尤为重要的是，每年三四月份，是黑河下游沙尘暴的高发期。春季融冰期水量调度的实施，下游河道过水时间提前、过水长度增加，绿洲灌溉面积增大，特别是多年未灌溉区、生态脆弱区和尾闾地区得到了有效补水，使这道绿色屏障变得逐渐坚固起来，从而有效地阻止了沙尘暴的继续蔓延。

探索仍在继续，实践永无止期。

经过多年节水改造措施及种植结构调整，中游地区春季灌溉期内，用水量减少。同时，春季集中向下游调水，可有效补充沿岸地下水，灌溉绿洲植被，对下游天然植被萌蘖繁殖、更新复壮发挥了积极作用，体现了根据植被生长规律选择调度时机的生态水量调度理念。

2017年，黑河流域管理局第一次召开一般调度期水量调度工作会议并首次编制了一般调度期水量调度方案，进一步与地方各级水务部门沟通协商。

这一年，进入下游的水量创历史新高，正义峡断面下泄水量15.92亿立方米、哨马营断面过水量12.02亿立方米、狼心山断面过水量10.71亿立方米，均为统一调度以来最多的一年。其中，狼心山断面过水量是有水文资料记载以来最多的一年，过水时间达353天，是统一调度以来过水天数最多的一年。

黄河水利委员会主持召开黑河水量调度工作会议

2018 年，接续努力。从 4 月 1 日 9 时起，中游地区组织实施了本年度第一次"全线闭口、集中下泄"措施，计划调度时间 45 天，至 5 月 16 日结束。黑河流域管理局通过不断的探索和实践，在闭口时机的选择、洪水调度、限制引水措施的运用等方面总结出了一套行之有效的工作办法，最大限度增加了正义峡断面下泄水量。

这一年，黑河共实施"全线闭口、集中下泄"措施 4 次 109 天，洪水调度措施 2 次 12 天，并通过加强中游地区灌溉期用水管理，尽可能增加正义峡断面下泄水量。全年莺落峡水文断面来水量 20.59 亿立方米，正义峡水文断面下泄水量 14.00 亿立方米，狼心山断面过水量 9.79 亿立方米，各断面下泄效果是调度以来最好的一年。额济纳绿洲林草地灌溉面积 109 万亩次，东、西河实现 5 次全线过流。

常规调度期调度，春季融冰期水量调度，一般调度期调度……黑河干流水量调度模式的不断创新，为有限的黑河水资源综合效益最大化提供了有力支撑。在探索实践中，黑河水量调度逐步形成了中国西北内陆河的"黑河样本"。

二、科技进步提供强劲支撑

20 年来，黑河流域管理局坚持科技治水管水，扎实开展基础研究、立项前期和项目储备，以着力服务水量精细化调度为目标，扎实开展科技工作，致力推进成果转化运用，为黑河水资源管理与水量调度等工作，提供了有力的科技支撑。

《黑河流域近期治理规划》实施期间，通过水利部、黄河水利委员会共批复 8500 万元，开展黑河流域治理与管理的基础研究、前期工作及生态监测系统建设。

2001 ~ 2006 年，黑河基础研究及前期项目工作投资计划 4 批 4162 万元，其中规划类 1 个，投资 80 万元：项目建议书类 2 个，投资 1370 万元；可行性研究类 6 个分 7 个项目，投资 1208 万元：专题研究类 5 个分 12 个项目，投资 1504 万元。期间，黑河流域管理局与相关部门联合完成了《黑河流域东风场区近期治理规划》《黑河黄藏寺水利枢纽项目建议书编制》《正义峡水利枢纽项目建议书（重编）》《黑河干流中下游河段河道治理工程及引水口门合并改造可行性研究》《黑河水量调度管理系统建设可行性性研究》《黑河干流水量调度方案（含黑河中下游灌区节水管理信息系统可行性研究）》《黑河下游昂茨河分水闸至东居延海入湖通道建设可行性研究》《应用同位

黑河流域管理局组织编制的规划和科研成果

素水文技术进行黑河流域地下水资源评价》《黑河干流河道地形图测绘》《黑河调水及近期治理后评估》等，为黑河流域近期治理提供了有效的科技支撑。

在实施过程中，黑河流域管理局与有关科研机构、勘测设计单位合作，不断提升成果质量。《黑河流域东风场区近期治理规划》由水利部批复；黑河干流水量调度系统可行性研究经过黄河水利委员会批复，建成应用；应用同位素水文技术在黑河流域进行地下水资源评价通过水利部鉴定；黑河调水及近期治理后评估通过水利部鉴定，获得大禹水利科学技术奖二等奖。

为深入开展科技工作，2010 年 12 月，经黄河水利委员会批准，黑河流域管理局设立专门科研单位——黑河水资源与生态保护研究中心，紧紧围绕黑河治理开发与管理需求，开展了一系列基础性和生产应用性科研项目。该中心的主要工作内容包括：黑河流域水资源管理与生态保护科学技术研究、流域规划及重要水工程建设前期研究、流域水资源开发利用保护及配置研究、水文预测预报及分析计算、水文水资源技术咨询及评价、黑河流域信息化规划建设及运行管理，涉及水利工程、水文、生态、GIS 应用、计算机应用等专业。

黑河水资源与生态保护研究中心成立以来，积极开展黑河流域基础研究及社会服务项目，立足项目申报立项、技术攻关、成果转化三大任务，通过水利部公益性行业专项、中央分成水资源费项目及国家自然科学基金等项目，努力破解制约"精细化调度"的技术短板，完成了一批基础性和生产应用性科研项目，取得一系列高质量成果，为黑河水资源配置与调度、生态保护等工作，提供了技术支撑和决策支持。目前，研究中心已具有水文、水资源调查评价乙级和建设项目水资源论证乙级两项资质，是注册的国家自然科学基金依托单位。近年来多项成果获黄河水利委员会科技进步奖和创新成果奖。

2013 年，黑河流域管理局联合中国科学院寒区旱区环境与工程研究所开展《面向生态的黑河下游水资源配置方案研究》项目，以研究黑河流域下游入境水量和流量规律，摸清黑河下游绿洲分布及规模，研究天然植被生态过程与对地下水位的响应过程关系。该项目一是分析了黑河下游东居延海水域面积—库容—水位关系和水域变化历程，提出了维持东居延海周边生态恢复所需要的适宜水域面积及相应的最小生态补水量。二是结合绿洲生态和水资源的空间特征，对黑河下游绿洲进行了生态分区；根据不同植物群落的生态需水规律，提出了不同绿洲规模下各生态子区的需水过程和需水量。三是以生态需水满足程度为控制指标，建立了面向生态的水资源多目标优化配置模型，优选并推荐了在现状工程条件及不同来水条件下的黑河下游水资源配置方案。

这一项目利用创新型的研究方式，提出了"下游生态需水量及不同保证率来水条件下用水控制指标"，为流域管理机构更好地履行单位职责提供了有力的科学依据和技术支撑，有利于黑河下游的水资源合理配置和水资源统一管理、调度，同时也对流域提高水资源利用效率、下游地区生态环境改善起到良好指导作用。

2016 年，黑河流域管理局对调度模式进行开拓式研究，开展《黑河干流河道春季融冰水配置方案编制》项目。项目在系统梳理黑河中下游地区经济社会、水利工程、水文过程及用水和需水情况等已有研究的基础上，分析了黑河干流莺落峡、正义峡、哨马营、狼心山四个水文断面的来水过程及径流变化，研究了额济纳旗春季用水和需水情况；确定了正义峡以下河道春季融冰调度时间段，解析了正义峡、哨马营、狼心山三个水文断面"冬四月"及春季融冰调度期来水情况，揭示了正义峡、哨马营、狼心山三个水文断面春季融冰调度期内的来水特征和径流变化规律；结合额济纳旗地区用水情况，合理有效配置了春季融冰调度期内黑河干流正义峡以下河段来水量。

哨马营水文断面

　　该项目成果填补了春季融冰期水量调度空白，细化了黑河水量调度工作，提高了流域水资源利用效率，为流域管理机构及地方水行政主管部门科学配置春季来水量提供了技术支撑。2016年，依据该项成果，黑河流域管理局创新干流水量调度模式，首次实施春季融冰水调度，使下游绿洲多年未灌溉区、生态脆弱区和尾闾地区得到了有效补水。相继开展了《黑河源区产汇流机理及径流变化趋势研究》等项目。分析了降水—径流关系，构建了产汇流模型，可以通过设置不同的情景对黑河上游径流进行模拟，为水资源调度管理提供了技术支撑。

　　开展的《黑河中游水资源开发利用效率评估》项目，通过耕地分布、种植结构等情况，对灌溉用水总量中地表水、地下水占比、中游地区农业用水效率进行了估算和评估，深化了对中游农业用水规律的分析研究；开展的《黑河中下游生态环境动态变化调查分析》项目，基于遥感解译获取各生态环境类型的时空分布变化情况，全面了解和掌握了调度以来中下游地区耕地面积和绿洲变化情况，为水量调度及水资源配置提供了科学依据；《黑河干流不同调度模式实践及评价》项目，针对黑河流域水资源特征，基于中下游地区用水结构及用水需求变化，分析评价不同保证率来水情况下，掌握不同调度模式的调水效果及对黑河中下游地区社会经济用水产生的影响，总结调水模式的经验及问题，提出完善调度模式的对策措施；开展的《黑河干流正义峡—狼心山河段蒸发渗漏损失量调查分析》，通过建立正义峡—狼心山河段水量平衡模型，研究分析了河段蒸发渗漏对调度的影响，模拟不同来水情境下水流演进过程，为合理确定调度目标提供技术支撑；承担的《黑河水资源调控对地表、地下水变化及下游绿洲生态系统研究》项目，为研究水库建成运行后对河流水文情势及下游生态系统产生的影响，优化黄藏寺水利枢纽运用方式，提供了科研先行的支撑作用。

　　近年来，黑河流域调度管理还充分利用自身科技优势，走出黑河流域，积极开展社会化技术服务，先后承担了《张掖市黑河城区段治理工程（一期）水资源论证》《重庆市合川区河道信息调查》等项目，业务服务范围拓展到了黑河流域外的新疆、重庆、湖北、河南等地区。

　　2018年，受额济纳旗政府委托，黑河流域管理局开展的《额济纳三角洲地表水与地下水资源变化调查与评估》，通过联合中科院地理所专家深入额济纳三角洲开展监测及试验研究，集中研讨技术问题，开展阶段性总结分析，初步揭示了额济纳三角洲地表水与地下水资源变化规律，通过了黄河水利委员会组织的专家审查，被认为是一项具有创新性的重要成果。

三、以信息化带动流域管理现代化

黑河流域管理局成立初期，由于资料缺乏、水情信息传输及管理技术手段落后，给实现近期治理规划目标、落实水量统一调度任务带来了一系列制约和困难。

2005 年，根据《黑河流域近期治理规划》安排，黑河流域管理局实施的黑河水量调度管理系统建设，在黑河流域管理信息化道路上迈出了重要一步。

黑河水量调度系统旨在以"先进、实用、可靠、高效"为建设目标，实现对各种信息的快捷采集、传输与处理，为编制水量调度方案、实时调度和监督方案实施等工作提供决策与支持。

该系统主要建设内容，包括信息采集与传输系统、决策支持系统、计算机网络系统和总调中心等四大部分。

信息采集与传输系统是黑河水量调度管理系统建设的重要基础，该系统可实现黑河流域上、中、下游地区水文、引水、水质以及视频图像等信息的自动采集、传输、接收与处理。黑河水量调度管理获得的所需信息，包括水文（水、雨情）、水质、引水、地下水、墒情、生态和图像等，是水量调度和管理的基础和主要依据。借助信息采集传输系统，祁连、札马什克、莺落峡、正义峡、哨马营、狼心山、东居延海、草滩庄引水枢纽、鼎新干渠等"全线闭口、集中下泄"过程中关键节点的水位、流量、引水信息等，都被实时传输到水文监测部门，水文监测部门对信息进行校核、分析、加工、处理、存储后，把实时数据传输到兰州水调中心。快速、精确的水情信息，实现运筹帷幄、决胜于千里之外的功效。

决策支持系统，包括建立数据库、黑河三维水流演进模型、上游梯级电站联合调度模型、水量调度信息服务系统、水量调度业务处理系统、水量调度方案辅助编制系统和黑河中下游生态监测系统，其主要功能是为各种水量调度业务处理、水量调度方案编制、水量调度实施以及流域生态环境保护与恢复提供科学的决策支持。

计算机网络系统是一个地理跨度大、涉及单位（部门）多的业务专用网。建立了兰州总调中心计算机局域网、张掖分中心计算机局域网，构建了与黄河水利委员会联通的电子政务系统、视频会议系统。

总调中心环境分为黑河水调中心、张掖分中心。黑河水调中心是整个黑河水量调度的总控中心，张掖水调分中心是黑河水量调度指挥现场的延伸。

黑河水量调度实时监控系统页面

2004年12月，黑河流域管理局编制完成《黑河水量调度管理系统建设初步设计》，2005年1月通过黄河水利委员会组织的专家审查，并予批复。3月，黑河水量调度管理系统建设项目进行招标投标，开始施工建设前期准备工作，同年5月进入全面建设阶段。

2005年7月29日，随着下游东居延海的实时图像通过卫星，传至千里之外的黑河流域管理局驻地兰州市，黑河水量总调度中心正式建成启用。

2008年12月黑河水量调度系统的建成，初步实现了黑河水量调度管理信息化、规范化的步伐。利用这一系统，可以实现远程实时监控、水情信息自动采集传输、水量调度数学模型等多种功能。实时采集水量调度信息，及时处理各种水量调度业务，以功能强大的系统软件和调度模型对不同来水情况下的水量调度方案进行虚拟仿真。在可视化环境下，为黑河水量实时调度、会商等工作提供可靠的决策支持。为实现黑河水资源优化配置，加强干流水量统一调度，使有限的黑河水资源发挥更大的综合效益，提供了有力的科技支撑。

2011年，黑河流域管理局开发建设了黑河网，完善了政务网站功能，实现了面向社会公众的信息发布、政务公开、信息互动等功能。

2013年，黑河流域管理局采用JAVA平台开发新的电子政务系统，实现了电子公文运转、信息发布、文件管理等功能，实现了政务办公网络化。

2014年，开发了基于三维地理信息的黑河水量调度综合信息查询系统和黑河水情短信息转发平台。前者基于Skyline三维地理信息平台建设，为流域

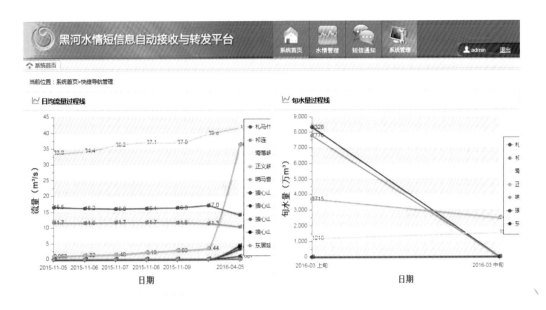

黑河水情短信息自动接收与转发平台页面

水行政管理部门提供水量调度的信息查询服务，并显示水资源管理信息的三维可视化展示；后者实现了自动接收与转发水情信息，实时查询水情信息，统计分析水情数据，为黑河水量调度工作及时提供水情信息自动报送服务。

2015 年，开发移动督查信息服务系统，以流域电子地图为基础，将黑河流域重要水利要素（河道、重要水利工程、重要水文断面、重要引退水口、平原水库、灌区）及涵闸监视、文字图片等信息展现在二维电子地图上，并实现重要信息的查询和地图导航功能，为水量调度督查提供了综合信息服务。

2015 年，水利部启动国家水资源监控能力建设项目二期前期工作。黑河流域管理局及时抓住这一机遇，积极争取黑河水资源监控系统建设项目。通过扎实的立项前期等基础工作，2016 年建设项目获得批复。

黑河水资源监控系统主要针对水资源管理滞后、部分耕地盐碱化、地下水位下降、天然林面积减少、草地退化等"生态短板"，充分利用黑河流域现有的水利信息化基础设施，以资源整合和信息共享为主要手段，以重要控制断面、主要取用水口、重要水电站、水功能区、流域生态等信息采集为基础，建成黑河流域水资源监控管理和决策支持平台，形成与实行最严格水资源管理制度相适应的水资源监控体系，在水资源"三条红线"约束下协调流域上中下游生活、生产和生态用水。进一步完善流域水资源监控能力，实时监控地下水取水信息，实现流域水资源的全面监控和统一调配，为实行最严格水资源管理制度提供技术支撑。

该项目的主要建设内容包括基础设施、应用支撑平台等方面：

一是基础设施建设。包括重要断面（站点）在线监测体系和生态监测体系建设，接入重要取用水监测信息。主要建设内容包括：建设祁连、札马什克、莺落峡（含2处）、高崖（含2处）、正义峡、哨马营、狼心山（含3处）等11处流域重要断面水位在线监测站；建设东居延海水位自动监测站1处，并根据水位—库容曲线提供蓄水量实时数据；建设正义峡和大墩门等5处远程视频监视点10个，接入龙首一级等3处黑河干流水电站在线监测信息；建设狼心山断面等3处水利卫星地球站，在额济纳旗境内建设20眼地下水位自动监测井。

二是应用支撑平台。主要包括支撑系统的网络计算机安全硬件设备和应用支撑平台软件系统。硬件设备有核心路由器、核心交换机、接入交换机等网络设备，数据库、数据交换、门户网站服务器等计算机设备，防火墙、漏洞扫描、CA认证系统等网络安全设备购置。软件主要包括数据库管理系统、JavaEE、GIS、ETL、消息中间件、企业服务总线OSB软件等商用软件购置，应用支撑平台和数据交换平台系统软件定制开发。

三是业务应用系统。通过构建水资源信息管理三维地理信息基础平台，定制开发由监测信息服务、综合信息服务、信息发布服务模块组成的水资源信息服务系统；由取用水总量控制管理模块、用水效率控制管理模块、水功能区限制纳污管理模块、水资源监督考核管理模块、支撑保障管理模块等五个模块组成的水资源业务管理系统；开发由信息服务、信息管理、预案管理、应急调度和应急会商模块组成的水资源应急管理系统；根据黑河水量调度及水资源管理实际需求，重点定制开发由水资源调配模型库、水资源调度系统软件组成的水资源调配决策支持系统。通过开发部署水资源信息服务门户网站和水资源业务应用门户网站，为流域水资源管理业务人员提供水资源信息展示和水资源调配决策支持；通过开发移动信息服务平台，为流域各级水资源管理业务人员提供全时空的水资源信息服务。

2017年，在黑河水量调度管理系统建设的基础上，升级了高清视频会议终端设备，实现与黄河水利委员会高清视频会议系统的对接。

2018年12月黑河流域水资源监控系统基本建成，2019年4月进入整体试运行阶段。

黑河流域信息化建设的不断进步升级，为黑河流域生态治理、水资源优化配置、水量调度、水环境保护等提供了先进的决策服务，有力提升了黑河流域现代化管理水平。

第六章　携手共进

　　黑河从祁连山发源，冲出高山峡谷，穿越河西走廊，流经戈壁沙漠。中华人民共和国成立以来，根据各河段水量需求的不同特点，先后兴建了草滩庄水利枢纽等水利工程。实施黑河近期治理规划以来，加快了黄藏寺水利枢纽工程建设，对于流域原有工程进行了除险加固，为黑河水资源开发利用和生态保护进一步提供了工程保障。

　　经过 20 年的实践，探索出了黑河流域统一管理与行政区域管理相结合，断面总量控制与用配水管理相衔接，统一调度与协商协调相促进，联合督查与分级负责相配套的工作机制。黄河水利委员会及黑河流域管理局、青海省、甘肃省、内蒙古自治区和酒泉卫星发射中心、95861 部队贯彻落实水量调度责任制，精心组织、携手奋进，保证了黑河调水工作的顺利实施，为遏制下游生态环境恶化趋势提供了体制机制保障，共同创建了新时代中国特色黑河和谐流域。

第一节　黑河上的璀璨明珠

一、祁连高原"蓝宝石"

　　中华人民共和国成立以来，根据各河段水量需求的不同特点，黑河干流兴建了草滩庄水利枢纽、大墩门引水枢纽、东风水库、狼心山水利枢纽、昂茨河分水枢纽等水利工程。黑河近期治理规划实施以来，加快了黄藏寺水利枢纽建设步伐，对流域内原有工程进行了除险加固。坐落在各个河段的水利工程，像一颗颗镶嵌在黑河干流上的璀璨明珠，为黑河流域水资源开发利用和生态建设，提供了工程保障。

阳春三月，巍峨的祁连山深处，依然是冰雪交映、寒风刺骨。2016年3月29日，这里呈现的却是一派热烈高涨的欢腾气氛。这一天，黄藏寺水利枢纽工程开工动员大会召开了！

黑河上游的支流八宝河，在绕过祁连县城向西约10公里处与黑河干流汇合，黄藏寺村就位于两条河汇合处。千百年来，这个"藏在深山人未识"的小村庄，当它的名字与一项重大水利工程联系在一起时，立刻闻名遐迩，蜚声中外。

黄藏寺水利枢纽工程开工动员大会现场

关于兴建黑河干流水利枢纽的选择，曾经历了反复论证的过程。在开发次序中，曾一度提出首先建设中游正义峡水库。进入21世纪，经过黑河水资源统一调度的多年实践，进一步认识到，正义峡水库蒸发损失量大，而且对解决黑河水资源时空分布不均的作用有限。由此，决定首先建设黄藏寺水利枢纽。关于坝址位置选择，从建坝地质条件、枢纽总体布置、施工条件、工程投资等方面综合比较，黄藏寺坝址具有明显优势。

根据国务院批复的《黑河流域近期治理规划》安排，从2005年开始，黄河水利委员会即组织开展了黄藏寺项目建议书阶段的勘测设计工作。2013年10月，国家发展和改革委员会批复该工程项目建议书。2014年5月国务院常务会议确定 2014 ~ 2015 年和"十三五"期间建设 172 项重大水利工程，黄藏寺水利枢纽位列其中。于是，综合比选的排他性，历史最终选择了黄藏寺。

　　面对大好机遇，黄河水利委员会及黑河流域管理局及时跟进，加快推进了工程建设前期工作。2014 年 8 月，黄河水利委员会决定成立黄藏寺水利枢纽工程建设领导小组，由黄河水利委员会副主任赵勇任组长，流域三省（区）相关部门负责人、黑河流域管理局局长任副组长，负责协调解决工程前期工作的重大问题。同时，成立了黄藏寺工程建设管理局筹备组。在此期间，时任黄河水利委员会主任陈小江专程赴黑河考察调研，与流域各省（区）政府领导同志通报情况，统一认识，推进工程建设前期工作。黑河流域管理局把黄藏寺水利枢纽工程建设前期工作作为全局工作的重中之重，局长王道席亲自挂帅，组织修改完善可行性研究报告、编制工程初步设计、征地移民安置规划专项报告，开展施工区布置、淹没区移民核查、移民安置方案、文物调查等相关工作。

　　2015 年 10 月，国家发展和改革委员会批复黑河黄藏寺水利枢纽工程可行性研究报告。2016 年 2 月，《黑河黄藏寺水利枢纽工程初步设计》通过国家发改委核定概算。同年 4 月，水利部批复《黑河黄藏寺水利枢纽工程初步设计》并下达 2016 年度中央预算内投资。

2014年10月时任黄河水利委员会主任陈小江（左三）考察黄藏寺水利枢纽工程坝址

　　黄藏寺水利枢纽工程对于推进新时代黑河治理保护与管理事业、奋力打造西北内陆河流域管理标杆有着重要而深远的意义，其建成将为黑河流域经济社会建设发展和生态环境改善提供坚强的支撑，使黑河水资源进一步得到合理配置、高效利用。

　　黄藏寺水利枢纽左岸为甘肃省肃南县，右岸为青海省祁连县，控制黑河干流莺落峡以上近80%的来水量。工程开发任务为合理调配中下游生态和经济社会用水，提高黑河水资源综合管理能力，兼顾发电等综合利用。工程建成后能控制莺落峡以上近八成来水，改善正义峡断面来水过程和下游生态供水过程，缩短中游闭口下泄时间，缓解中游灌溉用水和下游生态用水之间的矛盾。可以保障实现国务院批复的水量分配方案和4～6月下游生态关键期需水要求。同时配合中游引水口门改造，可将黑河中游灌区供水保证率提高到51%，替代中游灌区部分平原水库的灌溉功能，年均提高水资源利用量1937万立方米；还可在紧急情况下利用水库死水位和极限死水位之间存蓄的3700万立方米水量，缓解特枯水年生态用水需求。黄藏寺水利枢纽是一座具备承上启下、跨时空调节水资源功能的黑河干流龙头工程。

　　黄藏寺水利枢纽为大（2）型水利工程，主要由混凝土重力坝、引水发电系统、电站厂房等建筑物组成。拦河坝坝型为碾压混凝土重力坝，最大坝高123米，坝顶长度210米，大坝自左至右依次为左岸挡水坝段、溢流坝段、泄流底孔和小机组发电引水坝段、大机组发电引水坝段及右岸挡水坝段。电站厂房布置在重力坝发电引水坝段下游，泄流底孔坝段右侧，电站为坝后式地面厂房，采用"一机一管"布置。水库正常蓄水位2628.00米，正常运用死水位为2580.00米，极限死水位2560.00米，设计洪水位为2628.00米，校核洪水位为2628.70米；水库总库容为4.03亿立方米，正常运用死库容为0.61亿立方米，淤积前调节库容为3.34亿立方米，淤积50年后调节库容为2.95亿立方米。水库控制灌溉面积183万亩，电站装机容量49兆瓦，多年平均发电量为2.03亿千瓦时。

　　经国家批准，黄藏寺水利枢

黄藏寺水利枢纽导流洞贯通

纽工程由黄河水利委员会组织建设施工。这是国家实行工程建设三项制度改革以来，黄河水利委员会独立承担建设的第一座大型水利枢纽工程。黄藏寺水利枢纽工程位于高海拔地区、民族地区、自然保护区，自然社会条件复杂，准备期、筹建期、施工期三期同步推进，开工前的各种申报审批程序及相关工作，环环相扣，任务十分艰巨而紧迫。

黄藏寺水利枢纽还是黄河水利委员会首个EPC总承包项目。作为工程建设管理的"练兵场"和处理大型工程外部环境的"试验场"，黄藏寺水利枢纽承担着黄河水利委员会为下一步同类项目积累建设管理和运营经验、培养人才的重要使命。

2016年是黄藏寺工程建设向前推进的起步之年，也是工程建设面临严峻挑战的关键一年。2016年4月26日，随着首台大型机械设备进场施工，9个标段、千余名工程建设者开赴施工现场，人们满怀"奋战在高原，奉献在高原，立功在高原"的豪情壮志，在祁连山深处摆开了建设战场。

同时，黄藏寺工程坝址位于青海、甘肃两省交界处，林业、草地、耕地权属复杂，少数民族人口多，行政区划、移民政策、民族传统各有差异，征地移民补偿主体多样，协调推进难度很大。对此，黄藏寺工程建设管理局以"尊重少数民族、兼顾地方实际"为原则，按照"政府领导、分级负责、县为基础、项目法人参与"的征地补偿工作机制，主动作为，加强协调，深入了解民意，耐心宣传国家征地移民政策，通过大量细致的工作，有效地解决了工程建设与征地之间的矛盾，逐步与当地政府和群众建立了良好的互信互动关系。

面对复杂的工程建设内外部环境和繁重的工程建设任务，黄藏寺工程建设管理局坚持全面落实黄河水利委员会及黑河流域管理局的决策部署，发扬"廉洁、务实、高效、顽强、敢当"的工作作风，主动适应工程建设管理的新形势，紧紧围绕黄藏寺工程建设这一核心要务，克服了地质条件复杂、施工难度大、有效施工季节短和高海拔气候条件复杂等不利因素，加快工程建设推进、行政许可审批、征地移民安置、全面规范化管理等工作，解决了工程建设中遇到的诸多难题，确保工程建设取得了阶段性成绩。

自2016年12月，原国家林业局批准同意在祁连山国家级自然保护区实验区建设许可以来，黄藏寺工程建设管理局与各参建单位全力推动导流洞工程开工建设，先后克服工程地质条件复杂、相互交叉作业和高原恶劣气候等困难，及时破除堆积体滑坡对河道防洪的障碍，抵御了黑河干流9次洪峰威胁，及时调整机械和人力资源配置，狠抓工序衔接，严控施工工艺，强化工程质量和安全管控。

如果说 2016 年是工程的起步之年，那么 2017 年和 2018 年则是工程克难攻坚之年，导流洞工程作为黄藏寺水利枢纽建设的重中之重，位于黑河峡谷坝址区的左岸，承担着工程大坝建设期的过流和度汛泄洪任务，是工程主体按期施工的重要节点性工程，事关枢纽工程的建设大局。

这是一场非同寻常的攻坚战。

导流洞建设从 2017 年 4 月 5 日第一炮起爆开始，就面临着重重困难。工程开工前期，出于对祁连山生态保护，受制于严酷自然条件，导流洞工程无法取得实质性进展，建设一度严重滞后，给整个工程总工期造成了巨大压力。

黄河水利委员会及黑河流域管理局高度重视导流洞工程建设，要求加强组织，科学施工，克服一切困难加快导流洞工程建设进度，并将导流洞贯通和投入使用列入工程建设年度重点工作。

据导流洞工程施工方甘肃省水利水电工程局黄藏寺水利枢纽项目经理胡广元回忆，2017 年 11 月，工程建设得以恢复，他们立即取消冬休，克服寒冷及高原反应等困难，进驻工地，找营地、看现场，开始工作。

很快，黑河畔轰鸣的机器声响起，寂静的山谷隆隆的炮声回荡。黑河建设者在高峡溪谷间披荆斩棘、开山凿洞，开启了建设征程。

冬日的黑河水虽然流量不大，但是因为坝址两侧山高坡陡，河谷狭窄，路窄弯多，给导流洞工程前期开挖带来重重阻碍。

等待就要延误工期，必须立即寻找新的办法。

胡广元告诉记者："既然签了合同，无论施工环境和条件怎样，再难也要干，实现合同履约是第一位的，我们只有履行承诺的职责。"

在确保工程质量和安全的前提下，为抢回失去的工期，胡广元带领工程技术人员，察看现场，观察地形，集思广益，经过反复论证，最终确定在坝区左岸开辟一条新的施工便道，进入导流洞作业面。总承包方黄河勘测规划设计公司充分发挥 EPC 在设计施工深度融合方面的优势，通过

黄河水利委员会主任岳中明检查指导黄藏寺水利枢纽建设工作

优选导流洞出口位置缩短洞线长度，优化出口进洞方案，降低出口边坡的开挖支护难度和工程量，以及优化洞身固结灌浆参数等措施，有效地加快了导流洞施工进度。

方案既定，需要的就是快马加鞭。但是在高寒缺氧地区的陡峭崖壁上，开辟施工道路，谈何容易。

挖掘机一斗一斗地挖，便道一米一米地进。经过重点攻坚，胡广元他们硬是在陡峭的崖壁上开辟出了一条施工临时便道。除此之外的难点就是开洞脸，由于现场地形地质条件差，开洞脸上部就是一个滑坡体。

"岸坡陡峭，挖掘机作业面小，砸坏挖掘机窗玻璃十几次了，换了9名驾驶员，我们在现场安置的安全员时刻紧盯现场，确保安全施工。"胡广元激动地说。

压力就是动力，目标就是号角。

在2018年3月召开的年度工作会议上，黄藏寺建管中心提出了"规范管理、勇破瓶颈，众志成城保截流"的工作思路，明确了力争年底实现"时间过半、任务过半、投资过半"的目标，为导流洞施工指明了方向，为年度工作提出了要求。

工程各参建单位多次召开专题会议，认真研判当前工程建设形势，根据河势水情，科学地对导流洞施工提出设计进一步优化。随后，根据场地布置，大胆地调整了施工组织。在经过科学论证后，工程总承包方提出了坝址区"两岸出渣、两端掘进"的施工组织方案，在工程施工过程中，优化施工组织，签订安全施工互保协议，解决了立体交叉施工干扰。与此同时，黄藏寺工程还建立了安全生产管控体系，对重大危险源动态识别，列单监控，对事故隐患仔细排查，发现问题立即整改，科学及时地处理堆积体不断滑动的影响，大大地推动了施工进度。

同时，质量、环保、安全是工程建设中不可逾越的底线，项目法人和总承包方牢固树立底线意识，用底线思维谋主动，狠抓质量、环保、安全管理。

这是黄藏寺工程开工以来的施工关键节点：

2016年8月1日，主体工程右坝肩开挖，比原计划提前三个月完成节点目标；

11月10日，对外道路卡脖子路段的黄藏寺村段正式打通；

12月5日，对外道路隧道施工突破千米大关；

12月15日，导流洞工程开工建设；

2017年7月22日，导流洞全线贯通。

截至 2018 年 10 月底，共评定单元工程 2266 个，合格率 100%，优良率 85.7%；共验收分部工程 67 个，合格率 100%，优良率 92.3%；完成 3 个子单位工程验收。

黄藏寺水利枢纽工程开工以来，受祁连山国家级自然保护区环保整改影响，建设用地报批困难重重。2018 年 11 月，距年末只剩下短短 40 天，手续办理复杂冗长，需要协调的对口部门繁多，规划调整依然是个大难题。这项工作的进展，直接关乎黄藏寺水利枢纽工程移民复建项目的开工时间，直接关乎年度预算资金支付能否圆满收官，直接关乎整个工程"时间过半、任务过半、资金过半"目标能否实现。

面对严峻现实，黑河流域管理局多次召开专题会议，反复研究攻克难关对策，倒计时列出工作任务表。局长刘钢亲自带队前往甘肃省政府、甘肃农垦集团等有关方面座谈沟通，争取理解支持。副局长、黄藏寺工程建设管理局局长杨希刚坐镇一线，全力跟进现场移民征地前置工作。副局长汪强多次率队赴财政部驻甘肃省专员办协调支付工作。

在此期间，协调甘肃省水电工程移民局组织专家组现场查勘宝瓶河牧场，协助召开黄藏寺水利枢纽工程技施设计阶段移民安置规划调整报告初审会，连夜组织修改完善移民安置规划调整报告，与当地政府领导及水务局负责同志反复征求意见……经过大量艰苦细致的协调沟通和前置工作，有关各方终于初步达成了一致意见。

2018 年 11 月 28 日，宝瓶河牧场移民搬迁安置协议正式签订、资金卡兑付启动。12 月 13 日至 14 日，张掖市人民政府、肃南县人民政府出具关于黄藏寺工程甘肃省建设征地移民安置实施规划调整报告意见。12 月 18 日，甘肃省水利厅出具《关于黑河黄藏寺水利枢纽工程技施设计阶段移民安置规划调整报告的审核意见》。12 月 19 日，历经波折的黑河黄藏寺水利枢纽工程移民专业复建项目（宝瓶河牧场）第二批建设征地移民安置资金，通过财政部驻甘肃省财政监察专员办事处审查。翌日，相关资料经黄河水利委员会审核，迅即报送水利部，黄藏寺水利枢纽工程 2018 年度工程预算执行实现重要突破。至此，困扰工程进展一年之久的移民安置规划实施难题终于得解。

开工建设以来，黄藏寺工程建设管理局克服工程地质条件差、施工难度高、有效施工期短和高寒缺氧等不利因素，全面推动工程规范化管理，强化质量安全监督管理，树立环保水保"红线意识"和"底线思维"，加强进度目标节点控制。黄河设计公司、各参建单位与祁连县地方政府，同心协力，克难攻坚，各项工作有力有序推进，按期完成工程截流任务，基本实现了"时间过半，任务过半，投资过半"的既定目标。

根据工期安排，黄藏寺水利枢纽工程将于 2022 年建成。届时，祁连山深处，一座 123 米高的拦河大坝矗立在人们面前，高峡出平湖。黄藏寺水利枢纽工程将为黑河水资源优化配置，流域生态建设建功立业，发挥显著的综合效益。黑河建设者们也必将在祁连这片热土上用智慧和汗水铸就出壮美的"黑河丰碑"。

二、金张掖的"聚宝盆"

黑河冲出祁连山间峡谷，蜿蜒奔流，至莺落峡进入中游，黑河干流引水灌溉的优越条件，造就了一片宝贵的绿洲，这就是被称为"塞上江南"的金张掖。

河西走廊引水灌溉，具有悠久的历史。最早见《史记·河渠书》的记载："朔方、西河、河西、酒泉皆引河及川谷以溉田"。《汉书·地理志》称：张掖郡觻得县"千金渠，西至乐涫入泽中"，千金渠又名觻得渠。

唐代兴修盈科、大满、小满、大官、加官渠，元代兴修大小古浪、巴吉渠，明代兴修及疏浚大满新、小满新、马子渠、沙河渠、上下沤波渠。清代修建平顺渠，另有齐家、永利、城北、新丰、溢元、永济、明麦、葫芦湾、巴沙渠及东海、通济、旱兀喇渠等。《甘镇志》《甘州府志》中，"二十六渠""引黑河水灌溉甘州五十二渠""蜿蜒三四百里，支分七十余渠"等，对此都多有记述。

但由于历史条件和技术水平的局限，长期以来，这些从黑河引水修建的渠首口门，两岸上下，各自为是，排列无序，且多以木石为坝，数百年来反复冲毁封堵，由此引发的水患和分水纠纷不断。

中华人民共和国成立后，在旧有水规制度的基础上，建立了民主管水法规，发动群众合渠并坝，缩短渠线，开挖新渠。将黑河两岸原有的 15 处引水口逐步合并为东干渠、西干渠、巴沙渠 3 处。在引水口先后兴建了固定引水渠首，完善了简易防洪设施，引水状况有了一定改善。但因没有干流枢纽工程，仍未改变无坝引水的状况，给农业生产造成诸多不利。特别是黑河干流在莺落峡出山后进入走廊平原区，河床地势平坦，河水洪枯比大，主流游荡，引水口无防沙设施，大量泥沙进入渠道田地，每年要花费大量的人力物力修建临时引水口，而且引水灌溉还不能得到有效保证。因此，黑河中游人民迫切盼望在黑河干流上修建一座控制性引水枢纽。

黑河中游草滩庄水利枢纽　董保华摄影

草滩庄枢纽就是这样一座应运而生的重要惠民工程。

从 20 世纪 50 年代开始，甘肃省水利厅、西北水电设计院等单位就黑河流域水利水电资源开发利用进行勘测研究，提出过不同阶段的查勘、规划、设计报告。1974 年，甘肃省水利局曾立项兴建黑河草滩庄引水枢纽，因张掖地区革命委员会坚持先建大孤山水库，草滩庄计划被搁置。1975 年，甘肃省水电局编制的《黑河中游开发治理初步意见报告》中，提出了《莺落峡—梨园堡联合水利工程建设方案》，上报水电部。

1980 年 4 月水利部部长钱正英到张掖考察工作，经与甘肃省、张掖地区领导和有关专家实地察看，要求成立专门工作组，尽快组织对该规划审查。同年 6 月 23 日至 7 月 2 日，水利部与甘肃省政府共同组织审查通过了《黑河中游开发治理规划》与《莺落峡—梨园堡联合水利工程初步设计》，审查意见特别指出，要抓紧完成黑河草滩庄引水枢纽工程的设计。

1982 年，甘肃省水电设计院完成草滩庄引水枢纽工程初步设计。经水电部批准立项，1984 年被国务院列入"三西"农业基本建设项目，列专项资金 1308 万元。

该枢纽工程位于黑河莺落峡下游 10 公里的黑河总口草滩庄，距张掖城西南 22 公里，属国家二等二级大（2）型工程。主体工程由泄洪闸、东西进水闸、东西土坝、跨河渡槽、公路桥组成。泄洪闸 14 孔，每孔净宽 10 米，总宽 158.6 米，按百年一遇洪水 2880 立方米每秒设计，千年一遇洪水 4890 立方米每秒校核，校核单宽流量 34.9 立方米每秒。采用升卧式平面闸门和 14 台卷扬机式启闭机控制。东干进水闸最大引水流量 45 立方米每秒，西干进水闸 48 立方米每秒。土坝为壤土心墙砂壳坝，最大坝高 11.08 米，最大坝宽 45.5 米，大坝全长 597.7 米，分为东、西两段。坝顶为 6 米宽的砂石公路路面，与公路桥连通。渡槽工程位于泄洪闸下游闸墩和右岸坝后，全长 278.2 米，进出口各设 15 米及 10 米长的渐变段与进水闸和西总干渠相接，最大过水 48 立方米每秒。

黑河草滩庄枢纽工程于 1984 年 4 月正式动工兴建。工程建设中，甘肃省及张掖地区各级政府和水利部门高度重视，全力组织，施工单位职工和受益区群众克服施工条件差等种种困难，以饱满的建设热情、忘我的劳动精神，保证了质量进度。1987 年 6 月主体工程基本完成，投入试运行，1989 年 6 月全部竣工，共完成工程量 56.365 万立方米，劳动工日 83.74 万个。

该枢纽是黑河干流上第一座大型工程，是黑河整体开发规划的重要组成部分。它的建成和投入运行，控制灌溉面积 85.25 万亩，从根本上改变了过去无坝引水灌溉的被动局面，在控制调蓄、抗旱防汛等方面发挥重要作用，为地方经济社会发展创造了重要条件。

草滩庄枢纽建成投入运行以来，由于运行频繁、老化失修，20 世纪 90 年代末出现上游库区泥沙淤积严重、引水裹锥严重倾斜、泄洪闸后基础淘空、闸门锈蚀、启闭机老化等问题。为此，2000 年 3 月，经甘肃省水利厅专家组鉴定必须对其除险加固。甘肃省水利勘察设计研究院编制上报了《黑河草滩庄水闸枢纽除险加固工程初步设计方案》，经黄河水利委员会组织审查、水利部安全复核，2011 年甘肃省水利厅批复了初步设计，审定下达工程总投资 4776 万元，其中中央预算内投资 3824 万元，自筹资金 952 万元。

草滩庄枢纽除险加固工程于 2012 年 4 月 1 日开工，2013 年

黑河中游万顷良田

4月主体工程完工，2018年10月完成配套设施及信息化控制系统，历时6年。上游新建左右导墙及丁坝6处，新建3#~10#泄冲闸消能段防冲沉井，泄冲闸后两侧下游翼墙防冲钢筋笼块石抛填，闸室维修改造及新建调度室房屋，东西干渠进水闸及泄洪冲砂闸维修改造，机电设备及监控系统改造等，完成工程投资4291.64万元。

草滩庄枢纽除险加固工程完成后，修复了损毁工程部位，解除了上游淤积、下游冲刷等痼疾，解决了影响工程安全运行的问题，使工程运行达到原设计指标，增加了闸门系统监控和信息化通信设施、位移观测设施，可实现对工程各部位位移的系统观测，对工程的运行实现微机控制和管理，极大地提高了自动化管理水平，蓄水条件和控制运行管理条件得到明显改善，可保证116万亩农田的灌溉用水，有效地改善灌区农业生产条件，加快了灌区传统农业向节水农业、设施农业、生态农业发展的速度，促进了灌区农、林、牧、副业的全面发展，为灌区实现节水增效、农民增收的经济发展创造了坚实的基础。

三、戈壁滩上的"夜光杯"

中华人民共和国成立伊始，面对复杂多变的国际形势，中国共产党的第一代领导人深刻认识到，要维护世界和平、维护新生的人民共和国政权的安全，必须加强尖端国防技术的研究。

1955年1月，中共中央书记处扩大会议研究决定要发展我国的原子弹事业。1958年5月17日党的八大二次会议上，毛泽东主席发出"我们也要搞人造卫星"的伟大号召。

根据中央决定，由总参谋部、总后勤部、各兵种领导及苏联专家组成的勘察队，分别在我国东北、华北和西北的广大地区进行勘察选址。经过慎重地分析比较，最终把综合试验靶场场址确定在金塔与额济纳旗之间的一片戈壁荒原。

这里，北临辽阔的额济纳平原，东接浩瀚的巴丹吉林大沙漠，西枕连绵的马鬃山脉，南靠富庶的金塔绿洲，滚滚而来的黑河从中穿过。黑河两岸地势平坦，地质坚硬，远离居民，人烟稀少。于是，这片荒凉之地，成为声震四海的"东风航天城"。

1958年，我国第一个陆上综合试验靶场在这里开工建设。刚刚回国的中国人民志愿军20兵团，奉命进入大漠腹地，与来自全国各地的铁道兵、工程兵、通信兵、汽车运输部队、地方科研院校和建筑单位，共 10 万大军汇集此处，肩负保卫国家安全的神圣使命，开始大规模的基地工程建设。由此，中国航天事业开始了崛起太空的征程。

当时，平沙万里、荒芜人烟的茫茫戈壁滩上，基地建设者们连睡觉、吃饭的地方都没有。大家就在这里打铁桩、支帐篷，建起了戈壁滩上的第一批"住宅"。冬季夜晚，沙漠上蛮悍的狂风经常会把帐篷掀翻，人们只好裹沙而眠。在异常艰难的环境条件下，建设大军艰苦奋斗，自力更生，团结一心，以豪迈的英勇气概，凭借着革命加拼命的精神，住帐篷、睡地窝、饮苦水、吃干菜、顶风冒沙，与恶劣的大自然进行着艰苦抗争。用最原始的工具，完成了最尖端的科研试验设施建设，用自己的青春与年华、生命和热血，筑起了中国航天事业的根基。

两年后，中国第一个陆上综合导弹试验靶场在黑河岸边诞生了。

1960 年，正值我国的严重自然灾害年代。远离内地，地处偏僻，社会供给的严重不足，成为横亘在国防科技人员面前的重大难题。

为了解决基地场区科研试验与军民生活用水需求，发射中心党委决定在戈壁滩上修建一座大型水库。由于当时靶场与中央军委总参谋部的军用长途通话中，使用"东风"作为通信代号。于是，拟建的这座水库便随之命名为"东风水库"。

1960 年 4 月，东风水库建设大决战在戈壁滩上轰然打响。一线的科研试验人员、头发花白的年迈将军，在科研试验任务之余，都加入了这场建设戈

东风水库建设初期施工现场

壁明珠的大军之中。他们扛起铁锹铁镐，浩浩荡荡分赴劳动疆场。所有的艰难困苦，都阻挡不住大家建设戈壁家园的壮志豪情。没有挖掘机，就一锹一锹挖，一镐一镐刨；没有运输车，用戈壁滩上的芦苇草编制成萝筐，一筐一筐抬。岩石坚硬，用钢钎一锤一锤凿，用土炸药爆破。为了解决库区沙滩渗漏问题，基地的将士们从几十公里外的地方运来黄黏土，与水泥掺合在一起填补库底。为了防止波浪冲刷岸堤，把一块块几十斤重的大石头扛上岸堤，整齐垒起岸坡，修筑成了长达 1970 米的大堤。

历经两年多的艰苦奋战，他们硬是在千里戈壁滩上，靠自己的双手和铁肩，建成了一座面积 10 平方公里、库容 1628 万立方米的大型水库。1962 年国庆前夕，东风水库及引水渠工程胜利告竣。这座水库落成，可灌溉 8 千多亩耕地，每年产鱼约三万公斤，为基地副食品供应、场区绿化提供了宝贵的物质条件。

时光荏苒，几十年过去了。经过长期运行，东风水库大坝已存在严重安全隐患。2012 年，黄河水利委员会及黑河流域管理局对东风水库组织进行了安全鉴定、技术评审及现场核查，经国家水库大坝注册管理中心现场审核，最终核定东风水库属"三类坝"，已不能按设计正常运行。为此，黄河勘测规划设计有限公司编制完成了《东风水库除险加固及库容恢复工程初步设计报告》。同年 10 月，经水利部、国家发展和改革委员会、财政部研究，同意将东风水库除险加固纳入国家 2013 年水利工程建设投资计划，《东风水库除险加固及库容恢复工程初步设计报告》得以批复。

东风水库除险加固及库容恢复工程的实施，使这座沙海平湖重获青春。大坝加固加高后，东风水库库容增至 2300 万立方米，为场区绿化、人工湖注水、生态养殖提供了充足的水源。新建的输水渠工程，保证了东风场区有效利用地表水。增设的溢洪道，使东风水库初步具备了排洪能力，改变了东风水库没有泄洪设施的历史。一筐筐新鲜蔬菜，一群群鸡鸭牛羊，一批批鱼虾河鲜，保证了场区军民饮食供应。

迁徙的雁来了，荒凉的戈壁滩绿了，东风水库，这颗镶嵌在戈壁滩上的璀璨明珠，伴随着我国国防和航天事业的发展，放射出更加灿烂的光辉。

东风场区的另一座水库——军民水库，位于航天镇。该水库始建于 1965 年，是一座以灌溉为主的小型水库，总库容 84 万立方米，控制灌溉面积 0.31 万亩，是航天镇东岔村农业生产的唯一灌溉水源，并担负向 14 号营区输水的任务。

多年来，中国人民解放军 95861 部队 14 号营区一直无地表水源，靠地下水进行生态灌溉。随着部队的发展，周围防风林带规模越来越大，生态灌溉

需求得不到满足，带来很大的生态问题。为有效利用黑河来水，提高 14 号营区生态灌溉效率，20 世纪 60 年代，部队与地方水利部门携手建设了这座军民共用水库，命名为"军民水库"。

军民水库位于 14 号营区西南 7 公里的军事管理区内，距鼎新灌区大坝干渠约 4 公里。因当初水库堤坝修建时，没有采取防渗防冲刷措施，经过多年运行，风浪冲刷，土坝破损严重。

2004 年 8 月，水利部批复了《黑河流域东风场区近期治理规划》，其中安排东风场区军民水库补强加固工程总投资 478.63 万元。主要是对该水库进行补强加固，增加有效库容，为实现 14 号营区年引用地表水 500 万立方米提供必要条件。总库容由 84 万立方米增加到 100 万立方米，正常蓄水位为 1160 米；围坝加高加固长度 4.08 公里，临水面护坡长度 3 公里，对现有放水闸进行除险加固。

军民水库补强加固工程于 2008 年 6 月 15 日开工，当年 10 月完成施工任务。这项工程的实施，增加了军民水库的有效库容，提高了 14 号营区地表供水的保证率。同时，减少了因坝体渗漏造成的水量损失，增加了生态环境用水量，场区地下水位逐步抬升，对改善和修复生态环境起到了积极作用。为国防科研试验任务顺利进行提供了基础保障，进一步密切了军民的鱼水关系。

四、下游引水"路由器"

黑河下游两岸引水灌区，主要分布在甘肃省金塔县，内蒙古自治区阿拉善盟境内的额济纳东、西河下游生态绿洲引水和天然林草地。中华人民共和国成立以来，特别是改革开放以来，大墩门引水枢纽工程、狼心山（巴彦宝格德）水利枢纽、昂茨河分水枢纽等工程的兴建，如同黑河下游引水分水的

"路由器"，为改善当地的引水灌溉状况和生态建设发挥了重要作用。

金塔县黑河灌区四个乡镇、2.3万人，耕地面积8万多亩，灌区分布在黑河两岸。长期以来，利用9条临时无坝引水口引水灌溉，由于无固定渠首，引水保证性差，且年年需耗费大量的柴草、劳力、资金，仍然不能保证灌区用水，严重影响当地农业和农村经济发展。

尤其是在每年五六月份，常因黑河中游灌溉用水而下游断流，加上灌区11座小水库渗漏严重，蒸发量大，经常不能满足灌区农业的适时灌溉。由于引水条件差，灌区农作物经常因无法适时灌溉而减产或绝收。特别是每年秋末初春两次下冰河堵坝引水，需要耗费60多万公斤柴草、25000根木桩，5万多劳动工日，灌区不少老百姓为了冬春堵水甚至冻坏身体，落下终身残疾。

为了解决这一问题，西北勘测设计研究院在黑河流域规划中提出修建大墩门引水枢纽工程。1986年9月，该工程列入甘肃省"两西"重点工程建设项目，甘肃省水利厅批复开工报告，1987年4月1日正式破土动工。该工程由水电部兰州水电勘测设计院设计、甘肃省农业建设指挥部投资，金塔县人民政府组织受益区芨芨、鼎新、双城、天仓四个乡镇提供劳动力参加建设。经过两年多施工，1990年10月竣工投入运用。

该引水枢纽工程位于黑河正义峡以下19公里处的大墩门峡谷，距金塔县

鼎新灌区大墩门水库　董保华摄影

172

城 125 公里，属于黑河干流规划中的配套工程。引水枢纽由进水闸、泄洪冲沙闸，溢流坝和左右岸挡水土坝组成，等级为Ⅲ等，属大型水闸。主要担负着黑河的泄洪调水和金塔县黑河灌区的引水灌溉任务，是黑河流域近期治理节水改造实施合渠并口后当地唯一的引水口门，年引水量 9000 万立方米，设计控制灌溉面积 14 万亩。工程总投资 970.8 万元，灌区群众投入劳动 45.05 万工日。

黑河大墩门段河道一般来水时间为：上年 12 月上旬来水，次年 5 月下旬断流，7 月上旬黑河流域开始调水，7 ~ 10 月实行集中调水，一般到 10 月下旬断流，至 12 月上旬来水。据此，该工程的具体控制运行时段为：

3 月中旬至 4 月下旬，总干渠引水蓄库、春灌。5 月下旬调水结束后关闭进水闸、泄洪冲沙闸利用引水枢纽蓄水约 300 万立方米。6 月中旬河道断流期间，开启进水闸引水灌溉，6 月下旬将全部蓄水放完，打开泄洪冲沙闸和溢流坝闸门，准备泄洪和向下游调水。7 月上旬河道来洪水和向下游调水时，开启泄洪冲沙闸向下游泄洪和调水，同时，按调水指令开启进水闸引取部分水量进行灌溉，到 9 月上旬灌溉结束后，关闭进水闸停止灌溉，开启泄洪冲沙闸向下游调水。10 月中下旬在河道断流前关闭泄洪冲沙闸调蓄冬灌用水。11 月上旬开启进水闸向灌区供水冬灌，一般于 11 月中旬将所蓄水量全部放完，打开泄洪冲沙闸向下游泄水。

大墩门引水枢纽工程的建成，结束了鼎新灌区人民世世代代下冰河滚坝引水蓄水灌溉的历史，节省了大量的劳力和物资，保障了灌区人民健康，提高了水资源利用率和引灌保证率。

但是经过 20 多年的运行，工程病险问题也日渐严重。1996 年开始导流墙后段出现倾斜。2000 年黑河干流调水以来，由于长时间、大流量泄水，险情进一步加重。

2008 年 11 月，按照国家关于病险工程加固的政策，金塔县委托甘肃省水利水电勘测设计研究院对水闸工程进行了稳定复核和安全评价，甘肃省水利厅组织专家对该水闸进行了安全鉴定，安全类别为三类闸。存在的主要问题为：枢纽下游护坦底部淘空，导流墙断裂倾斜，闸门锈蚀、启闭困难、引水口前淤积严重，严重影响主体工程的安全。

为了消除枢纽工程的安全隐患，2009 ~ 2010 年，甘肃省水利水电勘测设计研究院先后编制了《金塔县大墩门水闸枢纽除险加固工程可行性研究报告》与除险加固工程初步设计。经黄河水利委员会组织专家复核审查，2011 年 3 月甘肃省水利厅批复了初步设计报告。确定大墩门水闸枢纽除险加固工

金塔县农田新貌　丁永福摄影

程建设内容为：重建冲沙闸消力池侧墙和底板，增设下游水平护坦、海漫；延长两岸防护堤；增设挡水坝、进水闸顶防浪墙；冲沙闸室增设检修闸室；改换门槽埋件，置换闸门、启闭机，改造启闭机室；增设永久供电线路及系统；改造永久通信线路；新建永久管理房。工程总投资2580万元。其中，中央预算内投资2064万元，市县自筹资金516万元。

2012年4月20日，该水闸枢纽除险加固工程正式开工，10月下旬施工完成。枢纽工程加固改建后，极大地提高了枢纽的安全泄洪能力，有力配合了流域水量调度任务的实施，保证了灌区灌溉引水和下游的生态用水，对灌区社会经济发展和流域生态建设发挥了重要作用。

黑河进入额济纳旗流程约313公里。在狼心山（巴彦宝格德）分为东、西两条河，东河称巴彦博古都河，全长199.4公里，西河称穆林河，全长184.7公里。两河下游又发19条分支，分别注入尾闾的东居延海（苏古淖尔）、西居延海（嘎顺淖尔）和天鹅湖（京斯图淖尔或古居延泽）等。

狼心山（巴彦宝格德）水利枢纽的西河红旗进水闸建于1966年，东河节制闸和小西河进水闸于1979年建成，形成以拦河节制闸和进水闸为主要建筑物的水利枢纽工程。枢纽工程设计年调度水量5.34亿立方米，灌溉绿洲面积143万亩。东干渠从狼心山（巴彦宝格德）水利枢纽向下沿纳林河东岸布置，渠道全长110公里。为保护狼心山（巴彦宝格德）水利枢纽至纳林河口中段现有沿河绿洲生存，在东干渠上中段左岸布置支渠，并配套斗渠及灌区配套工程，进行沿河绿洲人工灌溉，东河原河道布达格斯以上河段沿河绿洲供水由狼心山分水闸在洪水期或冬季适当时间供水。

该工程的建成，承担着调配东河西河灌区水量、分配东河西河洪水以及向居延海调水的任务，是额济纳旗境内最大的水利枢纽设施。

经过20多年的运行，该枢纽存在着严重病险情，洪水标准低，西河进水

额济纳旗昂茨河分水枢纽　张成栋摄影

闸损坏严重，东河节制闸、小西河进水闸混凝土冻融破坏严重、铺盖及消力池冲刷损坏严重，闸门及启闭设备年久失修等问题。

2001年8月，国务院批准的《黑河流域近期治理规划》和水利部审查通过的《黑河工程与非工程措施三年实施方案》，安排启动实施黑河下游额济纳绿洲抢救与生态保护工程。其中一项主要建设内容，就是对狼心山（巴彦宝格德）水利枢纽进行改（扩）建。2005年6月30日，工程竣工，工程改（扩）建后，为合理配置上游来水，高效利用水资源，保证及时向下游输水，维持和发展绿洲面积，遏止生态环境退化，发挥了显著作用。

黑河下游昂茨河分水枢纽，位于额济纳旗达来库布镇东南8公里处，是一座以灌溉、防洪为主的分水建筑物，工程主要由班布尔进水闸、昂茨河节制闸、昂四干渠进水闸、东河进水闸、铁库里进水闸组成，设计洪水标准20年一遇，相应设计流量171立方米每秒。校核洪水标准100年一遇，相应设计流量250立方米每秒。该分水枢纽为东西两岸分水形式，主要控制枢纽下游生态绿洲灌溉区的引水灌溉任务，设计灌溉103万亩生态绿洲和饲草料基地，现状实际控制灌溉面积62.5万亩。

昂茨河分水枢纽建设前，这里的水利工程建设条件十分简陋，仅有的昂茨河分水闸为临时性柴草土结构拦水分水工程。分水质量得不到保证，下游灌溉渠系及配套水利工程无法发挥较好的效益。同时，无法承受较大洪水冲刷，使昂茨河下游灌区农牧民生产、生活深受洪水灾害影响。

为了彻底解决昂茨河下游生态绿洲引水和天然林草地的灌溉困难，1975年9月至1976年初，完成了昂茨河分水枢纽的初步设计。由额济纳旗水利局组织建设施工，1977年7月动工，1978年10月竣工投入运行。

昂茨河分水枢纽建成，对改善下游生态环境，提高水闸防洪能力，保证下游农牧民正常的生产生活秩序发挥了重要的作用。

一是有效提高分水枢纽下游地下水位，遏制地下水位持续下降、生态环境恶化的趋势。解决了昂茨河分水枢纽下游62.5万亩生态绿洲和饲草料基地引水灌溉问题，使下游生态绿洲区内大片的胡杨林、怪柳林等绿洲植被得到有效灌溉。

二是绿洲局部地区生态环境得到进一步改善，林草覆盖度提高。胡杨林得到复壮更新，植物种类和生物多样性逐渐增加。

三是水资源调控、灌溉能力、下游输水效率明显提高，有限的水资源得到合理高效利用。进一步提高分水枢纽的防洪、泄洪能力，减少洪水灾害损失。对顺利输水进入东居延海，保证东居延海周边生态环境得以恢复起到关键作用。

四是使下游绿洲局部地区生态环境逐步好转，有效地促进了农牧区经济、社会的可持续发展，农牧民生产、生活和居住环境得到明显改善。

第二节　创建黑河和谐流域

一、天境祁连，托起西北生态高地

历史上，河西走廊是连接中国腹地与欧洲诸地商业贸易的"陆上丝绸之路"，是中西文化交流史上的一条黄金通道。当代在黑河流域生态环境治理旗帜引领下，黑河流域管理局与流域三省（区）、两部队，团结治水，通力协作，认真贯彻落实国家分水方案和黑河近期治理规划，为黑河流域生态治理与水量调度顺利实施，提供了体制机制保障，创建了新时代中国特色的黑河和谐流域。

千百年来，由于特殊的地形和气候，加之冰雪融水形成河流，这里"草木生而畅茂，牛羊牧而滋蕃"。形成一个冰川、雪山、森林、草甸、湿地等自然景观所组成的生态系统。翠绿的山腰间有晴岚缭绕，深邃如谜，草原辽阔的山脚下牛羊成群，仿若仙境。

青海祁连县境内的黑河上游河道 董保华摄影

受高原寒冷气候的影响，祁连山海拔4200米以上的高山地带，终年积雪，形成的冰川达3306条，面积2062平方公里，储水量达1320亿立方米，是黑河、疏勒河和石羊河三大水系56条内陆河流的主要水源涵养地和集水区，年径流量72.6亿立方米。正是来自祁连雪山的晶莹之水，共同造就了河西走廊绿洲，养育了良田万顷，滋养着河西走廊沿线的城市乡镇，一路敲响了穿越千年的丝路驼铃，成为丝绸之路上永不褪色的曙光。

祁连山区域广阔、地貌多样，自然生态系统多样，野生生物资源丰富，是西北地区重要的生物种质资源库和野生动物迁徙廊道。北边是北山戈壁和巴丹吉林沙漠，南边有柴达木干旱盆地，西边是库姆塔格沙漠，东边是黄土高原，祁连山像是一座伸进西部干旱区的湿岛。狭长的河西绿洲与绵延的祁连山脉携手并肩，共同构成了阻隔巴丹吉林、腾格里两大沙漠南侵的防线，撑起了一道护卫青藏高原乃至"中华水塔"三江源生态安全的屏障。

对于祁连山的重要生态意义，中国国家地理学界有着如此的描述：没有祁连山，内蒙古的沙漠就会和柴达木盆地的荒漠连成一片，沙漠将向兰州方向推进。正是有了祁连山，有了它发育的众多河流水系，才养育了河西走廊，才有了丝绸之路。

黑河出山口莺落峡以上为上游，河道两岸山高谷深，河床陡峻，植被较好，是黑河流域的产流区，而黑河水量产流区主要分布于祁连县境内。

　　祁连县在汉代以前为羌人牧地。自汉之后，历经地方割据政权，吐蕃、西夏和中原王朝交替统治。清代，祁连东部地区属大通县。1929年青海建省，祁连属门源县管辖。中华人民共和国成立后，设立祁连区人民行政委员会，由青海省直辖。1953年成立祁连县人民政府，隶属海北藏族自治州至今。

　　受气候和人类活动的影响，黑河上游的祁连地区也面临着生态恶化的问题。近200年来，由于战乱频繁，乱砍滥伐，祁连县森林资源遭到严重破坏，森林覆盖率下降，森林的水土保持、水源涵养等防护功能显著降低。主要表现为森林带下限退缩和天然林草退化，生物多样性减少等。20世纪50～80年代，祁连县野牛沟乡沙龙滩地区因过度放牧导致草场退化，许多草场变成了寸草不生的黑土滩。自此再也难觅野生动物的踪影，牧民们也逐渐废弃了这块原本水草丰美的草场。

　　黑河流域的祁连山地森林区，20世纪90年代初森林保存面积仅约100余万亩，与中华人民共和国成立初期相比，森林面积减少约16.5%，森林带下限高程由1900米退缩至2300米。在甘肃的山丹境内，森林带下限平均后移约2.9公里。

　　祁连山的生态安全问题得到了中央的高度重视。2001年8月国务院批复的《黑河流域近期治理规划》中，对黑河上游生态保护提出明确要求，"上游加强天然保护和天然草场建设为主，强化预防监督，禁止开荒、毁林毁草和超载放牧，加强森林植被保护。"

　　根据《黑河流域近期治理规划》要求，十几年来祁连县从解决生态理念、生态规划、生态保护、生态管理、生态修复、生态补偿、生态利用等关键问题入手，全面落实国家退耕还林补助政策，创新草原保护与草业发展模式，提高草地休养生息程度，全面推进黑河水生态环境综合治理。依托国家建设项目，筑牢"红线"，精准对接切入点，通过"管、护、封、育、禁、养"六大措施的实施，退化草原得到休养生息，植被覆盖大幅度提升，祁连山水源涵养功能得到提高。当地采取人工草地方式治理的黑河源，草地植被盖度从治理前的10%左右提高到80%以上；采取补播牧草方式治理的黑土滩，草地植被盖度从治理前的30%左右提高到60%以上，鲜草产量也得到了大幅提升。种养殖产业结构调整、农牧民增收、森林水源涵养与调节气候功能的增强、生态系统功能改善、县域经济社会发展等方面发挥了多重效益。

　　从20世纪90年代，青海省委、省政府派出科研团队开展治理黑土滩科技攻关，在十多年的时间里，专家学者摸清了黑土滩的形成原因，培育出了适合在高海拔地区生长的优良牧草。近期治理全部完成后，这里的草场依托"企业+合作社"综合生产方式,把黑土滩打造成集产草基地、养畜基地、制种基地、产学研基地、牧游基地为一体的草畜联动产业园。

黑河近期治理的开展,得到了广大农牧民的积极拥护。在大浪村,许多牧民主动减少牲畜数量,严守生态底线,保护世代居住的草场植被。他们说,"生态环境是我们这代人的,也是后代的。现在少挣一点就是要给后代留财富,金山银山不如绿水青山。"

截至目前,祁连县全县绿化面积已达6万多公顷,城镇绿化覆盖率达39.05%,人均公共绿地面积达35.51平方米,绿地率为24.61%,有效发挥了水源涵养地和生态屏障的重大作用。

随着黑河近期治理的实施,上游生态环境逐步改善,草场和森林逐渐修复,曾经消失的野生动物又回到这片土地。沙龙滩再现绿草如茵,牛羊成群,野生动物徜徉其间的景象。祁连县黑河源头流域生态建设保护站站长叶金俄日说,"现在每年都能在自己的管护区域内,看到不少以往很少见的野生动物。有藏野驴、黄羊、岩羊、黑颈鹤,还有很多都是我以前没见过的候鸟。"

据祁连县环境保护和林业局统计,目前有23只黑颈鹤已经在这里长期栖息,沙龙滩黑河源地区共有陆栖动物177种,数量也在不断增加。沙龙滩地区还多次监测到雪豹的活动。

2016年2月,祁连县列入首批国家全域旅游示范区创建名录。祁连县委、

祁连卓尔山油菜花盛开 董保华摄影

县政府审时度势，提出坚持生态保护优先，打造"天境祁连"旅游品牌，把全域旅游培育成助推经济转型发展的新引擎。当地政府借助日益火爆的旅游业，深度挖掘畜牧业潜在优势，融合打造牧游经济，发展原生态自然风光体验游、原生态民俗文化体验游、原生态游牧生产生活体验游和户外胜地探险等旅游产品。

夏季，是祁连最美丽的时节，每当此时，来自全国各地的游客来到这里避暑休闲。在开满格桑花的草场上，游客住进黑牦牛毛帐篷，品尝糌粑、牦牛酸奶、手抓羊肉，还能和当地牧民一起参加骑马、射箭、剪羊毛、打酥油，体验游牧生活的特色和浪漫。

祁连山的生态环境，不仅带给了旅客美丽的天境记忆，也使这里的资源优势进一步转化为生态经济优势，给当地注入了长效的绿色经济发展动力。

2017年全县农牧民人均可支配收入达到13460元。据祁连县旅游局的数据显示，截至2018年7月底，祁连县接待游客144.25万人次，同比增长10%，实现旅游综合收入5.48亿元，同比增长30%，人均消费378元。旅游，正在成为祁连县的劲头十足的经济增长点。

为了更好地保护好祁连山区这道西部生态安全重要屏障，2018年10月，作为我国首批设立的10个国家公园体制试点之一，祁连山国家公园管理局成立。祁连山国家公园试点区总面积5.02万平方公里，区域内，森林、草原、荒漠、湿地生态系统均有分布。在体制上，打破行政边界约束，实行生态跨区域统一保护管理。试点开展以来，区划落界、自然资源本底调查、确权登记、总体规划等稳步推进。自然植被保护更加严格，清理关停违法违规项目，综合执法得到加强，生态修复措施、生态系统监测全面推进，试点已取得了阶段性成果。

"祁连山下好牧场，骏马奔腾牦牛壮，羊儿的毛似雪花亮……"壮阔的蔚蓝天空下，圣洁的雪之巅阳光闪烁，山腰间的森林像是舒展的绿色飘带，山脚边的牧场草丰水美，野花斑斓，羊肥马壮，美丽的祁连山，蓝天尽头的秘境，让人心驰神往。

二、中游张掖，产业结构调整在延伸

长期以来，中游张掖境内，由于水资源缺乏管理，粗放利用，大量挤占了下游的生态水量，致使黑河下游河道及尾闾居延海产生了严重的生态危机。

国家对黑河流域治理做出重大决策以来，张掖作为中国第一个节水型社会试点，更新用水理念，构筑与水资源承载力相适应的经济结构体系，加快种植结构调整，在全市范围内禁止新开荒地，禁止种植新的高耗水作物，压缩现有高耗水作物。在实施黑河水量统一调度中，牺牲自我，全力以赴，把来水量的六成压减下来送往下游，累计向下游调水 185.36 亿立方米。

2006 年张掖市荣获第一批全国节水型社会建设示范市后，按照水利部"扛牢全国第一面节水大旗"的要求，节水措施和节水层级在纵深推进中不断提升。

2007 年，张掖市重点开展以健全节水制度、加强节水管理、推广节水技术、提高循环利用、开展宣传教育为重点的农业节水提升和城市节水创建工作。

2011 年，张掖市以建设"生态文明大市、现代农业大市、通道经济特色市、民族团结进步市"为目标，出台《实行最严格水资源管理制度实施意见》《水中长期供求规划》等指导性文件，并组织实施。从制度层面和水资源指标体系层面推进水资源高效利用。落实用水总量控制、用水效率控制、水功能区限制纳污"三条红线"，分解下达县级行政区近、中、远期用水总量、用水效率和水功能区水质达标率等控制指标，出台实施《加强地下水统一管理实施方案》《地下水分区管理方案》《地源热泵管理办法》，实行规范地下水取水监管等。从机井审批、取水总量、单井取水量、计量设施安装等各个环节完善"一井一卡一证"档案，实行分区管理，以最严格水资源管理制度为核心的水资源管理日益加强。

从 2012 年开始，张掖市着力实施小型农田水利设施建设、规模化节水增效、以色列政府贷款等项目，至 2018 年发展高效节水面积 157.36 万亩。

2013 年 7 月，水利部确定张掖市为首批水生态文明建设试点城市，甘肃省人民政府批复了《张掖市水生态文明建设试点实施方案》，水生态文明建设试点进入全面推进阶段。全市以做好"黑河水文章"为着力点，全力以赴开展水生态治理，切实加大沿河、沿湖开发力度。临泽县大沙河治理、高台县大湖湾水生态景观、山丹县祁家店水库风景区、民乐县洪水河水利景区、肃南县隆畅河风情线水利景观工程等水生态治理项目全面推进，彰显出了"塞上江南"的独特魅力。

全市节水用水效率进一步提高。2016 年，用水总量控制到 22.54 亿立方米，万元工业增加值取水量减少到 55 立方米，农田灌溉水有效利用系数达到 0.578，再生水利用率达到 66%；人居环境明显改善，通过湿地保护与修复、水源保护、河道整治等工程实施，生态环境得到进一步改善，居住环境更加舒适，生活质量得到显著改善。农村集中供水普及率提高到 100%，城市供水保证率提高到 100%，城市污水处理率达到 93.6%，集中式

甘肃张掖玉米喜获丰收景象

饮用水水源水质达标率达到 100%。城市形象的全面提升，使"山青水碧人和"的景象得以展现，被评为"30 个中国最美的地方"，名列"丝绸之路十大特色旅游城市"。

2016 年 10 月，国家发展和改革委员会、水利部、住房城乡建设部联合印发《全民节水行动计划》，张掖市积极响应，认真贯彻落实，从农业节水增产到工业节水增效，从城镇节水降损到全民节水宣传，狠抓各环节的推进，节水型社会建设水平全面提升。

以河西走廊高效节水灌溉示范项目为重点的节水工程建设，按照建设示范区的目标，坚持"因地制宜、集中连片、示范带动、逐步实施"的原则，突出发展高效节水农业，科学选择节水模式，根据不同地区特点，确定高效节水灌溉分区发展目标、任务和重点，率先在水资源紧缺和经济条件相对较好的区域推广，率先在葡萄、制种玉米、马铃薯、温室蔬菜等高效作物中推广，率先在农业专业化布局、标准化生产程度较高的区域推广，率先在种植大户、家庭农场、企业农场等管理到位和积极性高的区域发展，在膜下滴灌、高标准低压管灌等高新节水技术示范推广方面，取得了突破性进展。

以农业水权及水价改革为重点的现代水权制度的建立，根据初始水权分配结果和水资源使用状况评定节水水平，从非正式水量交易入手，逐步探索和规范符合市情水量交易制度。按照逐步调整、缺水和用水程度大致均衡、高效用水者优先配水、人均水量逐步接近的原则，依据各县区水量配置方案，将全市可用水权总量层层分解配置到县区、灌区以至乡镇、村社，逐户核发水权使用证书。按照市政府出台的《关于深化水权水价综合改革的意见》，合理制定农业地表水水价，全面实施末级渠系水价，探索实行累进加价，通过稳步水权水价改革，激活节水杠杆，完善节水激励机制。

城市节水载体建设，提出"树立一个样板，推广一个学校，形成一个窗口，搞好一个社区，带动一方居民"，以节水创建活动的示范作用，促进全民节水意识的提高。先后确定 279 家单位开展创建"节水学校""节水小区""节水企业""节水宾馆""节水单位"。有 96 家单位被命名为全市节水型示范单位，25 家单位成为全市节水先进基地，有力地促进了社会各界参与节水型社会建设。

2017 年，中央主流媒体开展了"黑河调水生态行"采访活动。在张掖甘州区头闸村采访，村民郭龙指着身边的一块玉米地对记者说："以前，他家的 50 亩地种商品玉米，每亩地一年要浇灌 6 次水，自从实行节水型社会建设后，水费由每立方米水 1 角钱提高到 1.45 角。他家的地全部改种了制种玉米，现在每亩地一年只浇水 4 次。水价高了，粮食的收入并没有减少。"

记者问其原因，郭龙介绍说："以前种商品玉米，每亩收入 1400 元，改种制种玉米后，每亩收入增加到 2250 元，增加了 750 多元。我 50 亩地一年增收 4 万多元，而每年增长的水费全部加起来不过 3000 多元。"

黑河调水生态行媒体采访组

记者问，为什么改种前后的用水量差距这么大？郭龙对十几年来的用水算了一笔细账，接着说，"以前一年浇 6 次水，大水漫灌，浇水要快漫过地埂才行，甚至把地埂冲掉也不在意，浇一次要用 200 立方米。现在多用水多交钱，浇水要精打细算，一年浇 4 次，能把庄稼浇过就可以，一次 80 立方米就够了。而且，为了提高灌溉效率，以前都是两三亩的大块田，现在改成一亩左右的小田，浇水更快。以前种庄稼种类太杂，小麦、玉米、葵花啥都种，生长时间不一致，刚浇完这个又要浇那个，现在只种一样，浇水时间集中，上级调水也好安排时间。"

采访中，党寨镇十号村村支书宋发林谈起农业节水技术时说："张掖市政府大力推广全膜垄作沟灌，大田作物间、套、复种等节水增收技术。以前小麦套种玉米，一年一亩要浇 600 多立方米水，现在改为制种玉米采用膜下滴灌技术，一亩只用 200 多立方米水。"

在高台县，水权交易有效平衡了农村用水，户户明确总量，人人清楚定额，节约用水成了农民的自觉行动。采访中，农民刘兴文聊起水交易，很有点自豪感，他说，"每个农户一本水权证，先交水票后浇水，用不完的水票，可通过水市场卖。现在农户间卖水已经是很正常的事。省水就是省钱，让多浇水都不干。"

张掖致力打造节水型经济，在全市范围内禁止新开荒地，禁止种植新的高耗水作物，压缩已有的高耗水作物。扩大林草面积，扩大经济作物面积，扩大低耗水作物面积。目前，全市节水灌溉面积达 300 余万亩，年节水 1.5 亿立方米，用水总量控制在 22.54 亿立方米，农田灌溉水有效利用系数提高到 0.578。

节水农业并未影响这里的发展，通过调整优化种植结构，"张掖玉米种子"走向全国，张掖成为国内最大的玉米制种基地，市场份额占到全国的 40%，"三品一标"总量达 216 个，生产面积 270 万亩，占农产品生产面积的 71%，绿色农业焕发新活力。

与此同时，在张掖，一场祁连山生态系统修复治理工程也展开。祁连山国家自然保护区，甘肃省现有面积 198.72 万公顷，其中张掖段 151.91 万公顷，占保护区总面积的 76.44%，占张掖市国土面积的 36.2%。

针对祁连山草原生态局部退化问题，张掖市严格实行以草定畜，落实草原奖补资金与禁牧、减畜挂钩政策，推行"牧区繁殖、农区育肥"发展模式，采取围栏封育、禁牧休牧、划区轮牧、退牧还草、补播改良等措施，加快整治草原超载过牧问题，提前完成三年草原减畜 20.62 万羊单位的任务，实现了草原草畜平衡目标。

根据祁连山生态系统的整体性、系统性及其内在规律要求，张掖市按照"整体保护、系统修复、综合治理"的原则，持续推进《祁连山生态保护与建设综合治理规划（2012～2020 年）》和山水林田湖草生态保护修复项目有效实施，累计完成投资 41.24 亿元。高标准实施了祁连山国家公园和黑河生态带、交通大林带、城市绿化带"一园三带"生态造林示范建设。2018 年完成人工造林 31.1 万亩，带动全市完成国土绿化 50.8 万亩，是前 3 年人工造林面积的 1.16 倍。2019 年造林绿化工程全面启动，预计完成营造林 56 万亩。随着生态治理恢复等项目的实施，祁连山生态环境持续改善，矿山探采受损区域生态环境得以恢复，植被破坏、草原退化等问题缓解消除。

为维护祁连山生态平衡和生态安全，张掖市按照国家和甘肃省要求，制定重点生态功能区产业准入负面清单，划定祁连山地区生态保护红线，开展祁连山保护区自然资源统一确权登记试点。在全省率先建成以卫星遥感技术运用为主体的"一库八网三平台"生态环保信息监控系统，初步形成"天上看、地上查、网上管"一体立体化生态环境监管监测网络，建设的生态环境监测网络管理平台获"全国 2018 智慧环保十大创新案例"之一。

有了观念的革新，正确的思路，明智的决策，务实的规划，才有可能还原一方秀美山川，创造一片盎然生机，实现一种美好期冀。张掖市这块河西走廊上的热土，为黑河流域综合治理和水量调度做出了突出贡献，也走出了一条节水型社会建设成功之路。

三、金色胡杨，唤醒大漠复乐园

2019 年 2 月 12 日，美国航天局（NASA）发布消息称，据美国地球卫星观测，在过去的 20 年中，地球陆地变得越来越"绿色"了。据美国航天局对 20 年来卫星遥感数据的分析，结果表明，中国的植被增加量占到全球植被总增量的 25% 以上。中国的生态行动，推动了全球绿色覆盖面积的增加。

中国让世界"变绿"的 20 年，恰好与黑河水量统一调度、流域生态环境

近期治理后生机勃勃的胡杨林

治理的时间轨迹重合。由此可见，20年来黑河流域综合治理、水资源统一管理与调度的成功实施，不仅对促进黑河流域生态恢复做出了重大贡献，也是代表中国送给世界的一份"生态大礼"。

毋庸置疑，在这份黑河"生态大礼"中，下游额济纳绿洲生态系统的生命复苏，当属头筹。

然而，曾几何时，在这里，胡杨却经历了一场穿越时空、生死轮回的悲怆惨剧。

这是一片枯死胡杨林的惨烈情状。沙地上，横七竖八、站着的，躺着的，全是树木的遗骸。它们有的在风沙中挺立着，痛苦地扭曲着身子，向天空张开干枯而疯狂的枝条；有的艰难地俯下腰身，把合抱之粗的躯干硬是勒成一张弯弓；有的躯体被肢解成一块块碎片，七零八落地散布在漫漫沙地上；还有的呆呆地静默着，任凭风沙一遍遍摧残和磨砺，似乎麻木了，陷入了遥远的沉思。

由于生态环境恶化，大片枯死的胡杨林

这片胡杨林面积约10平方公里，树龄大的已有数百岁了。它们为何如此惨烈，就像殊死搏杀之后猝不忍睹的尸横遍野的沙场？原因不是别的，就是缺水。

额济纳地处巴丹吉林沙漠边缘，属典型的北温带大陆性干旱、极干旱荒漠草原气候，多年平均降水量约40毫米，蒸发能力却高达3800毫米。境内唯一的地表水为发源于祁连山中段的黑河，因无有效降水，地下水也要靠黑河来水补给。20世纪中期以来，随着进入下游的水量急剧减少，下游河道长期断流，地下水水位不断下降，河水补给日渐匮乏，额济纳生态严重恶化。

就这样，失去水分滋养的胡杨林，从 20 世纪 60 年代开始逐步走向死亡，直到 20 世纪 90 年代到达生命的终点，成为一片苍凉悲壮的怪树林。

为遏制额济纳绿洲生态环境的不断恶化，保护这道西北地区的重要生态屏障，2000 年国务院决定实施黑河水量统一调度，向下游集中输水。2001 年，国务院安排近 5 亿元治理黑河下游及尾闾居延海，恢复生态。

据统计，自 2000 年实施黑河水量统一调度后，下游狼心山（巴彦宝格德）断面年均断流天数由之前 5 年的平均 250 天减少到 120 天，近五年平均断流天数 65 天，2017 年度断流天数仅为 12 天，为有资料记载以来最少。2000 ～ 2018 年累计进入下游（正义峡断面）水量 215.29 亿立方米，累计进入额济纳绿洲（狼心山断面）水量近 120 亿立方米，年均 6.27 亿立方米，较 20 世纪 90 年代增加了 2.74 亿立方米，为下游绿洲用水提供了保障。

截止 2019 年 5 月 1 日，累计进入额济纳旗境内水量达 122.65 亿立方米，累计灌溉草牧场 1264.5 万亩，东居延海累计调入水量 9.65 亿立方米，水域面积常年保持在 40 平方公里以上。西居延海先后 12 次进水，黑河下游额济纳绿洲区内的 19 条主要河汊，总长约 1100 公里的河道得到了浸润，河道断流天数逐年减少，连续多年见不到水的东河、西河末端地区均得到了浸润，多年来地下水位持续下降的趋势得到初步遏制。据调查资料显示，额济纳绿洲东、西河两岸地下水位大幅回升。地下水位的回升，使额济纳旗濒危的生态系统得到了及时抢救，沿河两岸约 300 万亩濒临枯死的胡杨、怪柳得到抢救性保护，世界上仅存的三大原始胡杨林之一的额济纳胡杨林，得到复壮更新，根蘖苗日渐繁盛，面积由 39 万亩增加至 45 万亩。以草地、胡杨和灌木为主的绿洲面积增加了 200 余平方公里，连黑城附近怪树林里枯萎的胡杨也有了复活的迹象。植物种类增加十多种，林下植被盖度较封育前提高了 25%。

经过 20 年黑河水量统一调度和流域治理，东居延海周边地区生态环境得到显著改善，湖滨地区地下水位升幅明显，生物多样性增加，植被覆盖度明显提高，芦苇摇曳，水鸟成群，碧水蓝天，景色秀美。常年维持一定水面的东居延海，绿洲局部地区生态环境得到改善，林草覆盖度提高，额济纳地区生态恶化的趋势得到有力遏制，居延绿洲步入了新的生命之旅。

额济纳旗人民对这失而复得的绿色生机珍爱有加。为使来之不易的黑河水资源发挥出最大的生态效益，他们在水量调度工作中，认真贯彻落实黑河分水方案，严格落实水量调度责任制，额济纳旗实施分区轮灌，通过实施护岸、打坝、调水、疏通河道等工程措施，重点向绿洲边缘区生态脆弱区和未进水的灌溉区域配水，使有限的水资源发挥最大的生态效益。

为加强额济纳绿洲生态环境保护，额济纳旗委、旗政府坚持"青山绿水就是金山银山"的绿色发展理念，确立"生态立旗"发展战略，加快转移转产步伐，减轻绿洲生态压力，加快实施"三北"防护林、湿地保护恢复、野生动植物保护和自然保护区建设等生态修复工程。实施退牧还草、退耕还林措施，累计清退耕地 2.41 万亩、退牧还草 1045 万亩、退耕还林 9.75 万亩。

在额济纳旗，一位 70 多岁的正厅级退休干部在荒漠戈壁上义务植树的感人事迹，被人们广为传颂。

这位老人是阿拉善盟政协原主席苏和。一位当地土生土长的土尔扈特蒙古族人，曾任额济纳旗旗长、旗党委书记。2004 年，57 岁的他向内蒙古自治区党委申请提前从领导岗位上退下来，志愿放弃城里的舒适生活，回到家乡额济纳旗沙化最严重的黑城地区植树造林。他说，我到黑城植树，除了想保护黑城之外，还有一个多年的夙愿，就是向大自然"还债"。

苏和老人在接受媒体采访

为此，苏和说服了老伴和儿女，带着十几个民工来到荒漠戈壁的黑城脚下，栽种了几百亩的梭梭林。盛夏时节，气温高达 40 摄氏度以上，没有灌溉渠系，年迈的苏和夫妇就用水罐拉水给梭梭林浇水。为保证树苗成活，苗壮成长，他坚持一年之中，为梭梭苗浇三次水。在他的带动下，一批退休老干部和企业也都投入到了额济纳的生态建设中。

十几年间，额济纳旗累计完成营造林生产作业 86.98 万亩，封山（沙）育林 180.76 万亩，森林植被恢复人工造林 4.4 万亩，全民义务植树 95 万株，形成了一条南北长 8 公里、东西宽 7.4 公里，面积 3.9 万亩的防风林带，植物种类也由原来的 4 种增加到现在的 46 种。截至 2018 年，额济纳旗林业用地面积达到 2030.11 万亩，森林面积 738.34 万亩，森林覆盖率 4.3%。原本裸露的戈壁滩披上了绿装，形成了乔灌草三层立体结构群落，增加了生物多样性，改变了植被稀疏、风沙弥漫的荒凉景象。生态脆弱的荒漠草原，得到休养生息，走上了生态良性发展之路。

与此同时，额济纳旗致力发展"有机农业、高端畜牧业、特色沙产业、

金色胡杨，美轮美奂

精品林果业、休闲农牧业"五大优势特色产业。推广高效节水农业，节水灌溉农田占总耕地面积的80%，人工种植梭梭林380多万亩，年产肉苁蓉80余吨，保护野生黑果枸杞面积60万亩，建设完成骏枣、灰枣、樱桃李等精品林果种植示范基地5500亩。全旗从事沙产业企业达到5家，农牧民种植户150余家。

额济纳绿洲生态恢复带来的勃勃生机，为额济纳旗经济社会发展带来了动力，使世代生活在这里的人们生活发生着重大变化。

2019年6月，额济纳旗政府网站在《壮丽70年，奋斗新时代》的栏目中，介绍了额济纳旗第一批带头搞乡村旅游的嘎查书记都古尔，他借助旗里的文化旅游项目扶持资金，开工建设了"土尔扈特东归民俗体验园"，让游客游览胡杨林的同时，体验土尔扈特蒙古族的民族习俗。

村支部书记介绍说，当地村民们仅出租房屋一年增收就达七八千元。如今，全村80%的农户加入旅游合作社。在额济纳旗，妇孺孩童都知道这样一句话"小小居延海，连着中南海"。他们深深懂得，是国家做出黑河调水的重大决定，才使额济纳人拥有了变绿的家园。

每年胡杨节期间，金黄的胡杨林海美轮美奂，林中红柳依依，游人穿梭其中，额济纳河穿林而过，白色的毡房星罗棋布，奶茶飘香，牧歌悠扬，绘就了一幅安康幸福的美丽画卷。

依托着焕发勃勃生机的胡杨林，额济纳旗的旅游发展如火如荼。从2000年黑河首次调水到达这里，额济纳旗已成功举办多次"额济纳国际金秋胡杨生态旅游节"，如今已成为内蒙古自治区的"旅游王牌"之一。目前，额济纳旗共有农牧家游经营点59家，"胡杨人家"713户，从业人数占全旗农牧民总人口72%，农牧民年均增收超过一万元。2018年来此旅游的游客突破

700万人次，是2000年黑河调水前的234倍。红红火火的旅游经济，极大提高了当地农牧民的经济收入，人民安居乐业，促进了民族团结和社会稳定，由传统产业向沙产业、旅游业成功转型，进一步减轻了绿洲生态压力。

在额济纳旗，矗立着一座巍峨高耸的纪念碑，名叫黑河分水纪念碑。黑河调水20年，是额济纳旗跨越发展的20年。巍峨高耸的黑河分水纪念碑，千年耸立的古老胡杨林，都在见证着额济纳从沙尘暴策源地到大漠复乐园的嬗变故事。

黑河分水纪念碑

金色胡杨死而复生，抚平绿洲枯萎之殇，点亮了额济纳的"大漠童话"，书写了一部人与自然和谐相处的沙海传奇。

四、居延复苏，见证生态意识警醒

居延海会是下一个罗布泊吗？楼兰的悲剧会在额济纳再次上演吗？

不！20年来黑河干流水量统一调度的成功实施，"大漠双璧"的起死回生、生机勃发，对这一严峻的生态诘问，做出了铿锵有力的否定回答。

这是20年来通过实施黑河水量统一调度，居延海生态复苏、华丽蝶变的一幅幅剪影。

2002 年 7 月 17 日，黑河水抵达东居延海。干涸十年的"死海"重获生机，当年东居延海最大水域面积达 23.66 平方公里。

2003 年 9 月 24 日，黑河水经过长途跋涉，抵达干涸 42 年之久的西居延海，过水面积达 100 多平方公里。满目黄沙、龟裂遍野的西居延海，波涛再现，创造了黑河水量调度的又一奇迹。

2004 年，东居延海再次迎来生命的绿色。居延海入湖水量增加到 5220 万立方米，形成 35.7 平方公里的浩渺水面。

2005 年 7 月，进入东居延海的黑河水与上年水量握手对接，首次实现全年不干涸。

2006 年，为连续不断地向居延海输送生命之水，黑河水量调度模式从"半年调度"转为"全年调度"，东居延海首次春季进水。

2008 年 8 月，东居延海水域面积升至 40.5 平方千米，环湖地区地下水位稳中有升。

2009 年 10 月，东居延海水域面积达到 42 平方千米。额济纳旗绿洲区内的 19 条分汊总长约 1105 千米的河道过流；东居延海边的芦苇已经长高至近 2 米，绝迹近 10 年的候鸟特别是美丽的白天鹅故地重游，湖边灰雁、黄鸭等形成种群规模。

2010 年，东居延海入湖水量 4837 万立方米，水域面积保持在 40 平方千米、库容 5380 万立方米。这年，累计灌溉绿洲草地面积 53 万亩。

2016 年 11 月 11 日起，创造了狼心山水文断面首次跨年度分水不断流的历史。黑河调水到几十年未进水的阿德格芒坑处，实现东河、西河浇灌尾闾地区同一草场的盛景，当年灌溉林草地 10 万余亩。

2017 年，莺落峡、正义峡、哨马营、狼心山等各主要控制断面下泄水量创有水文资料记载以来历史最大值。当年狼心山断面水量达到 10.71 亿立方米，累计灌溉绿洲面积 116.5 万亩。

2018 年 9 月 22 日，居延遗址黑城附近 600 余年未进水的黑河古河道成功实现输水，戈壁大漠续写了又一段沙海传奇。

通过科学有效的调度措施，

胡杨林景区中的游客

治理后的东居延海洋溢着人与自然
和谐相处的美好图景

恢复湿地生态系统的东居延海

东居延海这颗"大漠明珠"重放华彩，再现碧波荡漾的美景。截至 2018 年，黑河共计闭口下泄 62 次 1496 天，正义峡断面累计下泄水量215亿立方米，托起了东居延海连年不干涸的生命复苏与活力，东居延海碧波荡漾、芦苇摇曳，周边植物生长旺盛，水草丰美，生物多样性和植被覆盖度明显增加，呈现良性演替的趋势，生态已基本恢复到 20 世纪 80 年代的水平。

谈起居延海的巨大变化，中科院西北生态环境资源研究院助理研究员鱼腾飞说："1992 年东居延海彻底干涸的 10 年间，居延海周边的植物迅速干枯，鱼类相继死去。通过生态调水，黑河水重新注入东居延海后，这里出现了一个令人震撼的生命奇迹，湖里自然长出了鱼，死去的胡杨和柽柳竟然也重发新枝！"

黑河流域管理局原副总工高学军介绍说："近年来，黑河干流水量调度工作不断探索，不断创新，相继实施了一系列更细致、针对性更强的调水方案，保证了黑河尾闾地区的生态用水需求，黑河过流能力持续增长。

实施统一调水前，黑河下游河道每年断流 200 多天、过流 100 多天，现在每年下游河道过流 200 多天，最长的 2017 年，下游过流 353 天来水，基本实现全年不断流。正是由于十几年来的艰苦努力，居延海才有了如此深刻的复苏之变。"谈话间，这位从事十几年黑河水调工作的老专家充满了无比欣慰之情。

目前，东居延海已逐渐恢复为动植物多样化的湿地生态系统，成为大批候鸟迁徙的"驿站"、栖息地和繁殖地，一度绝迹的黑河尾闾特有鱼类大头鱼再次畅游湖区。监测结果显示，目前在居延海湿地集聚的鸟类有 90 种，栖息候鸟数量 6 万余只，最大种群雁类达 1 万多只。其中有国家一级保护鸟类黑鹳、遗鸥等4种，国家二级保护鸟类白鹭、天鹅、红嘴鸥等12种珍稀鸟类。2009年，国家一级保护动物"火烈鸟"在这里故地重游，有数万只各种鸟类在居延海湿地集群待迁。

东居延海连年维持一定的水面和水量，使湖区周边土壤含水量增加、地下水得到连续补给，有效延伸了额济纳绿洲生态防护林带。黑河流域生态环境的显著改善，有力遏制了西北、华北地区沙尘暴的发生。

2001年2月在专题研究黑河生态问题的总理办公会议上，时任国务院总理的朱镕基说，希望通过各方面的努力工作，早日看到居延海像在历史资料片中那样的波涛汹涌。

如今，中央领导的这一深情嘱托已经成为现实。弱水流沙，大漠清泽。从黑河流域水资源配置严重失衡，导致湖泊干涸、绿洲退化，到实施水资源统一管理、优化配置、生态调度，居延海重获新生，这是人类生态意识的警醒，是与大自然握手言和的有力见证。

五、仰望星空，黑河助力中国航天梦

黑河下游大漠深处，坐落着我国组建最早、规模最大的航天发射场——中国酒泉卫星发射中心。这里，正是中国航天梦升起的地方。

1970年4月24日，黑河岸边的大漠深处，一声巨啸刺破九霄，"东方红一号"卫星在"长征"一号运载火箭推动下，徐徐升上太空。第一颗人造卫星成功发射！那一刻，从黑河岸边升腾而起的，是中国人拓疆天宇的自豪感，是中华民族自强不息的航天梦。

在60年峥嵘岁月中，一代又一代航天科技工作者扎根大漠艰苦创业，自主创新刻苦攻关，以最快的速度，完成了发射场基础设施建设，推动了我国航天事业不断发展壮大，成为各种运载火箭、探空气象火箭、中低轨道卫星等综合试验发射基地。从发射第一颗东风导弹，到发射首枚远程运载火箭；从放飞"东方红一号"卫星，到放飞神舟飞船；从太空行走、交会对接，到太空授课、航天员太空中期驻留，创造了我国航天史上20多个第一。截至2018年，酒泉卫星发射中心先后执行110次航天发射任务，成功将180颗卫星、11艘飞船、11名航天员送入浩瀚太空，开启了中国人进入太空、探索宇宙奥秘、和平利用太空资源的新时代，在我国航天史上树立了不朽的丰碑。

如今，中国酒泉卫星发射中心已成为世界三大航天发射场之一，其中卫星发射中心场史展览馆、载人航天发射场、东方红卫星发射场等地，成为对国内游客开放的爱国教育基地。在东风航天城，有一座名叫"剑魂"的航天纪念碑，像一把利剑刺向蓝天。纪念碑的 8 个侧面记载了这里创造的一个又一个辉煌。

东风场区地处巴丹吉林沙漠西北部，属于欧亚大陆腹地额济纳荒漠极端干旱区，年降雨量 39.2 毫米，年蒸发能力却高达 3413.1 毫米，是平均降雨量的 87 倍，自然环境十分恶劣。

黑河有 185 公里长度的河段流经东风场区，约占流域全长的 20%。黑河是这里国防科研试验、生产生活和生态环境用水的唯一来源。水是这里的生命，戈壁中流过的黑河滋养了中国人的航天梦。

东风场区建设之初，为了满足发射试验和场区军民生活保障的需求，官兵们一边进行科研试验，一边抽调兵力建设水库工程，一锹一锹挖出来了东风水库。这座戈壁滩上的人工水库，改善了周边恶劣的自然环境，为保障基地军民用水需求，维持基地生态平衡，发挥了至关重要的作用。

20 世纪 80 年代以来，随着黑河下游河道来水急剧减少，东风场区自然生态环境及有关水问题日益突出，不仅给东风场区官兵的生活带来极大困难，也严重影响了东风场区科研试验组织实施和各种试验设施的使用寿命。

水利部、黄河水利委员会及黑河流域管理局领导高度重视东风场区内的分水、调水、用水工作。为改善和恢复东风场区的生态环境，确保东风场区供水安全，黑河流域管理局与黄河勘测规划设计研究院、酒泉卫星发射中心、95861 部队等单位，通过大量调查研究，编制完成了《黑河流域东风场区近期治理规划》。2004 年 8 月，《黑河流域东风场区近期治理规划》获得水利部批复，与黑河流域近期治理规划一并实施。规划东风场区近期治理共 19 个单项工程，总投资 3.5 亿元。

为了确保规划项目顺利实施，2005 年 12 月酒泉卫星发射中心和 95861 部队分别成立了黑河近期治理工程建设领导小组和项目法人，负责具体落实黑河流域东风场区近期治理工程。

2006 年 4 月全面开工建设，共完成场区内约 20 公里的河道治理，建设河心绿洲、水源工程。经过八年建设，完成 10 号东区的生态建设工程，建设人工防风林 1.5 万余亩，完成围栏封育工程 13.70 公里，实现天然林草围栏封育 8.55 万亩。完成 10 号东区排污系统改造工程等，通过管线改造、污水泵站改造、污水泵站新建，解决场区排污管道年久老化和"跑、冒、滴、漏"的问题。使自然生态面貌焕然一新，人居环境得到很大改善。

组织东风水库分洪堰等补强加固工程建设，主要完成东风水库分洪堰补强加固，有效改善东风场区的用水结构，提高地表水利用率，年减少地下水开采量 3900 万立方米，有利于东风场区生态环境的改善，进而促进额济纳绿洲生态环境的改善。

生态建设及节水改造工程的实施，初步形成了东风场区环城水系，为东风场区充分利用地表水、保护地下水、节约水资源、改善生态环境发挥了显著的效益。

同时，在近期治理中，还对生活区用水的新建水源地进行重新定位，从根本上解决了场区官兵期盼已久的饮用水安全问题，使广大官兵告别 50 年饮用三类水的历史，喝上了优质健康的一级饮用水。

经过军地双方共同努力，东风场区的黑河近期治理建设成效显著，场区原有的供水系统得到完善，保障国防科研试验、官兵生活和生态用水安全。场区的水利基础设施得到加强，水利工程布局趋于合理，灌溉用水的效率得到提高。通过合理调整地表水、地下水的用水结构，提高了地表水利用率，减少了地下水开采量。整个近期治理建设，对东风场区的长远建设和可持续发展产生了积极而深远的影响。

2013 年，国家发展和改革委员会和水利部批复，对东风水库实施除险加固及库容恢复工程，东风水库消除了安全隐患，为下游东风场区的安全提供了更加坚实的保障。2015 年 11 月，水库除险加固及库容恢复工程顺利通过

神龙腾飞。2005 年 10 月 12 日神舟六号飞船在东风航天城发射成功

黄河水利委员会验收，投入使用。现在的东风水库，不仅保障着东风场区的科研用水，也满足了科研人员和基地官兵的生活用水，以及东风场区的生态用水。库区供水为蔬菜种植、水产养殖提供了优质水源，东风场区官兵食堂里，新鲜的蔬菜、鱼、肉、蛋、奶，实现了自给自足。东风场区绿树掩映，芳草依依，美丽的东风湖畔，成为部队官兵休闲、运动的好去处。在确保场区生产生活用水的基础上，东风水库发挥着显著的工程生态效益和防洪效益。

黑河实施水资源统一管理与调度以来，酒泉卫星发射中心、95861部队把黑河水量调度作为保护和恢复生态环境、遏制沙尘暴的一项重要任务。认真贯彻落实水量调度行政首长责任制，专门成立水量调度工作领导小组，认真执行《黑河干流水量调度管理办法》，加强与青海、甘肃、内蒙古三省（区）和黑河流域管理局的沟通协调，加强与上下游水文站的信息通报，积极组织人员加强河道巡查，及时掌握并通报水量调度进展情况，确保河道调水期间过水顺畅安全，为确保黑河尾闾湖泊东居延海连年不干涸、黑河生态调水达到预期效果做出了重要贡献。

黑河水一路流淌走来，滋润着戈壁滩上这片孕育中国航天梦的土地。站在东风场区的入口处，便能看到美丽的黑河水流缓缓流过，胡杨和灌木逐水而生，簇拥出沙漠里的一片绿洲。东风场区内60多个大大小小的人工绿洲，星罗棋布，把这片神奇的土地装点得充满生机和活力。成千上万亩天然林草植被、人工林草地和防风林带，犹如一道道绿色的天然屏障，与蜿蜒流淌的黑河水交相辉映，恰似一幅美丽动人的生命画卷。

随着黑河流域治理与水量调度工作的不断推进，黑河将为东风场区提供更加稳定可靠的水源保障。在这片承载着中华民族复兴伟大梦想的土地上，孕育出中国航空航天及国防科研事业更加精彩的未来！

第七章　走向未来

党的十九大"绿水青山就是金山银山"生态观的确立，坚持节约资源和保护环境的基本国策，构成了新时代中国特色社会主义生态文明建设的思想和基本方略。当前，黑河流域干旱缺水和土地荒漠化的威胁，并未从根本上消除。黑河依然面临着流域水资源总量紧缺，合理平衡各类用水之间的突出矛盾。黑河流域治理任重道远，根据新时代新要求，谋求黑河长治久安，仍需要坚持不懈地探索与奋斗。

第一节　逐梦新蓝图

一、20 年的基本经验与认识

黑河水资源统一管理与调度 20 年的成功实践，饱含着党中央、国务院的高度重视与殷切关怀，凝聚着水利部，黄河水利委员会，青海、甘肃、内蒙古三省（区）和两部队认真贯彻落实中央决策部署、靠前指挥的成果结晶，镌刻着流域上中下游顾全大局、携手奋进的共同奉献，浸透着黑河流域管理局一批批干部职工创新思维、攻坚克难的心血与汗水，见证着黑河治理保护与管理事业不断开拓前进的坚实步履。

20 年来，黑河流域治理与水资源管理事业在实践中积累了丰富的经验和深刻的认识。这主要体现在：

一是党中央、国务院高度重视黑河流域生态环境治理，为黑河水资源统一管理、优化配置与科学调度提供了坚强的政治保障。

世纪之交，党中央、国务院针对黑河流域水资源开发利用和生态环境中存在的主要问题，根据黑河流域人口、资源、环境和经济社会协调发展的客观需要以及国家实施西部大开发战略的总体要求，将黑河流域生态安全和水资源统一管理问题，及时做出了一系列重大决策。2001年国务院第94次总理办公会议专题研究黑河流域生态问题，部署黑河流域水资源与生态环境问题对策。2001年国务院批复《黑河流域近期治理规划》，对黑河流域近期治理目标、任务、措施、时间、力度、资金投入做出统筹安排，提出了明确的要求。2001年3月九届全国人大会四次会议审议批准黑河综合治理工作列入国家"十五计划"和2001年国民经济和社会发展计划。1999年1月，中央机构编制委员会办公室批复成立黑河流域管理局。2016年3月，作为国务院确定的172项节水供水重大水利工程之一，黑河干流黄藏寺水利枢纽开工建设。2018年，国务院将黑河流域综合治理列入《西部大开发"十三五"规划》。

党和国家历届领导人都十分重视黑河流域水资源管理与生态环境问题。1995年11月，邹家华同志主持召开国务院专题会议，研究解决黑河下游阿拉善地区生态环境综合治理有关问题。1997年，国务院研究确定黑河干流"97分水方案"。2001年朱镕基同志主持总理办公会议专题研究黑河流域生态问题，并多次作出重要批示。2007年胡锦涛同志在兰州考察期间，听取黑河流域气候分析汇报。2001年温家宝同志发给黄河、黑河、塔里木河调水和引黄济津表彰大会的贺信中强调，良好的生态系统对经济社会可持续发展的重要性，强调要合理利用黑河水。2014年3月习近平总书记在中央财经领导小组第五次会议上，从全局和战略的高度对我国水安全问题发表重要讲话，明确提出"节水优先、空间均衡、系统治理、两手发力"的新时期治水方针，2018年十三届全国人大一次会议期间习近平总书记来到内蒙古自治区代表团，听取黑河尾闾居延海生态恢复等情况汇报。同年李克强总理主持召开国务院西部地区开发领导小组会议，研究决策包括黑河流域综合治理等问题在内的《西部大开发"十三五"规划》。这些，都为黑河流域治理和水资源统一管理指明了前进方向，提供了根本遵循，有力地推动了黑河流域治理保护与管理事业的发展。

二是党和国家关于生态文明建设执政理念的重大升华，为黑河流域生态治理与水资源统一管理提供了强大的理论武器。

进入21世纪，面对生态环境现实问题的严峻挑战，可持续发展与生态文明建设日益成为党和国家高度重视的重大战略问题。人们越来越深刻地认识到以过度消耗资源和破坏环境为代价去追求经济数量增长的发展模式，已经极不适应经济社会可持续发展的要求。反映在治水理念上，就是要充分考虑河流水资源的承载能力，在统筹考虑生态用水和工农业用水关系的同时，大力推行节水措施，加强水资源的优化配置，节约和保护，实现水资源的可持续利用。党的十六大报告把可持续发展作为全面建设"小康社会"的重要目标。十七大报告首次提出了"建设生态文明"治国理政理念。十八大报告把生态文明建设放在"关系人民福祉、关乎民族未来的长远大计"的更加突出地位，强调必须树立尊重自然、顺应自然、保护自然的生态文明理念，要把生态文明建设融入经济建设、政治建设、文化建设、社会建设各方面和全过程，成为中国特色社会主义理论体系的新成果。十九大报告对生态文明建设提出了新思想、新目标、新要求和新部署，首次把美丽中国作为建设社会主义现代化强国的重要目标，把生态文明建设作为"五位一体"总体布局和"四个全面"战略布局的重要内容，习近平总书记关于绿水青山就是金山银山的重要战略思想，为推进美丽中国建设提供了方向指引、根本遵循和实践动力。

黑河水资源统一管理与调度20年来，坚持以生态保护与改善为根本，以水资源科学管理、合理配置、高效利用和有效保护为核心，深入开展流域治理和水资源优化配置与水量调度，有力遏制了黑河流域生态环境恶化的趋势。黑河水资源统一管理与调度取得的显著成就，以及开展的维持西北内陆河健康生命研究，西北地区水资源配置、生态环境建设和可持续发展战略研究等，都是生态文明理念发展过程中的具体实践。

三是科学规划引领，依法治水管水，为黑河流域生态环境治理和水资源统一管理提供了法定依据和法制保障。

黑河流域生态环境和水资源问题是一个错综复杂的社会问题，涉及上中下游、左右岸，历史沿革和现实状况，生态效益与经济效益，协调生活、生产和生态用水，工程措施与非工程措施等方方面面。因此，解决黑河流域问题，必须坚持规划引领，统筹兼顾，进行综合治理。

2001年国务院批复《黑河流域近期治理规划》，针对黑河流域水资源开发利用和生态环境中存在的主要问题，根据黑河流域人口、资源、环境和经济社会协调发展的客观需要以及国家实施西部大开发战略的总体要求，深入研究分析水与社会稳定、经济发展、生态建设与环境保护等方面的关系，提出了黑河流域综合治理的指导思想、治理目标、总体布局、近期实施意见和有关保障措施。力争通过近期三年治理实现国务院批准的分水方案，遏制生

经过治理，黑河下游生态环境显著改善，图为额济纳绿洲　董保华摄影

态系统恶化趋势，并为逐步改善当地生态系统奠定坚实基础。规划提出的综合治理指导思想，实施原则，目标任务，工程措施，完成时限，为黑河流域生态建设，水资源科学管理、合理配置、高效利用和有效保护，提供了法定实施依据，发挥了重要的引领作用。

按照《黑河流域近期治理规划》总体部署，水利部及中央有关部门、黄河水利委员会、黑河流域三省（区）和两部队，协力奋战，狠抓落实。成功实现了黑河干流三年分水目标。通过近十年的共同努力，实现了规划的任务与既定目标，黑河流域水利工程建设、水资源统一管理和生态建设初见成效。

2004 年水利部批复《黑河流域东风场区近期治理规划》，规划东风场区近期治理共 19 个单项工程，通过八年实施建设，完成场区内约 20 公里的河道治理，保护河心绿洲、水源工程，建设人工防风林、天然林围栏封育工程、排污系统改造工程等，使东风场区生态面貌焕然一新，军民居住环境得到很大改善。

黑河流域水资源总量紧缺，水事矛盾根深蒂固，要从根本上解决黑河生态问题，必须强化法治手段，完善法规制度，依法治水管水。20 年来，黑河流域加快依法治水管水进程，加大执法力度，以法治的刚性约束力，为黑河流域水资源统一管理与调度提供了有力的保障。

2000 年水利部颁布的《黑河干流水量调度管理暂行办法》，初步规定了黑河水量调度原则、调度权限和用水监督，对起步阶段的黑河干流水量统一调度，维护黑河水量调度秩序，保障国务院确定水量分配方案的完成发挥了重要作用。

2009年，在总结黑河水量调度实践经验和大量前期立法研究的基础上，水利部颁布《黑河干流水量调度管理办法》，进一步强化了黑河干流水量调度方案的权威性，对黑河干流水量调度管理体制，水量调度方案编制程序、水量调度责任主体、责任追究措施，建立应急水量调度制度、水量调度奖励机制、加强水文监测与监督等环节，均做出了明确规定，在适用范围、制度设计、措施完善、可操作性更强等方面，实现了新的突破，为巩固和扩大黑河水量统一调度成果提供了法规保障。

2010年，黄河水利委员会依据国家授权和国家相关法律法规，印发实施《黑河取水许可管理实施细则》（试行）。确立了黑河流域取水许可制度的原则，明晰规定了黑河干流取水用水的内涵和取水许可范围，流域和行政区域总量控制的要求和措施，明晰取水许可分级审批管理权限，建立总量控制指标和定额管理指标体系，年度取水总量控制的依据，规范取水许可的申请和审批制度,强化建设项目水资源论证制度等。为黑河干流取水许可规范管理，推动实施水资源最严格管理发挥了重要规范作用。

四是高度重视科学技术进步，不断创新水量调度手段，为黑河流域水资源管理事业发展提供了重要科技支撑。

20年来，黑河流域水资源管理事业在调度手段单一的不利条件下，针对流域水资源时空分布特点与河段不同用水需求，在实践中不断创新调度手段，不断丰富调度内容，相继推出应急水量调度、常规水量调度、春季融冰期水量调度、生态水量调度等一系列调度方案与措施，打造出了一个个黑河水量调度升级版，取得了一系列科技进步成果，为有限的黑河水资源发挥最大效益，提供了源源不断的科学技术支撑。

研究确定的"年度总量控制、分级管理、分级负责，丰增枯减、逐月滚动修正"的调度原则和"两个确保"的年度调度目标，通过实施"全线闭口、集中下泄"措施，并适时采取限制引水和洪水调度措施，有效地增加了正义峡断面下泄水量。开展的《黑河干流八九十三个月不间断连续调水模式综合评价》《黑河干流河道春季融冰水配置方案编制》等项目，使水量调度时段不断延伸，水量调度措施不断深化，实施水量调度更趋科学。

开展的《黑河干流水量分配方案及调度实施现状评估及优化研究》《黑河流域水量调度效果评估及补水措施分析》《东居延海湿地生态系统健康评

估及生态保护对策》等科研项目，在干流水量调度控制要素、关键指标分析和中下游生态水文演化驱动机制及规律性研究的基础上，利用地表水、地下水耦合的水量调度模型，综合分析不同情境下满足中游最低用水需求、下游绿洲及东居延海湿地生态系统基本需水的水量分配方案，确定了现状工程条件下黑河干流水量分配方案调度优化方案，并对未来工程条件分水方案的优化提出超前建议。

开展的《黑河干流正义峡—狼心山河段蒸发渗漏损失量调查分析》项目，建立正义峡—狼心山河段水量平衡模型，模拟不同来水情境下水流演进过程，为合理确定调度目标提供技术支撑。

《黑河调水及近期治理后评价》研究成果

2005 年开工建设的黑河水量调度管理系统，完成了信息采集与传输系统、计算机网络系统、兰州总调度中心和张掖分中心环境及水量调度决策支持系统建设，开发了黑河水量调度决策支持和信息服务系统。2016～2018 年实施完成的黑河流域水资源监控能力建设，加强重要断面在线监测和生态监测体系，建立了涵盖水资源信息服务、业务管理、应急管理、管理门户和遥感信息服务系统等内容的应用支撑平台、数据存储与管理系统、业务应用系统，为水资源管理与调度提供了科学决策支持。

五是探索建立的符合黑河流域水资源管理实际的体制与机制，为黑河流域生态治理与水资源管理的成功实施，提供了坚实的制度保障。

世纪之交，国家明确黄河水利委员会代表水利部在黄河流域以及新疆、青海、甘肃、内蒙古等省（区）内陆河区域内行使水行政主管职能。为了贯彻落实国务院确定的黑河分水方案，统筹黑河流域经济社会发展和生态环境的用水需求，国家批复成立黄河水利委员会黑河流域管理局，负责黑河流域水资源统一管理与水量统一调度。

20 年来，通过不断努力完善，形成了黑河流域水资源统一管理与行政区域管理相结合、断面总量控制与用配水管理相衔接、统一调度与协商协调相促进的工作机制。实施了分级负责、分级督查，流域机构督查和联合督查相结合的督查制度。实行了水量调度行政首长负责制，2006年起每年向社会公布黑河各级水量调度行政首长责任人名单，接受社会监督。

为了认真贯彻落实国务院确定的黑河分水方案，确保黑河近期治理规划目标的实现，黑河流域管理局、青海、甘肃、内蒙古三省（区）各级政府、两部队等认真贯彻落实水量调度责任制，全力实施"全线闭口、集中下泄"等措施，为黑河流域治理与水量调度顺利推进，做出了重大贡献，在实践中探索形成了具有黑河特色的水资源管理体制机制。通过实施流域治理和水量统一调度，保证了国务院确定水量分配方案的实现，流域生活、生产和生态用水得以合理配置，下游河道断流天数明显减少，生态环境恶化的趋势得到有力遏制。中游地区改变传统生产模式，走节水型发展之路，倒逼产业结构调整转型，节水优先，以水定产，实现了产业升级与生态改善融合发展。黑河流域上中下游、有关各方，携手奋进，克难攻坚，共同谱写了新时代的绿色颂歌，打造出了中国西北内陆河生态治理与水资源管理的"黑河样本"。

二、黑河治理，依然任重道远

黑河水资源管理与水量调度20年，岁月峥嵘，成效显著。天境祁连水丰草美，张掖节水型社会建设逐步深入，额济纳绿洲生机勃发，金色胡杨壮美绚烂，东居延海烟波浩渺。黑河再次焕发了生命活力，一路唱着绿色的颂歌，奔涌流向大漠深处。这是人与自然和谐相处的追寻，标志着黑河开始跨入绿色文明的新时代。

然而，必须清醒地认识到，当前，黑河流域干旱缺水和土地荒漠化的威胁，并未从根本上消除。黑河依然面临着流域水资源总量紧缺与各种用水需求的尖锐矛盾。刚刚复苏的黑河生态系统如同一个襁褓中的婴儿，娇嫩脆弱，难堪狂风暴雨。随着时代快速发展和形势新要求，黑河流域生态治理与保护，水资源管理与调度，还有许多新问题亟待解决，黑河生态环境修复与保护，依然任重道远。

我国西北地区干旱少雨，黑河作为流域水资源的基本载体，直接关系着流域人民群众的切身利益；同时，黑河又是当地人民赖以生存的家园，是河流绿洲的重要支持系统。河流的危机，无论是水量的衰竭失衡还是水质的污染，都将直接威胁当地人民群众的生活、生产和绿洲家园的生态安全，影响到社会稳定和一方的平安。

翻开人类繁衍生息的历史画卷，循着文明社会的发展历程，不难发现，一条大河上下，往往就是若干民族、不同文明共同发展的舞台。历史上，许多灿烂的文明都是依河而兴。一旦河流自身生命系统发生危机，以河流为依托的其他生态系统也就失去了维持平衡的基础。如果一条河流断流、长年干涸，必将导致流域生命系统的衰亡。黑河下游居延海的严重沙漠化，塔里木河流域罗布泊、楼兰古城的历史悲剧，无定河边统万城的悄然消失等史例，无不触目惊心，警钟长鸣。

河流兴则万事兴，河流亡则万物亡。河流生命的核心是水，命脉是流动。河流生命的形成、发展与演变是一个自然过程，有其自身的发展规律，并对外界行为有着巨大的反作用力。每一条河流对于自然和社会系统的承载力都是有限的，经济社会系统的发展必须限定在河流承载能力范围内。生态文明建设一个很重要的内容，就是要为盲目扩张的人类活动限定一个不可逾越的"保护区"，建立人与自然和谐相处的量化指标体系，以水资源供需平衡为基本条件，确定流域经济社会发展的目标和规模，以水资源的可持续利用支撑经济社会的可持续发展。

当前，黑河流域干旱缺水和土地荒漠化的威胁，并未从根本上消除。黑河依然面临着流域水资源总量紧缺，合理平衡人类生产生活用水、河流需水、天然绿洲需水之间的突出矛盾。同时，随着时代的快速发展，黑河流域治理中还有许多问题亟待解决。

一是黑河流域工程建设尚不能适应流域管理需求，对流域内的水电工程建设也缺少必要的统一监管手段。

由于干流缺少控制性骨干调蓄工程，黑河水量统一调度以来，主要采取行政手段，即对中游灌区实施"全线闭口、集中下泄"的措施，水量调度效果极大受制于来水过程。即上游祁连山区的来水（主要以降水为主）无法控制。由此带来水资源配置方式的两个突出问题：加大国家批复的分水方案的实施难度，无法满足中游灌区灌溉高峰期和下游额济纳绿洲春季植被生长关键期的水量需求；其次是对中游灌区用水带来较大影响，难以长久实施。"全线闭口、集中下泄"方式属"靠天调水""顺其自然"的被动调度。正义峡断面水量和过程受天然来水制约，难以精确实现国家批复的分水方案。由于干流骨干控制性调蓄工程尚未建成，无法合理调配中下游生产和生态用水，使得中游灌区灌溉高峰期用水和下游植被生长关键期4～6月的用水需求无法得到满足。同时，黑河上游7个梯级水电站还没有纳入到统一的调度体系中，调水与灌溉及水库蓄水运行的矛盾突出。

二是黑河下游部分河段河道输水损失大，输水效率低，本就十分紧缺的黑河水资源得不到充分利用，也严重影响水量调度效果。黑河下游大墩门至哨马营河段，属典型的游荡型河道，河床宽浅散乱，最宽处达2公里多，加之沙漠入侵和风积沙落，河道内沙丘众多，水流在宽阔的河道内迂回曲折，弯曲散乱，长时间低速行进，导致水流大面积扩散和长时间滞留，输水损失严重。

中游地区建设节水型社会取得了令人瞩目的成绩，在一定程度上遏制了耗水量逐年增加的势头，但是距离中游地区耗水总量指标尚有一定的距离。中游灌区配套情况与水资源短缺程度不相适应，干、支、斗渠衬砌率均不到50%，部分区域仅为20%多；黑河中下游平原水库蒸发渗漏损失量为30%~40%。水资源有效利用率低下，水资源浪费依然存在。

三是黑河流域防洪工程少，仅沿河城镇局部建有防洪工程。已建工程由于建设时间早，工程老化失修，水毁严重，建设标准低，防洪能力严重不足。黑河流域地形复杂，气候多变，浅山区植被覆盖稀少，大部分山区岩石裸露，易造成局部地区暴雨山洪，洪水突发性强、来势猛。由于防洪工程和非工程措施尚未形成体系，基础设施薄弱，防灾能力弱，洪水威胁区人口、财产又比较集中，一旦暴雨山洪发生，往往造成比以往更大的灾害损失。

四是水电开发秩序有待规范。黑河干流上已建、在建的水电站8个，工程兴建和运行缺乏统一规划、统一管理，"电调服从水调"原则难以协调落实，严重干扰了黑河水量统一调度秩序，调水与电站蓄水发电矛盾突出，给流域水资源统一管理和调度造成较大影响。

在生态修复、用水矛盾、依法治河等方面，黑河流域治理和管理也存在着急需解决的问题。黑河流域生态环境仍然脆弱，生态修复非一日之功。黑河水量统一调度和近期治理虽然初步遏制了流域生态环境恶化的趋势，但黑河流域的生态环境仍然十分脆弱。

在上游，水源涵养能力依然较弱，草地退化、土地沙化严重，鼠害、毒草猖獗。近期治理虽然遏制了超载放牧趋势，但超载放牧现象仍未消除，草场负担仍较重。

在中游绿洲局部地区，以防护为目的而建设的农田防护林和人工林出现衰败死亡。绿洲边缘部分地区天然植被和干流湿地有退化现象。部分农灌区存在盐碱化问题。

下游，东居延海水面虽然恢复，但天然林草规模小、覆盖度低，湖区蒸发损失大，水质矿化度高，水质恶化，天然草场超载放牧现象依然存在，东居延海及其周边生态环境依然脆弱。

黑河流域内生产用水和生态用水矛盾长期存在。黑河流域地处欧亚大陆腹地，属极强大陆性气候，干旱少雨，水资源极度匮乏，因此在水资源分配问题上依旧矛盾重重。由于近年来农业扶持政策和粮价上涨，农民种地、发展农业经济的积极性和愿望较高。黑河中下游均不同程度地出现了开荒种地的现象，灌溉面积和用水量超出指标，农业用水挤占生态用水，生产和生态用水矛盾突出，一方面导致正义峡下泄量不能实现国家批复的分水方案，另一方面也导致中游地区以防护为目的生态林出现衰败、死亡情况，荒漠草原退化、沙化，局部生态环境出现退化趋势。

黑河流域管理的法规建设仍需完善加强。目前，黑河干流水量统一调度仍主要依赖行政手段，缺乏必要的法律法规支撑。按照国家"到2020年全面落实依法治国基本方略"的要求，全面实现黑河流域依法治河任务十分紧迫而艰巨。在水量调度中，由于手段单一、法律和经济手段不足，致使调水工作备尝艰辛。尤其是对于发生的水量调度违规行为，没有相应的处罚依据和手段，一定程度上影响了统一调度的效果。由于缺乏经济手段制约，经济杠杆调节不到位，水资源浪费现象依然存在。

同时，黑河流域治理和流域管理基础研究有待进一步提高，科技支撑体系尚显薄弱，在快速发展形势下，水利信息化应用及基础规律研究需要不断升级，为流域综合治理、水资源管理、水量调度及督查提供更有力的支撑。

综上所述，这些都需要在今后的工作中，深化改革，创新发展，统筹规划，突出重点，着力加以解决。

三、延伸规划，擘画蓝图

针对黑河流域治理存在的现实问题，根据国家生态文明建设新形势新要求，当前急需抓紧完善《黑河流域综合规划》，使之得以尽快批复。

2001年国务院批复的《黑河流域近期治理规划》，2004年水利部批复的《黑河流域东风场区近期治理规划》，经过流域上下共同努力，规划确定的近期治理建设项目全部完成。

通过规划的全面实施，提高了上游地区水源涵养能力，促进了中游地区节水型社会建设和经济结构调整，增强了项目区防御自然灾害的能力，强化了下游生态保护和水量配置的手段，有效改善了酒泉卫星发射中心和95861

部队生态环境，为神舟系列飞船发射和重要试验提供了水源保障。初步遏制了黑河流域生态环境恶化的趋势，为流域生态保护提供了工程保障，产生了显著的生态效益、社会效益和经济效益。

这两部规划，都是在黑河流域生态环境出现严重危机的紧急关头，针对当时的关键问题研究编制的。规划期到 2010 年，实施结束至今已经 9 年。随着我国经济社会快速发展，规划所面临的外部环境和规划对象已发生了很大变化，黑河流域治理、保护与管理面临着许多新情况、新问题。因此，为保障黑河流域可持续发展和流域治理与管理工作的持续深入开展，抓紧报批《黑河流域综合规划》，作为指导流域治理开发和保护管理的战略性依据，势在必行，十分迫切。

水资源是黑河流域最具战略意义的宝贵资源。黑河流域的生态建设和环境保护是一项涉及经济、社会等多方面的复杂的系统工程，不仅关系到流域的可持续发展，关系到民族团结、社会安定、国防建设、经济发展，而且影响到西北、华北地区的环境质量，必须从战略高度认识生态建设与环境保护的重要性和紧迫性。因此，根据水利部部署，黄河水利委员会及黑河流域管理局在近期治理规划实施期间，就超前考虑，着手开展了《黑河流域综合规划》的编制工作。

2008 年，为从根本上改善黑河流域生态环境，促进全流域经济、社会与生态的协调可持续发展，水利部批复启动编制《黑河流域综合规划》。该规划的主旨是全面分析总结近期治理的成效、经验和存在的问题，研究提出黑河流域治理、开发、保护的总体布局。

《黑河流域综合规划》是《黑河流域近期治理规划》和《黑河流域东风场区近期治理规划》的延伸和巩固，是着眼于黑河流域治理未来发展的长远布局，落实中央"节水优先、空间均衡、系统治理、两手发力"治水方针的积极实践。

根据黑河流域自然和资源环境特点、战略地位，国家和区域经济社会发展的要求，《黑河流域综合规划》的主要任务是：进一步加强流域生态环境建设，逐步恢复流域生态系统；开展干流骨干工程和灌区节水改造工程建设，合理配置、高效利用水资源；提高防洪能力，确保黑河防洪安全；按照"电调服从水调"的原则，合理开发利用水力资源；完善非工程措施，加大信息化工程建设，提高流域综合管理能力；维持黑河健康生命，支持流域及相关地区经济社会的可持续发展。综合考虑黑河各河段资源环境特点、经济社会发展要求和治理开发与保护的总体部署，明确黑河上、中、下游治理开发与保护的功能定位和主要任务。

为切实巩固近期治理成果，《黑河流域综合规划》将继续加强流域治理和生态建设与保护，按照规划和黑河干流水量分配方案的要求，强化监督管理和水量统一调度，实行最严格的水资源管理制度。规划建设黑河干流控制性骨干工程，协调流域生产和生态用水关系、维持黑河健康生命。全面推进节水型社会建设，提高水资源利用效率，实现流域水资源的可持续利用，支持经济社会的可持续发展。重视科学技术在黑河流域综合治理中的支撑作用，强化水资源优化配置、高效利用、生态建设等方面的关键技术，为流域综合治理提供技术支撑。

《黑河流域综合规划》的规划目标，将近远期相结合。近期目标以生态建设和环境保护为根本，以水资源的科学管理、合理配置、高效利用为核心，充分运用法律、行政、科学、工程等手段，实现以水资源的可持续利用支撑流域经济社会的可持续发展。《黑河流域综合规划》提出了近远期黑河治理的主要任务和目标，确定了水量、水质、防洪、灌溉等 10 项主要控制指标，布局了黑河干流水量统一管理和调度工程、流域生态环境和水资源保护、节水型社会、防洪减灾、流域综合管理等 5 个体系建设，包含了节水规划、水资源利用规划、生态修复规划、梯级规划等 7 个专项规划。规划远期则以维持流域生态系统、创建和谐流域为目标，实现黑河流域人口、资源、生态环境与经济社会的协调发展。

2014 年 12 月，《黑河流域综合规划》通过水利部水利水电规划总院审查，并报送水利部。2015 年 6 月，环境保护部批复了《黑河流域综合规划环境影响报告书》。目前该规划经进一步修改完善，已进入审批程序。

《黑河流域综合规划》针对黑河流域现状存在的主要问题，按照规划的指导思想和基本原则，对黑河流域综合治理提出了科学合理、顺应时代要求的总体布局：

以水资源的科学管理、合理配置、高效利用和节约保护为核心，通过黑河干流骨干调蓄工程建设和河道治理工程建设，建立和完善黑河干流水量统一调度的工程体系；加强流域生态环境建设，通过退牧还草、移牧禁牧、退耕还林还草和实施必要的生态移民等措施，充分依靠生态的自我修复能力，加快天然植被的恢复和生态环境系统的不断改善，严格废污水排放标准，实行入河排污许可制度和污染物入河总量控制，逐步形成流域生态环境和水资源保护体系；调整经济结构和农业种植结构，加大节水力度，全面推行节水，形成较为完善的节水型社会建设体系；加强黑河干支流防洪工程建设和山洪灾害防治，形成流域防洪减灾体系；建立健全流域水资源统一管理调度机制，加快流域信息化建设，逐步形成较完善的流域综合管理体系。

在国家大力推进新时代生态文明建设的背景下，对《黑河流域综合规划》而言，其首要核心就是对生态环境和水资源的保护。因此，新的规划对黑河上、中、下游的生态工程都进行了详细的规划安排。

上游源流区，遵循以生态修复和保护为根本，突出生态效益，兼顾经济效益和社会效益，促进地区经济社会的可持续发展，达到涵养黑河水源目的的基本原则，因地制宜地采取退牧育草、围栏封育、退化沙化草场治理等措施，提高草地覆盖度，增强水源涵养能力。根据当地条件建设一定规模的高产饲草料基地，发展舍饲育肥，在肃南县实施生态移民，减少天然草场的牲畜承载量，在基本实现草畜平衡的情况下，发展当地牧业经济，提高人民生活水平。生态建设工程应重点布置在干流源头及各主要支流地区，有利于发挥直接、有效的涵养水源作用；禁牧育草主要布置在干流和支流源头区高程较高的夏秋草场；在近期治理围栏封育草场的基础上，进一步加大围栏封育草场规模，并优先安排退化、沙化较严重的草场和不易管理的过牧草场；草地治理重点布置在退化严重的"黑土滩"型或沙化草地，做到治理一片，成活一片，保护一片；在草畜平衡分析的基础上，根据需要与可能，实施必要的生态移民，缓解草畜矛盾。

中游及下游鼎新灌区，生态建设要以水资源为核心要素。受水资源总量的限制，生态建设要贯彻"保护优先、预防为主、防治结合"的方针，遵循有限目标、重点突破和有所为、有所不为的原则。采取多种措施，抢救局部濒临死亡的生态林，确保生态环境稳定，根据用水结构调整要求，在缺水严重的山前灌区，结合退耕还林还草措施，开展生态建设。同时，还应严格限制水稻等高耗水作物的种植，结合灌区节水改造，改进灌、排水条件，治理土壤次生盐碱化等。同时，根据水功能区划分，严格废污水排放标准，实行入河排污许可制度和污染物入河总量控制。

下游东风场区，加强沿河天然植被的保护，提高天然植被的自我修复能力。适度发展一定规模的防风林、人工草地，改善场区生存环境。合理配置地表水和地下水，对污水进行处理回用，协调国防科研试验基地官兵生活、生态环境和国防建设的需水，服务于国防科研试验基地建设和发展。

下游地区额济纳旗，在近期治理的基础上，昂茨河分水闸以下绿洲区的6条分干渠向下游延长，归顺河道，将进入东河绿洲区的水量尽可能地向绿洲边缘输送，进行双向控制人工灌溉，为使额济纳绿洲生态恢复到20世纪

80年代水平提供必要的工程条件，服务国家级胡杨林保护区建设；西河狼心山—菜菜格敖包闸河段，可利用原河道进行输水，对西河实施必要的堵支强干等工程措施，提高西河河道的输水效率，同时对聋子河、安都河、乌兰艾立格河和马特格尔河实施一定的工程措施，以满足发展人工灌溉的需要，穆林河作为行洪河道维持现状；在绿洲核心区，严禁超载过牧和垦荒，实施生态移民及必要的配套措施；实施东居延海周边生态修复工程，作为流域生态环境修复的重要标志。

《黑河流域综合规划》还将以重点工程体系为"筋骨"，打造强劲的黑河干流水量调度工程体系：上游建设黄藏寺水利枢纽，合理配置生态和经济社会用水为主，兼顾发电；中游合理向下游配水，确保实现国务院批复的黑河水量分配方案；对下游大墩门至哨马营河段输水损失大、输水速度低的关键河段进行整治。

以节水型社会系统为"血肉"，逐步形成较为完善的节水型社会体系：黑河中游及下游鼎新灌区，严格按照《黑河流域近期治理规划》的要求控制灌溉面积和用水规模，严禁开荒扩耕，实行最严格的水资源管理制度。

为确保实现国务院批复的黑河水量调度方案，对中游干流灌区，要进一步调整农业种植结构和产业结构，加大高新节水的灌溉规模，并进行渠系衬砌和田间配套等常规节水改造；对中游的山丹县、民乐县等山前灌区和甘州区及高台县的沿山灌区，充分考虑当地水资源的承载能力，以退耕还林还草、调整农业种植结构为重点，并实施渠系及田间工程建设、适度发展高新技术节水面积。

同时，通过建立行业用水定额指标，合理确定单位工业产值、城市生活及市政用水定额指标，加大工业和城镇生活节水力度，积极稳妥地推进节水型社会建设。

《黑河流域综合规划》还将建成扎实的防洪减灾体系，开展干支流防洪工程和以预警体系建设的山洪灾害防治，对病险水闸和病险水库进行除险加固，逐步建立流域的防洪减灾体系，确保防洪安全；打造有力的流域综合管理体系，加强流域管理体制、运行机制、政策法规和管理能力建设，强化基础研究，加快流域信息化建设等，让黑河流域综合管理体系更加科学完善。

第二节　打造新标杆

一、新时代，新理念

党的十九大首次将"必须树立和践行绿水青山就是金山银山的理念"写入大会报告，指出：建设生态文明是中华民族永续发展的千年大计，必须树立和践行绿水青山就是金山银山的理念，坚持节约资源和保护环境的基本国策，像对待生命一样对待生态环境，统筹山水林田湖草系统治理，坚定走生产发展、生活富裕、生态良好的文明发展道路，建设美丽中国。

大会新修订的《中国共产党章程》总纲中明确指出：树立尊重自然、顺应自然、保护自然的生态文明理念，增强绿水青山就是金山银山的意识。"绿水青山就是金山银山"生态观的确立，坚持节约资源和保护环境的基本国策，成为新时代中国特色社会主义生态文明建设的思想和基本方略。

黑河流域管理局认真学习、深入领会十九大关于加快生态文明体制改革、建设美丽中国的重大部署，深刻认识到，党的十九大报告提出的生态文明建设新思想、新目标、新要求和新部署，为建设美丽中国提供了根本遵循和行动指南，寄予了人民对未来美好生活的期盼，反映了我们党对人类文明规律的深刻认识、对现代化建设目标的丰富理解。

20年来，黑河流域治理与生态恢复的实践，生动证明了树立"绿水青山就是金山银山"生态观的重要性。

黑河流域管理局成立以来，始终牢牢把握"黑河代言人"的职责定位和使命，全局上下团结奋斗，以超常的工作精神和创新思维，广泛进行用水需求调研，不断探索和改进水量调度方式，密切与地方水务部门沟通协商，营造了"黑河一家亲、同唱生态曲"的浓厚氛围；发挥"工匠精神"，精益求精地做好黑河生态调水方案，在缺乏控制性调蓄工程的背景下，深入分析黑河水资源时空分布规律的基础，探索并实践出一条西北内陆河水量调度的"黑河样本"；坚持流域统一管理与区域管理相结合，以精细化目标管理规范水量调度工作；坚持断面总量控制与用配水管理相衔接，科学制定调度方案，加强实时调度和协商协调力度，通过"全线闭口、集中下泄"措施，并适时进行限制引水和洪水调度，有效增加正义峡断面下泄水量；以法定规章办法为依据，实行水量调度行政首长负责制，向社会公布黑河各级水量调度行政首长责任人和联系人名单，以社会监督的力量加强黑河水量调度的实施。通过多年努力探索，在实践中走出了一条中国西北内陆河流域管理与生态环境保护的成功之路。

进入中国特色社会主义新时代，黄河水利委员会根据中央对生态文明建设提出的新思想、新目标和新部署，对黑河流域管理工作提出了新的要求。黄河水利委员会主任岳中明指出，黑河流域管理要以习近平新时代中国特色社会主义思想为指导，牢牢把握"黑河代言人"的职责定位和使命，紧紧围绕"维护黑河健康生命，促进流域人水和谐"的治理理念，积极打好水量调度、黄藏寺工程建设、兰州基地建设三张牌。更加规范内部管理、规章制度、人才队伍建设，努力打造西北内陆河流域管理的新标杆。

新标杆，重在要有引领作用。经济要发展，但决不能以破坏生态环境为代价。山水林田湖草是一个生命共同体，人的命脉在田，田的命脉在水，水的命脉在山，山的命脉在土，土的命脉在树。新时代，让人们看得到山，望得见水，留得住乡愁。崭新的社会治理模式生根发芽，扩展到城区、山区、林区的每个角落，让生活中处处都是美丽的家园，处处都是故乡而没有乡愁。要打造新标杆，就要针对新情况、新问题，使用新措施、新方法，拿出新状态、新干劲，为其他内陆河和黑河流域治理有关方面的工作做出新榜样、提供新参考。

据此，黑河流域管理局党组研究提出了当前和今后一个时期黑河流域管理与水资源调度工作新的思路：深刻领会习近平治水兴水重要思想的丰富内涵和精神实质，进一步丰富完善黑河流域管理事业发展思路举措。统筹自然生态的各个要素，用系统论的方法做好黑河治理保护与管理的各项工作，加快构建具有黑河流域特点、完善的水资源统一管理和生态环境保护体系，维护和促进流域生态安全、河流健康、人水和谐。紧紧围绕人与自然和谐共生，着力增强流域综合管理能力。牢固树

专家组在黑河下游调研

立绿色发展理念，不断提升黑河治理现代化水平。着力实现重点突破，突出抓好"一库一带一湖"，即黄藏寺水利枢纽工程建设、黑河生态带水资源管理和黑河尾闾东居延海生态修复，重点突破，有所作为。

二、规范管理，精细严实

根据新形势新要求，黑河流域管理局结合自身实际，研究制定了实现"打造新标杆"目标的具体措施。

（一）全面推进规范管理，不断夯实发展基础，推进事业持续健康发展。黑河流域管理局围绕黑河流域水资源管理与调度中心工作，全面强化规范管理，大力推进目标管理。梳理年度重点任务，制定工作目标，细化分解具体任务并纳入目标考核体系，描绘好一年工作的"施工图"。搭建完成以 PC 端、移动端为依托的综合办公系统和目标管理平台，并以会议纪要、现场照片、月度检查简报、总结报告等作为支撑佐证，大力提升管理规范化的水平。

强化制度执行力。规范完善了《黑河黄藏寺水利枢纽工程建设再监督工作暂行办法》等 20 余项制度，将制度执行情况纳入目标管理考核体系定期进行考评，初步形成了靠制度管人、按流程办事、用绩效考核的工作方式，为促进管理水平提高提供了前提条件。

民主管理。在工程建设、财务管理、干部人事等方面严格执行"三重一大"决策程序，自觉坚持民主集中制原则，按制度办事，不搞临时动议、不草率做出决策、不违规行使职权。建立健全工会组织机构、顺利召开第一届职工大会并通过相关制度保障职工知情权、参与权、监督权。

规范财务管理。完善单位内控制度，继续全面推行公务卡结算制度；严格国有资产管理，切实履行政府采购、招投标程序。

加强安全管理。印发年度安全监督工作要点，密集组织安全检查，多次召开专题会议对薄弱环节和隐患进行限期整改。在黄藏寺工程推行安全生产网格化管理模式。以用电设备、灭火器材等为重点，定期开展机关消防安全检查，切实防范和消除火灾隐患。

（二）推行精细化目标管理模式。把年度的总目标分解成分布于全年的若干个小目标，通过逐个完成过程中的一系列小目标完成年度的大目标。黑河流域管理局建立新的目标管理系统，推行精细化目标管理，体现了行政责任担当，彰显的是精益求精的文化，是对执行能力和落实效果的再强化再扩展，是切实将规范管理作为一种价值追求融入日常工作。用具体举措和实践路径，织密规范管理的网格空间，以管理规范化水平的不断提升促进各项工作提质增效。

精细化目标管理，是执行上级决策部署的重要途径，是落实打造西北内陆河管理标杆的具体环节，是实现新时代黑河治理保护与管理事业跨越式发展的有效抓手。从目标管理，政务管理，建设管理，技术提升，人才培养等方面明确思路和具体措施，打造管理的信息高速公路，快速向目标迈进。

2018 年，黑河流域管理局按照"建立台账、明确责任、动态控制、量化考核"的原则，实施全周期、全要素、全方位的精细化目标管理，努力追求"精细严实"的管理成效。"精"是标准，"细"是方法，"严"是要求，"实"是效果，"精细严实"整体构成实施精细化管理的基础、量规和保证。

"精"准对标，做好全年总规划。围绕全年主要工作，及时召开各类专题会议，将工作细化分解为党建与党风廉政建设、精神文明创建工作，以及水量调度、工程建设、安全生产、经济发展、科技管理等业务工作，及时记录、上报和督查目标任务。保证长期任务有跟踪，短期任务快落实，形成了重点突出、全面覆盖、整体推进的精细化目标管理体系。充分调动每一位干部职工干事创业的激情、活力和主观能动性。树立逐项分解、全员参与、责任清晰、量化考评的目标管理和督查督办工作理念。将年初组织召开各个专题会议要求与个人的岗位职责、工作理想和能力特长进行对接融合，将会议成果以工作要点和任务清单的形式汇编成册，统一纳入目标管理系统。向每位干部职工发放要点汇编和任务汇总，明确承办人和协办人，既保证了任务与责任一一对应、分工协作，又确保了干部职工对目标管理工作的知情权、参与权、监督权。

"细"致梳理，织密目标网络。将目标任务按任务周期分为长期任务和短期任务，长期任务全部纳入目标管理平台统一管理，短期、临时性任务以台账式开展督查督办，及时消减、反馈，确保任务及时高效完成。与此同时，根据目标来源与重要程度将任务分为 A、B、C 三类，其中上级下达的工作指标和本级局长办公会议研究确定的局重点任务列为 A 类；局长办公会议、局长专题办公会议研究确定的其他工作任务和各部门、单位职责范围内的主要工作任务列为 B 类；各部门、单位职责范围内的一般工作任务列为 C 类。每项任务均明确唯一主要责任人，目标任务的完成和填报情况直接对接该责任人，若出现未完成或填报不及时的情况，及时通过系统或手机对工作进行督办和提醒。仍不能完成，由责任人向部门（单位）负责人进行解释说明，若未完成的工作为 A、B 类任务，需由部门（单位）负责人向分管领导或主要领导进行说明。以任务周期为横轴、任务重要性为竖轴、任务责任人为纵轴建构 3D 立体坐标，织密压实目标责任工作网，为充分发挥精细化目标管理"记录仪"和"加速器"作用奠定了基础。

"严"抓落实，跟踪任务全过程。以强化督查督办为标尺线，对管理弱项和制度再强化再健全。严肃规范工作流程，各项目标任务审定后，以正式文件下发并录入目标管理系统，强化了目标任务严肃性。制定出台《目标管理督办考核办法（试行）》，规范了目标管理的措施方法和检查考核，为全面推行精细化目标管理提供了重要制度依据。一方面强化执行力就是生产力的理念，将制度执行、工作推进的成效作为工作完成情况的重要评判标准。另一方面将严格督查督办作为任务落实的"最后一公里"，通过日常管理与定期检查相结合，及时掌握各项工作进展情况，以红、黄灯预警功能提醒完成或说明情况，目标任务若出现未完成或填报不及时的情况，及时通过系统或手机对工作责任人进行督办和提醒。安排专人对目标任务的完成情况进行检查和抽查，办公室提交月、季度目标管理简报，每季度召开目标完成督查会议并形成会议纪要，从早从严、真督实查，以强有力的督查督办确保制度执行落地见效，保证各项工作按时完成，力争各项重点工作不遗漏、不放松、不"失分"。

"实"干聚效，步步笃行，久久为功。针对工作难点和制约工作进展的关键问题，召开专题会议群策群力，通过提高督办频次和领导带头攻坚的方式，强力推进工作按时开展。以信息化助力精细化目标管理，搭建完成以 PC 端、移动端为依托的综合办公系统和目标管理平台，并以会议纪要、现场照片、月度检查简报、总结报告等作为支撑佐证，同时方便工作总结、梳理与经验总结。各部门（单位）的领导逐级对工作进展及完成效果进行指导与评价，传授工作经验，有效提高了工作质量，帮助年轻干部成长进步。同时，注重工作总结与资料归档，年底提交各项任务完成情况相关资料和自查报告备查，成立考核组对全年目标任务完成情况进行检查考核，作为评先评优的重要标准。

（三）加强干部队伍建设。事业发展，成功在人。注重选拔业务素质好工作能力强的干部，形成能上能下的用人导向；加强年轻干部培养，注重多岗位锻炼，开展交流与挂职锻炼；采用外部引进与内部培养双模式，积极培养学科带头人；出台相关制度办法，落实各项政策，努力打造一支业务素质强作风硬的流域管理团队。

正在进行的黄藏寺工程建设，其重要意义不仅仅在于项目本身，也承担着为下一步同类项目积累建设管理和运营经验、培养人才的重要任务。黑河流域管理局抓住这一关键机遇，牢牢坚持党管干部原则和好干部标准，通过

黄藏寺水利枢纽工程坝址

一系列更加细致入微的思想工作和具体有力的实际举措,通过危难险重任务、艰苦边远地区检验锻炼优秀干部,重点发现培养德才兼备、吃苦耐劳、勤勉敬业、甘于奉献的年轻干部,鼓励引导他们投身黄藏寺工程建设,在这个大舞台上锤炼意志、汲取营养、提高本领、施展才华。切实把忠诚、干净、担当,经受实践考验的优秀干部选拔使用起来。

黑河流域管理局党组将黄藏寺水利枢纽工程建设作为锤炼培养干部的"摇篮"和"舞台",制定出台《干部服务基层交流轮岗实施办法(试行)》,组织开展"工程建设服务日"主题活动。2017年选派机关8位同志到黄藏寺水利枢纽工程现场开展服务活动,2018年增派2名处级干部到建管中心长期挂职交流支援建设,引进一名处级干部筹划组建水电公司。同时,全力推进水库建设用地征地手续办理、兰州基地建设及水库权益保障等工作,为黄藏寺水利枢纽工程安全度汛及时提供水情汛情等信息支撑,迅速组织力量完成工程各阶段验收,积极安排建管中心干部职工参加黄委业务培训和全局文化活动,完成建管中心薪酬体系改革,支持建管中心党支部创建"黄河先锋党支部"等,有力推动了建管中心党的建设、工程建设、队伍建设、文化建设和干部职工工作生活条件的改善。

(四)精细化水资源配置。经过20年的黑河干流水量统一调度和黑河流域近期治理工作，下游绿洲区河道过水时间、过水量明显增加，河道断流天数逐年减少，有效缓解了下游绿洲进一步恶化的趋势。黑河流域管理局作为流域管理机构，不断优化下游水资源配置方案，根据下游生态环境现状对下游绿洲进行分区，以不同分区对下游绿洲进行更加科学的管理，并以此合理分配黑河水资源，提出黑河下游生态用水指标，为黑河流域综合治理规划和下游水资源的合理配置提供科学依据和技术支撑，以合理分配水资源促进额济纳旗经济、社会和生态建设可持续发展提供理论支撑，有效缓解区域用水矛盾，改善流域生态环境，进一步提高水资源利用效率，为西北内陆河流域管理提供借鉴。

（五）打好"三张牌"。黑河流域管理事业的发展，需要一代又一代黑河人不断探索和大胆实践。面对黑河流域治理与管理中的新问题、新挑战，打造西北内陆河流域管理新标杆，首先要打好水量调度、黄藏寺水利枢纽工程建设、兰州基地建设"三张牌"。

打好水量调度牌。要深刻理解、客观看待黑河水资源总体短缺和新一轮丰水期之间的辩证关系，准确认识、全面把握黄藏寺工程建成前后空白期、蓄水期和水库投入运用期的不同特点，居安思危、未雨绸缪，抓紧进行平枯水年应急调度方案编制。运用无人机、卫星遥感、远程视频等技术，实现水资源管理与调度互联互通互融、可视可看可查。利用遥感技术监督评估中游灌溉面积、下游生态恢复和东居延海湿地面积等变化，收集整理分析历史统计资料。创新完善调度措施，发挥水量调度行政首长责任制作用，着力实现"两个确保"。开展采取工程措施保护和修复东居延海生态的可行性研究，持续跟踪评估健康指标，提出减少蒸发量、控制淤积，改善湖区水质的治理方案。

打好黄藏寺工程建设牌。直面困难和挑战，迎难而上、苦干实干，举全局之力竭力破解制约工程建设的各种不利因素，以实现工程截流为标志，完成建设用地报批，确保移民专项复建项目开工等，实现时间过半、任务过半、投资过半。不断规范合同、计划、施工管理、资金支付和安全生产监督管理，确保不出现工程质量问题和安全生产事故。大力开展黄藏寺工程文明工地创建，全力提升工地现场管理水平。努力将黄藏寺工程建成经得起时间和实践检验的精品工程，为实现黑河水资源的科学管理、合理配置、高效利用和有效保护夯实工程保障，为流域特别是尾闾地区生态系统恢复、良性演替提供有力支撑，为黑河治理开发与管理事业健康发展注入持续不断的活力源泉。

黄藏寺水利枢纽工程是黑河流域管理局可持续发展的"聚宝盆"，不仅对确保黑河中下游地区供水安全、防洪安全、粮食安全、生态安全、国防安全等具有不可替代的重要作用，而且工程自身的土地资源、旅游禀赋、水域特点、发电效益等都对黑河流域管理局整体发展具有重要的"发动机"和"驱动器"作用。

打好兰州基地建设牌。经过坚持不懈的努力，黑河流域管理局通过市场招拍挂形式成功竞得兰州市内10亩建设用地，为黑河事业长远发展和职工生产生活条件改善赢得了先机。为此，要围绕兰州基地建设关键环节、重点任务和突出瓶颈，优化推进流程、倒排进度节点、明确专人紧盯，吃准摸透现行政策法规，强化与地方职能部门协调，合理规划报批建设内容，加快前期手续办理，以"不破楼兰誓不还"的决心和勇气，确保工程如期开建。同时，积极鼓励干部职工建言献策，提出合理化建议，真正把惠及民生的好事办好。

尤其是黄藏寺水利枢纽这张"牌"。作为国务院确定的172项节水供水重大水利工程之一，现已完成工程导截流验收，工程建设进入了一个崭新阶段，距离投产运用并发挥综合效益更进了一步。这对于推进新时代黑河治理保护与管理事业、对于奋力打造西北内陆河流域管理标杆有着重要而深远的意义。

黄藏寺水利枢纽工程是黑河流域综合治理的里程碑，不仅是黑河水资源优化配置和水生态良性维持的关键性工程，也是构建我国北方边疆生态屏障的重要水利支撑。工程建成后能控制莺落峡以上近八成来水，可以保障实现国务院批复的水量分配方案和4～6月下游生态关键期需水要求，同时将黑河中游灌区供水保证率提高到51%，替代中游灌区部分平原水库，年均提高水资源利用量1937万立方米；还可在紧急情况下利用水库死水位和极限死水位之间存蓄的3700万立方米水量，缓解特枯水年生态用水需求。

黄藏寺水利枢纽工程的投入运用必将为黑河水资源的科学管理、合理配置、高效利用和有效保护赋予坚强保障，为流域特别是尾闾地区生态系统保育恢复、良性演替提供有力支撑，为推进黑河治理体系和治理能力现代化书写浓墨重彩的一笔。

黄藏寺水利枢纽是工程建设管理的"练兵场"，其重要意义不仅仅在于项目本身，也承担着为下一步同类项目积累建设管理和运营经验、培养人才的重要任务。

第三节　驱动新引擎

一、谋划"十三五"，布设新举措

近年来，黑河流域管理局认真贯彻落实水利部、黄河水利委员会的部署安排，驱动绿色发展新引擎，布设生态建设新举措，组织编制了《黑河流域管理局"十三五"发展规划》（以下简称《十三五规划》）。对持续开展黑河流域生态治理与保护、着力提高单位核心竞争力和综合实力、强化科技管理和创新等工作，作出了统筹安排，以五项主要工作为抓手，推动黑河流域水资源管理走向新阶段。

"十三五"是贯彻落实党的十八大和十九大精神，全面建成小康社会和全面深化改革、转变经济发展方式、推进生态文明建设的关键时期，也是落实新时期中央水利工作方针，有效破解新老水问题，提升国家水安全保障能力，加快推进水利现代化，实现创新、协调、绿色、开放、共享发展的重要时期。面对新的机遇和挑战，必须谋划全面长远的发展计划，对未来整体性、长期性、基本性问题加以思考和设计，系统编制整套行动方案。编制《十三五规划》是推动黑河流域管理局深化改革、加快发展的必然要求，也是黑河流域生态治理与水量调度工作发展的新引擎、新动力。

《十三五规划》编制的指导思想是：以深入贯彻落实党的十八和十九大会议精神，牢固树立五大发展理念，贯彻落实国家新时期治水新思路新要求，围绕黑河生态治理与保护等中心工作，统筹山水林田湖草系统治理，着力提高单位核心竞争力和综合实力，筑牢科学、跨越发展之路。着力打造业务能力突出、创新能力强、发展基础扎实、管理服务规范、队伍素质过硬、职工自豪感强的新型水利单位。

"十三五"期间黑河流域管理局改革发展的总体目标为：巩固深化生态水量调度成效，力促《黑河流域综合规划》批复，全力推进黄藏寺水利枢纽工程建设，全面推进依法治河管河，大力实施科技兴河，加强基础研究，强化人才培养，理顺政事企管理架构，完善内部管理机制，夯实全局业务支撑体系，提升管理和技术服务水平，壮大流域管理综合实力。

规划提出重点抓好以下五个方面的工作：

（一）强力推进黑河综合治理全面实施

1、不断提升水资源统一管理和干流水量调度水平

黑河水资源统一管理和调度，以生态建设与环境保护为根本，以水资源的科学管理、合理配置、高效利用和有效保护为核心，以经济社会发展与水资源承载能力相适应为前提，不断增强流域水资源供需分析能力，科学制定水量调度方案，创新调度措施，完善沟通协商平台，发挥黑河水量调度行政首长责任制作用，强化监督检查，保证调水秩序和效果，确保实现国务院分水指标，确保东居延海不干涸。同时，按照系统治理的思路科学规划，进行生态水量调度深入研究，提升水资源调控能力，使有限的水资源发挥最大的生态效益。

2、全力推动《黑河流域综合规划》批复，构建系统治理体系

通过黑河干流骨干调蓄工程建设和河道治理工程建设，建立和完善黑河干流水量统一调度工程体系；加强流域生态环境建设，加快天然植被的恢复和生态环境系统的不断改善，逐步形成流域生态环境和水资源保护体系；调整经济结构和农业种植结构，全面推行节水，形成较为完善的节水型社会建设体系；建立健全流域水资源统一管理调度体制，加快流域信息化建设，逐步形成较完善的流域综合管理体系。

3、近期重点加快黄藏寺水利枢纽工程建设

黄藏寺水利枢纽工程是黑河水资源统一管理工程体系中的龙头水库，2022年建成运行。将实现有计划地向中下游合理配水，提高中游灌区保证率，改善正义峡断面来水过程和下游生态供水过程，缓解中游灌溉用水和下游生态调水之间的矛盾；为实现黑河水资源的科学调度、合理配置和高效利用及提高黑河水资源综合管理能力创造条件。

（二）着力推动立法建设，不断强化科研能力

1、持续推进依法治河，增强流域水法治保障

努力推动黑河流域法制化进程，营造加快推进《黑河流域管理条例》立法进程的良好环境。认真贯彻执行水利部《黑河干流水量调度管理办法》，严格执行黑河取水许可制度和建设项目水资源论证制度。着力构建完备的流域管理法规体系、高效的水行政执法体系、健全的依法行政工作机制和有效的法治宣传教育机制。

2、强化流域水生态保护与技术研究

不断增强基础研究能力，为科学治理提供基础依据。积极开展现行分水方案评估优化研究，黑河水量调度效果评估；推进上游水源涵养和生物多样

性水资源保护研究；建立和完善水资源管理与调度技术支撑体系，强化水资源三条红线控制，推进农业灌溉高效节水研究；开展东居延海生态保护系统研究，提出减少湖区蒸发、改善湖区水质治理方案，实现良性生态保护系统，推进水资源优化配置与周边生态工农业用水研究。建立和完善流域地下水和生态监测体系，扩大监测覆盖度，提高生态调度科学决策能力；研究干流梯级电站联合运行调度，发挥联合调度优势提高生态效益、社会效益和经济效益。

以水资源配置与调度管理、水利重大科研专项、国家自然科学基金项目为依托，利用在生态水量调度、水资源管理研究等领域的技术积累，继续联合国家、行业高水平研究机构和高层次院校，申报优势领域、优势类别科研项目。深入开展黑河全方位技术研究，夯实基础试验，集成原始数据，力争在水库工程调度技术、生态水量调度关键技术、流域节水潜力研究等方面，形成一批具有自主知识产权、核心技术的原创性科研成果。在获得黄河水利委员会科技进步奖基础上，冲击水利部大禹水利科学技术奖。注重科研成果的积累运用和先进技术的推广应用，提升论文发表数量和质量，发现培养引进优秀科技人才，不断强化基础支撑能力。

3、加快建设"智慧黑河"

不断推进《黑河水利信息化规划》批复进程，通过黑河干流水量调度系统、黑河干流河道地形图复测、国家水资源监控能力建设等项目，形成黑河流域"一张图"，并采用图视化和远程网络等技术，结合流域骨干水库、重要河道洪水预报，以及中小河流山洪灾害预警，开发监测信息管理系统。利用大数据技术，提炼流域生态水量调度及下游水资源优化配置的有效信息，为流域生态水量调度和水资源管理提供决策支持。同时，结合上游梯级水电站分布、中游平原水库库容、下游生态需水量及水雨情监测系统，为流域应急调度和水资源应急管理提供支持。

（三）努力提升综合管理能力

结合黑河流域管理局发展现状，以目标绩效管理为引领，努力提升管理能力和水平。做好制度的清理完善工作，分门别类建立数据库。强化目标管理，推行绩效考核，明确各级人员岗位职责和工作任务，细化工作目标与进度，确保流程清晰、职责明确；梳理、优化各业务工作的主要流程和指标要求，实现标准化、程序化和信息化，实现高效工作机制。结合工作实际，认真学习相关政策，深入开展调查研究，提出解决问题的对策建议，加强智库建设；密切与上级和相关部门的沟通，强化横向联系与纵向对接，保持畅通渠道，注重信息收集与交流；强化黑河网建设，加强与中国水利报、黄河报（网）、黄河电视台等行业内外媒体联系，扩大黑河治理保护与管理的行业关注度和社会影响力。

依据国家机构改革要求和上级统一部署，进一步整合局属各单位职能。强化研究中心科研和创收能力建设，打造黑河管理局人才培养和经济创收引擎。不断积累成果业绩、吸引优秀人才，为提升资质等级创造条件。研究成立咨询公司或设计公司的可行性，为规范运转和可持续发展打下基础。以组建祁丰水电公司为契机，全力打造黑河管理局新的经济发展平台。

（四）努力推动经济高质量可持续发展

依托黑河流域管理局在流域治理保护与管理方面的独特优势，以提升科研水平、开展设计咨询、探索施工和监理、推动多种经营、谋划水库经济等五大发展板块为主干，不断增强单位综合实力。

全力推进研究中心资质提升，引进和培养领军人才，借力相关合作单位，扩宽技术服务渠道，不断争取工程咨询、设计等业务项目，增强市场开拓能力、核心竞争能力和长远发展能力。发挥在西北内陆河的技术和管理优势，积极参与流域有关方面的水利、农业、交通等领域河道治理、生态保护、水资源论证、水土保持等技术服务。在黄藏寺水利枢纽工程建设期间，利用自身优势开展防洪影响评价、水文预报等业务，提高成果质量，为工程参建有关方面提供优质服务。

在黄藏寺水利枢纽工程建设和后期工程维护管理中，立足和发挥好流域管理优势，运用好现有建设人才和管理经验，申报施工和监理业务资质，力争在施工和监理、代建业务有所突破。实现土地收益最大化，提前介入、全面规划，及时对已征用土地资源进行确权划界，提高土地开发效益。充分利用祁连营地、兰州基地建设，在国家政策允许范围内，采取合作开发、房屋租赁、对外短租、旅馆服务等方式拓宽收入渠道。提前谋划水库经济，结合工程布置特点和现代旅游业发展规律，编制整体旅游规划，形成集山水自然风光和水利工程景观于一体的大型旅游区。同时，考虑黄藏寺库区水质水温特点和地理海拔特征，适时发展渔业养殖、经济作物种植等产业，力争水库经济效益最大化。委托成熟的水电站运营单位进行日常管理，提升电站装备质量和机组运行水平，降低运维成本；积极研究国家相关政策，做好上网电价核准的前期工作，力争发电效益最大化。

（五）全面加强人才队伍建设

在做好需求分析基础上，落实完善人才需求滚动规划。以重点工程、科研项目为纽带，以创新团队建设为核心，健全人才培养机制，加强专业技术

婀娜多姿的胡杨林　董保华摄影

人员继续教育,加大经营、管理人员培养力度,拓宽青年骨干培养渠道,抓好科研、经济和管理复合型人才选拔和使用。

通过人才引进、挂职锻炼、交流轮岗、选拔培养等多种方式,提升人才队伍素质。通过组织安排和个人报名相结合,鼓励工作经历单一、发展潜力大的年轻干部到艰苦边远地区、复杂环境条件经受锻炼、建功立业。着眼干部队伍建设大局,强化机关与企(事)业单位之间的干部双向交流。

不断完善人才评价标准和绩效考核办法,改进单位岗位管理模式,用好经济收入和荣誉称号双重激励作用,使人才在创新创造中有获得感、成就感、自豪感,激发广大职工干事创业的积极性和动力源。

到 2020 年,专业技术人才比例大幅提高,专业技术人才比例更加科学,专业技术结构进一步优化。机关和局属单位之间年轻干部双向交流的比例显著增加,工作经历和领导能力不断增强。通过合理竞争和有效激励,争取在综合管理、科研、经济等领域有 5 ～ 10 名拔尖人才脱颖而出。

二、健全水法规,推进水法治

当前,我国在以流域为整体的水资源统一管理立法,特别是涉及水量调度、流域地下水资源管理等方面,仍缺少针对性、可操作性的法律依据和相应处罚措施。因此,针对黑河流域水资源管理存在的现实问题,迫切需要补短板,加快黑河流域立法工作。

为合理利用黑河水资源和协调流域用水矛盾,国务院 1997 年确定了黑河干流水量分配方案。2000 年水利部颁布了《黑河干流水量调度管理暂行办法》,

2009 年水利部进一步修订颁布施行了《黑河干流水量调度管理办法》，成为国家层面针对黑河水量调度管理的第一部规章，开创了依法管理调度黑河水资源的新局面。对于合理配置黑河流域水资源，促进流域经济社会发展和生态环境改善，起到了积极的作用。

但随着形势发展，现行规章在实施过程中明显表现出层级偏低和调整范围偏窄、规制手段单一偏软，已不能完全适应黑河流域水资源管理的形势发展和工作需要。在处理流域内不同地区、不同部门之间的利益冲突以及开展黑河流域水资源规划、管理、保护等工作方面表现出诸多局限和不足。迫切需要出台《黑河流域管理条例》，以规范黑河流域管理各方面的行为，协调各方的关系。

2013 年 10 月 26 日，国家发展和改革委员会在印发《关于黑河黄藏寺水利枢纽工程项目建议书的批复》中，明确提出要加快《黑河流域管理条例》等法规立法工作进程，作为开展黄藏寺水利枢纽工程建设的重要支撑。

多年来，黑河流域管理局在《黑河流域管理条例》立法前期工作中开展了基础性政策研究工作，取得了一定的研究成果。但是，由于各项目之间逻辑关系并不紧密，目前立法推进工作缺少系统性、靶向性指引。因此，必须加快开展《黑河流域管理条例》立法框架体系研究。在系统梳理、整合前期研究项目成果的基础上，在全面推行河长制的政策背景下，强调问题意识，做到有的放矢，紧扣黑河实情，突出流域特色，在现行水法规的框架下兼顾可行性与创新性，深入推进《黑河流域管理条例》立法工作。

《黑河流域管理条例》立法前期研究中，注重体现以下内容：

（一）实行水资源管理"三统一"原则。维持黑河健康生命，实现人与自然和谐相处，是坚持科学发展观，构建社会主义和谐社会的重要组成部分，事关地区供水安全、粮食安全、生态安全、以及西部乃至全国环境安全，乃关系社会安定、民族团结、国防稳固、国家振兴的大事，需要中央和地方以及社会各界齐心协力，综合治理，坚持不懈，久久为功。

黑河流域管理应坚持实行水资源统一规划、统一管理、统一调度的"三统一"原则。黑河流域水资源统一规划，要针对当地干旱缺水和土地荒漠化的突出问题，坚持水资源可持续利用的原则，全面规划、统筹兼顾、标本兼治、综合治理。依据流域或区域经济社会发展和当地水资源条件，按照人口、资源、环境与经济协调发展的原则，维持河流健康生命，支撑社会经济持续发展。一是要体现量水而行、以供定需的原则，首先立足当地水资源的可持续利用；二是要统筹兼顾，实现干流与支流、地表水与地下水、水量与水质的统一安排。

水资源规划是开发利用水资源和防治水害活动的基本依据。规划要按照"区域规划服从流域规划，专业规划服从综合规划"的原则进行编制。

（二）实行流域管理与区域管理相结合的原则。黑河流经青海、甘肃、内蒙古三省（区），由黄河水利委员会所属黑河流域管理局进行流域管理，并与流域内各省区的区域管理相结合。流域管理的基本宗旨是贯彻新时代生态文明建设思想，实施社会经济与生态环境持续发展，具体原则包括计划用水，节约用水的原则；综合利用，讲求效益的原则；加强协调，统筹兼顾的原则等。

（三）强化取水许可制度管理。取水许可制度管理是体现国家对水资源实施统一管理的一项重要制度，是调控水资源供求关系的基本手段。按照水资源分级管理的授权，流域机构和当地水行政主管部门负责取水许可制度的组织实施和监督管理。根据《水法》规定和水利部授权，对黑河实施取水许可制度管理。

（四）实行计划用水、节约用水的管理制度。黑河流域用水部门众多，用水要求各异，水资源供需矛盾突出，必须根据不同的管理需要和用水要求编制不同行业和用户的用水计划，全面实行计划用水制度。节约用水是我国的基本国策，黑河水资源十分紧缺，必须厉行节约用水。通过水资源的统一管理和实行计划用水，采取经济的、技术的、行政的方法，形成一个节约用水的管理制度。

（五）实施流域水量水质统一管理。根据水资源保护要求和水环境承载力配置可能，流域管理机构需制定不同水资源条件下的污染物入河总量控制方案和实施计划，经有关部门批准后，方可按照管理权限，实施排污入河许可管理。

（六）地下水资源管理。在明确区域地下水资源开采总量控制原则的基础上，对流域内已划定的地下水禁采区、限采区进一步强化取水许可审批、监管，鼓励以水权交易获取地下水资源开采权，并考虑赋予流域机构一定权限的地下水取水许可审批。

（七）强化最严格水资源管理制度，用水定额管理。最严格水资源管理制度是当前水资源管理的核心内容和基本要求，确立用水总量控制、用水效率控制和水功能区限制纳污"三条红线"，对于实现水资源高效利用和有效保护，保障生态经济建设、促进生态文明建设具有重要的意义。用水定额管理是依法治水、科学管水、节约用水的基础，是强化水资源管理、引导全社会提高用水效率、实现用水总量控制、进而实现水资源可持续利用的关键举措。黑河流域是资源性缺水地区，水资源弥足珍贵，在黑河流域实行最严格的水

东居延海生物多样性得到恢复

资源管理制度显得尤为重要。应该根据流域实际情况，研究细化和衍生同类相关政策、制度，形成一种长效机制，促进流域水资源规范管理和可持续利用。

（八）明确流域机构监管权限。开展《黑河流域管理条例》立法研究，应切实强化流域管理机构对涉水问题上的执法监督权，并有效衔接水法规、行政法规、刑法等处罚措施。

全面推行河长制，是解决我国复杂水问题的有效举措，是维护河湖健康生命的治本之策，是保障国家水安全的制度创新，是中央作出的重大改革举措。在黑河流域三省（区）全面推行河长制，将有助于黑河水资源的合理有效开发，解决黑河复杂水问题、维护河湖健康生命、完善水治理体系、保障水安全，形成治理黑河长效机制。

这样，从源头到尾闾，从干流到支流，关爱黑河、珍惜黑河、保护黑河，深入人心，蔚然成风。经过有效管理，持之以恒、久久为功，"河畅、水净、岸绿"的美丽黑河目标就一定能实现。

第四节　迈进新征程

一、巩固扩展黑河生态水量调度成效

迈进新时代，在习近平新时代中国特色社会主义思想和党的十九大精神指引下，黑河治理保护与管理事业紧紧围绕中央"十六字"治水方针和水利部治水总基调，深入贯彻落实黄河水利委员会党组"规范管理，加快发展"总体要求，巩固扩展黑河生态水量调度成效，研究建立黄藏寺工程建成后水量调度新模式，统筹"山水林田湖草"系统治理，正在沿着生态文明的大道阔步前进。

党的十九大作出了加快生态文明建设、建设美丽中国的战略安排，既为黑河流域治理开发与管理事业发展提供了新的机遇，也对进一步提高黑河综合治理能力、完善生态调度措施提出了更高的要求，形势催人，任务艰巨。黑河流域管理工作必须坚持以习近平新时代中国特色社会主义思想为统领、推动工作、指导实践，推动黑河流域管理各项工作向纵深发展。

（一）始终坚持以社会主义生态文明观统领黑河流域综合治理。党的十九大报告将建设生态文明提升到中华民族永续发展千年大计的战略高度，强调要像对待生命一样对待生态环境。人与自然和谐共生，是历史发展的必然趋势，是生态文明建设的时代要求。确立科学的生态伦理，确立一种新的生态观，需要开展生态伦理教育，使之作为一种责任在全社会普及，推进全民生态环境意识水平提高。

黑河流域综合治理源于生态安全、始于生态保护，也必须驰而不息地立于生态文明、行于生态建设。黑河流域管理将牢固树立和践行"绿水青山就是金山银山"的理念和社会主义生态文明观，认真落实最严格的生态环境保护制度，协调统筹流域"山水林田湖草"系统治理，不断创新完善流域管理方式方法，有效促进河长制与流域管理深度融合，积极强化黑河水法规体系建设，着力提升黑河治理科技含量，大力推进黑河治理体系与治理能力现代化，为促进流域及相关地区形成绿色发展方式和生活方式，为巩固流域生态屏障、确保流域生态安全做出积极贡献。

黑河融冰　脱兴福摄影

（二）巩固扩展黑河生态水量调度成效。经过十几年的工作实践，初步探索出了一套符合黑河特点的水资源管理措施和水量调度模式。当前，黑河流域生态环境敏感脆弱的特性没有改变，黑河水资源总体短缺的形势依然严峻，黑河水量调度与管理的手段仍显单一。同时，国家对生态文明建设的要求越来越高，流域人民对美好生态的需要日益增长。这些都需要毫不动摇地把生态文明建设作为黑河水资源统一管理与调度的主题主线，在持续开展生态水量调度的基础上，进一步把握黑河健康生命的本质属性和内在规律，进一步强化水量统一调度的生态功能和涵养作用，进一步通过水资源的有效供给促进流域产业结构转型升级和生态环境良性演替。同时，还必须全面落实最严格水资源管理制度，强化"三条红线"刚性约束，健全三级行政区域的总量控制指标体系。推进水资源消耗总量和强度双控行动，在国务院批准的分水方案框架内，合理安排生活、生产和生态用水，不断提高水资源利用效率和效益。

（三）加快推进黄藏寺水利枢纽工程建设。黄藏寺水利枢纽工程是黑河干流首座生态水量调度骨干调蓄工程。工程建成后将为实现黑河水资源的科学调度、合理配置和高效利用，为流域特别是尾闾地区生态恢复提供有力的工程保障，同时还可直接增加有效投资，带动相关产业发展，提高贫困地区、民族地区税收收入。黄藏寺水利枢纽可以说是一项注入生态元素的扶贫工程、民生工程、绿色工程。一定要迎难而上、攻坚克难，把握民族政策、进一步完善水保和环保措施、强化工程质量和安全管控，努力将黄藏寺水利枢纽工程打造成经得起时间和实践检验的精品样板。

（四）提高水量调度科技水平。要深刻理解、客观看待黑河水资源总体短缺和新一轮丰水期之间的辩证关系，准确认识、全面把握黄藏寺工程建成前后空白期、蓄水期和水库投入运用期的不同特点，居安思危、未雨绸缪，抓紧进行平枯水年应急调度方案编制。运用无人机、卫星遥感、远程视频等技术，加快水量调度模型建设，实现水资源管理与调度互联互通互融、可视可看可查。利用遥感技术监督评估中游灌溉面积、下游生态恢复和东居延海湿地面积等变化，收集整理分析历史统计资料。进一步完善黑河流域生态监测系统，增加监测的覆盖范围，为提升生态调度精细化水平提供先决条件。配合有关单位改造完善现有水文监测站网，合理补充巡测监测基地，为黑河水资源统一管理与调度提供可靠的水文监测硬件。

要审视大纵深的时间维度和大数据的资料统计，提高来水、需水、用水等监测、预报、预警的覆盖率、准确度和时效性，以切实可靠的水资源承载

力评估为基础,强化"三条红线"刚性约束指标,有效促进绿洲区调整产业结构、控制无序发展。

（五）持续推进节水型社会建设。节水型社会建设是一场深刻的社会变革,成功的关键是政府的转型。从传统用水粗放型社会走向现代节水型社会,要求政府运作方式经历"四个转变"。第一,从分割管理转向统一管理。从对水量、水质分割管理以及对水的供、用、排、回收再利用过程的多部门管理转变为对水资源的统一调度和统一管理。第二,从工程建管转向宏观调控。水公共部门要政企分开、政社分开,转变政府职能,从主要兴建、管理工程转向提供公共物品和公共服务。第三,从排斥市场转向市场友好。要在经营性领域打破垄断,全面开放市场,建立利用市场促进用水效率提高和社会资金投入的新机制。第四,从封闭决策转向参与透明。要在水资源管理的各个环节全面贯彻公开透明、广泛参与和民主决策的原则。大力宣传试点经验,提高全社会对节水型社会建设的认识。

二、研究黄藏寺工程建成后水量调度新模式

黄藏寺水利枢纽工程建成后,配合黑河中下游河道治理和中游引水口门改造工程,可有计划地向中下游合理配水,提高中游灌溉保证率,替代中游灌区大部分平原水库,改善正义峡断面来水过程和下游生态供水过程,缩短中游闭口时间,缓解灌溉用水和调水矛盾,为长久落实国务院批准的黑河水量分配方案提供工程条件。

黄藏寺水利枢纽工程将在科学调度黑河有限的水资源,促进黑河水量分配方案的落实,实现流域社会经济用水和生态环境用水的协调发展方面发挥重要作用。工程建成后通过生态调度,保证黑河下游生态水量,促进国务院分水方案的落实,并在一定程度上促进中游灌区的节水改造,提高了中游灌区灌溉用水的保证程度,为科学调度黑河有限的水资源,实现流域经济社会用水和生态环境用水的协调发展奠定工程基础。

黄藏寺水利枢纽工程建设是落实流域相关规划目标的必要条件,是《黑河流域近期治理规划》和《黑河流域综合规划》确定的流域控制性水利枢纽,工程建成后可通过水库的调度,避免中游灌溉与下游生态关键需水期的矛盾,保证黑河下游生态关键期的用水,使国务院确定的分水方案进一步细化和优化;增加了水资源调度运行的方法,为下游生态恢复提供了基础保障措施。因此,该工程建设是一项实现流域相关规划目标的核心工程,也是实现流域

黄藏寺水利枢纽效果图

人口、资源、环境与经济社会的协调发展的重要工程措施。

黄藏寺水利枢纽工程将在促进黑河流域关键期生态水量配置调度方面发挥重要作用。根据相关统计及研究资料，20世纪50～80年代黑河下游额济纳绿洲生态系统良好状态下，4～6月正义峡断面来水量为1.3亿～1.4亿立方米。黄藏寺水库建成后正义峡断面4～6月下泄水量为1.52亿立方米，比20世纪50～80年代4～6月正义峡断面下泄水量多0.12亿～0.22亿立方米。因此，通过黄藏寺水库调蓄提高下游生态关键期用水保障程度，为促进黑河下游生态系统恢复并维持在20世纪80年代水平创造条件。

黑河干流中游涉及甘肃省张液市的甘州区、临泽县和高台县等三县（区）的12个灌区共182.69万亩，中游灌区灌溉高峰期用水矛盾突出，每年均在5～6月出现"卡脖子旱"，中游灌区灌溉保证程度低。黄藏寺水利枢纽工程运行调度方式中，充分考虑了中游灌区需水，促进了中游灌区农业灌溉条件的改善。工程建成后，将在促进中游灌区节水措施深化调整和农业灌溉条件改善方面发挥重要作用。

三、研发黑河生态水量精细化调度模型

黑河生态水量调度经过 20 年实践，取得了良好的生态效益、经济和社会效益。进入新时代，黑流域经济社会发展水平和用水结构已经发生重大变化，流域水资源供需矛盾依然尖锐，如何构建更加符合黑河实际的水量调度综合保障体系，进一步提高水资源利用效率和效益，是当前亟待研究的重大问题。

为适应新形势对流域水资源管理与水量调度的要求，黄河水利委员会主任岳中明强调黑河水资源一定要实现精细化管理和重要节点水资源的目标管控，要做到有月计划、旬计划，每一个引水口引水量都要掌握，不能年底一起算账；黑河生态水量调度要提升档次，不能只凭经验，要善于利用数学模型，积极研发黑河局自己的精细化调度模型，基于模型模拟重要节点的来水量和下泄量，提高水量调度的理论化水平和技术含量，为打造西北内陆河流域管理标杆提供技术支撑。

为此，黑河流域管理局研究决定，成立由局长刘钢任组长的黑河流域生态水量精细化调度模型项目领导小组，下设项目工作组。2019 年 6 月，项目工作组编制的工作大纲通过黑河流域管理局内部审查，黑河流域生态水量精细化调度模型的研究工作正式启动。

近年来，国内外面向黑河流域水量调度模型的理论研究与实践应用，取得了大量成果和多方面进展。

国内科研单位从调配体系、调配模型、调配方法、调配机制和效果评价等角度出发，分别开展了黑河流域水资源调配的研究，提出了以"模拟－配置－评价－调度"为基本环节的流域水资源调配体系，建立了黑河干流水资源调配的多目标优化模型、基于动态规划的黑河流域水资源调配方案、初始水权配置指标体系，利用矛盾数理解析法研究黑河流域水资源利益冲突，获得水资源均衡调配方案，将黑河中游地下水动态模拟模型与水资源配置模拟模型相衔接，进行水资源供需平衡分析。

国外专家学者对于黑河流域水资源调配，也开展了大量研究工作。其中有以需求为导向，通过水资源供需平衡研究，为黑河流域中游灌区水资源调配开发的决策支持系统；研究黑河流域中游农业产出与下游生态可持续性之间的交易关系；研究构建了用户参与式多属性决策支持模型；利用多维临界调控方法设置黑河流域多种水资源调配方案，应用非精确随机规划方法实现最优方案下的黑河流域水资源分配等。

　　黑河流域管理局开展的相关研究主要有，在土地开发利用调查分析研究方面，基于遥感解译获取了多期生态环境类型的时空分布变化情况；建立的生态环境动态预测模型，对未来黑河流域土地利用变化进行了预测；水资源配置研究方面，构建了地表水~地下水联合配置模型、多目标优化生态水量调度模型，确定不同水平年黑河中游地表水、地下水利用水量和利用时机，对进入下游额济纳绿洲的生态水量进行合理配置；在水量调度模式方面，创新提出"八九十"三个月连调模式，构建了地表水－地下水数值模型评估调度效果；在河道水量损失研究方面，构建了正义峡~狼心山河段水量平衡模型，模拟不同来水情景下水流演进过程，掌握了不同调水情况的河道渗漏量，为进一步提高实时水量调度的科学性和可操作性提供了技术支撑；开展的水量调度效果评估，总结分析了"97分水方案"实施以来水量调度效果、水资源时空变化规律，评价了黑河尾闾东居延海湿地生态系统健康现状，提出了针对湿地健康水平的调控对策。

　　研发黑河流域生态水量精细化调度模型，旨在基于已有成果，实现径流预报模型、水库群调度模型、水文模型和地下水模型之间的耦合集成，开发包括产汇流模块、中下游地表－地下水模块、中下游需水模块、水库调度模块、中下游水资源配置模块等及软件定制开发的综合实用系统，突破单一条件下水资源配置方案模式，实现流域水量精细化调度和配置。本项目的开发目标是，面向多目标配置的精细化水量调度，为黑河生态水量调度和水资源高效利用提供技术平台。其主要构架包括：

　　（一）黑河上游产汇流模型构建。根据上游存在冰川和冻土的特点，采用考虑冻融过程的产汇流机理方法，同时结合上游降雨时空变异性较大的特点，构建上游分布式水文模型，模拟不同降雨条件下的产汇流过程，利用历史数据对模型参数进行率定和验证。

　　（二）黑河中下游地表－地下水模型构建。针对黑河中游地表水和地下水交换频繁的特点，基于地表产汇流模型和地下水循环模型，构建耦合地表－地下水过程的水文模型，同时考虑河道强渗漏特点，改进洪水演进模块，采用中下游监测数据对模型参数率定和验证。

　　（三）黑河中下游需水模型构建。利用遥感技术解析黑河中游农业种植结构和灌溉面积，以定额法为基本方法，同时采用趋势法等进行复核，构建中游需水模型；基于遥感手段反演下游绿洲植被演变过程，分析不同植被群落生态需水过程和需水量，构建下游生态需水模型。

　　（四）黑河中下游水资源调配模型构建。根据水资源配置模型建模思路，按照径流、取水、退水以及重要断面的水力联系，考虑主要断面控制要求和工程情况，绘制水资源系统概化图。采用分解、协调、耦合的方法，以水库调度为手段，以取水控制和总量控制为调控手段，采用交互式方法实现水资源调度和配置。基于春季融冰期水量调度、一般调度、关键调度、洪水调度等实例验证模型。

（五）数据库系统设计和开发。基于数据库系统有效管理各类数据，利用计算机对各类数据（综合数据或模型数据）进行存储、查询、校核、汇总和制表，有效支持模型库中各类模型的运行，存储模型计算结果。

基于上述构建的模型及数据库系统，耦合各模型的相关过程，建立精细化调度模型综合平台。通过对历年水库运行调度情况、各河段取退水情况、水资源配置情况等历史数据的统计分析，率定和验证模型参数。从断面水量、水库调度、用户供水、生态需水等方面分析模型调度和配置方案的合理性、可行性，并采用相关方法对配置结果进行评价。

近年来，黑河流域管理局所属的黑河水资源与生态保护研究中心，致力于黑河水循环和水量调度方面的研究，参与多项国家重大科技项目与相关基础研究工作，积累了流域土壤、气象、水文、植被等大量基础数据和模型研发经验，为该项目的实施提供了坚实基础和有力支撑。

黑河生态水量精细化调度模型的构建计划分三年完成。可以预期，随着这件"新式武器"的问世，黑河流域水资源科学管理、优化配置与精细化水量调度，将跃上一个新台阶。

四、沿着生态文明大道阔步前进

为推进新时代黑河生态治理保护与水资源管理事业现代化进程，黑河流域管理局提出，当前和今后一个时期将围绕统筹山水林田湖草系统治理，通过"一库一带一湖"的实施，促整体，带全局，实现新时期黑河生态治理保护与水资源管理事业的新跨越。

"一库"，即黄藏寺水利枢纽工程建设及上游水资源涵养区。将黄藏寺工程建设摆在黑河治理的显著位置，以确保工程如期竣工并发挥综合效益为目标，统筹谋划、精心组织、科学管理，举全局之力协调用地报批、推动工程建设、把控资金支付、狠抓安全生产、强化质量监管、做好移民工作、落实环保水保措施，积极开展黄藏寺工程及上游水资源涵养区相关研究的项目储备、立项和实施，保障各项工作顺利完成。

在确保黄藏寺工程各阶段施工按计划推进的同时，重点开展《黄藏寺水利枢纽工程水库旅游规划》《黑河源区产汇流机理及生态环境保护措施研究》《黑河上游黄藏寺水库调度运行方案分析》以及"黄藏寺坝址以上水文情势分析、水库可调控水量及黄藏寺以下梯级电站蓄泄规律、中游耗水规律及下游生态需水研究"等研究任务。

"一带"，即黑河流域生态保护带，主要开展流域水资源管理和流域综合治理。协调流域各方，以提升生态系统质量和稳定性、维护生物多样性为目标，共同谋划推进黑河水资源高效利用和流域综合治理。完善沟通协商平台，创新调度管理方式，切实发挥水量调度行政首长责任制作用，着力实现"两个确保"。加强来水、需水、用水监测，提高预警预报准确性和时效性，强化"三条红线"刚性约束指标，有效促进绿洲区产业结构调整和生态良性演替。进一步促请上级加快《黑河流域综合治理规划》审批进度。

围绕黑河生态保护带，要开展以下黑河水量调度相关工作。

精心编制水量调度方案，创新完善调度措施，确保正义峡下泄水量指标，确保东居延海不干涸，保障绿洲核心区和生态脆弱区用水；深入贯彻执行最严格水资源管理制度和《黑河干流水量调度管理办法》，认真落实水量调度行政首长责任制。

通过无人机、卫星遥感等新技术应用，助力水资源管理与调度互联互通互融、可视可查。编制《黑河水利信息化规划》，开展"智慧黑河"建设实践，进一步促进黑河治理信息化、现代化。

积极推进流域河（湖）长制工作。发挥流域机构职责，强化系统内外信息沟通和工作协调，加强包片省（区）河（湖）长制督导检查，有效促进流域管理与河（湖）长制工作深度融合。

开展黑河流域生态红线划定工作。积极推动黑河流域生态保护红线划定方案。

开展河湖生态水量（流量）研究工作。按照水利部和黄河水利委员会统一部署，开展河湖生态水量（流量）分析计算工作，提出维持黑河健康生命的生态流量指标。

开展《干旱区宽浅型河道渗漏规律及对洪水演进的影响机制》《黑河水量调度效果后评估》《基于分水方案的黑河中游用水总量控制分析》《黑河流域农业用水耗水总量控制实施评估》等研究项目的申报立项工作。开展中游地区农业用水耗水实时监测与评估，统计估算中游地区农业用水总量，分析农业供需水与水量调度计划关系，开展中游用水规律研究，为实现国务院

黑河畅想曲　脱兴福摄影

分水方案与"三条红线"之总量控制要求有效对接提供理论依据。

　　开展《黑河平枯水年应急调度方案》编制，进行平、枯水年应急调度方案研究，确定干旱预警等级及生态基流，优化上游骨干水库及中下游供水水库联合调度方案；开展 2000 年、2010 年及 2017 年三期数据动态变化分析，分析黑河中下游生态环境变化特征和趋势；开展《黑河流域用水总量控制与水量调度计划实施评估》《黑河干流中下游地区生态环境变化情况调查分析》《黑河中游水量调度时机优化研究》《干旱区绿洲生态安全的地下水支撑条件技术示范 – 黑河流域灌区信息收集与实施效果评估》等研究工作。同时，开展外流域调水可行性研究。结合南水北调西线调水，统筹考虑黄河流域（片）水资源，以解决黑河资源性缺水问题。

　　做好《黑河干流水量分配方案分析评价及优化研究》《黑河干流正义峡—狼心山河段渗漏损失量调查分析》《黑河干流河道春季融冰水配置方案编制》等项目成果推广应用。

　　"一湖"，即尾闾东居延海生态修复。研究不同来水条件下东居延海生态修复的任务目标和健康指标，科学评估确保东居延海不干涸、维护生态核心区生态安全所需基本水量及可维系的最长周期，开展采取工程措施保护和修复东居延海的可行性研究，最大限度地发挥水资源生态效益，提出减少蒸发量、改善湖区水质的技术方案。

围绕"一湖"，重点推进《东居延海生态修复工程相关前期研究》《黑河下游额济纳绿洲生态水量配置方案编制》《黑河下游额济纳绿洲水资源配置规划编制》等项目的前期立项；分析黑河下游入境水量和东居延海水量变化规律，计算额济纳绿洲各分区的生态需水，编制不同来水情景下各分区水资源调度配置方案；完成《黑河调水以来额济纳三角洲地表水与地下水资源变化调查与评估》《黑河干流水质资料成果整编及变化趋势分析》《东居延海库容及面积变化分析》《黑河中下游面向生态的再生水资源利用模式》《策克口岸水资源配置方案研究》等基础研究。

可以预期，通过黑河流域综合规划实施，"一库一带一湖"重点任务的落实，进一步深化节水型社会建设，提高水资源利用效率，加强水资源统一调度和管理，流域水资源供需矛盾将得到有效缓解，为黑河流域生态环境保护、经济社会可持续发展提供可靠的保障。

黑河流域生态治理、水资源统一管理与调度20年的奋斗历程，是追溯前世的岁月回响，是一场归本人水和谐、绿色发展的大道之行。20年来黑河流域发生的巨大变化，见证了黑河流域从"失乐园"到"复乐园"的华丽蝶变，见证了人与自然走向和谐的生态文明新时代。

参考文献

[1] 钱正英.西北地区水资源配置生态环境建设和可持续发展战略研究：综合卷 [M].北京：科学出版社，2004.

[2] 中华人民共和国水利部.黑河流域近期治理规划 [M].北京：中国水利水电出版社，2002.

[3] 李国英.维持西北内陆河健康生命 [M].郑州：黄河水利出版社，2008.

[4] 中国水利报社.绿色颂歌 [M].北京：中国水利水电出版社，2001.

[5] 唐德善，蒋晓辉.黑河调水及近期治理后评价 [M].北京：中国水利水电出版社，2009.

[6] 侯全亮，李肖强.论河流健康生命 [M].郑州：黄河水利出版社，2007.

[7] 侯全亮.生态文明与河流伦理 [M].郑州：黄河水利出版社，2009.

[8] 黑河流域管理局.黑河调水生态行 [M].郑州：黄河水利出版社，2017.

[9] 李大鹏，杨艳蓉，仇杰等.黑河流域水资源综合管理研究 [M].兰州：甘肃文化出版社，2016.

[10] 祁连县志编纂委员会.祁连县志 [M].兰州：甘肃人民出版社，1993.

[11] 甘肃省张掖市志编纂委员会.张掖市志 [M].兰州：甘肃人民出版社，1995.

[12] 额济纳旗志编纂委员会.额济纳旗志 [M].北京：方志出版社，1998.

[13] 洲塔.祁连史话 [M].西宁：青海人民出版社，2011.

[14] 张兰.甘州史话 [M].兰州：甘肃文化出版社，2010.

[15] 孙兴凯.额济纳 [M].额济纳旗：中共额济纳旗委宣传部，1998.

附录1 黑河流域管理工作大事年表

1951年
1月，张掖、酒泉、武威专署和驻地军代表共同成立黑河流域水利管理委员会，三军军长黄新廷兼任主任，政委潘坤兼任副主任。

1951~1953年
西北军政委员会水利查勘队先后两次查勘黑河上游地区，并拟定了拉东峡、油葫芦、二珠龙、黄藏寺水库坝址。

1957~1960年
水电部西北院研究编制了《黑河流域梯级开发研究报告》。该报告在黑河干流黄藏寺至正义峡间选取了11个水电站坝址，推荐莺落峡和黄藏寺为第一期工程。

1958年
3月初，中国酒泉卫星发射中心（20基地）在额济纳旗宝日乌拉开始基础设施建设。

5~9月，为支援国防建设需要，额济纳旗政府及有关单位、苏木，迁至达来库布镇。

1960年
国务院有关部门会同甘肃省、内蒙古自治区研究解决黑河分水问题。水利电力部部长助理李伯宁在北京主持召开了第一次黑河分水会议，会议就黑河分水进行了讨论研究,并责成西北水电勘察设计院着手黑河流域规划工作。

1961年
西居延海干涸。

1962年

1月，水利电力部西北设计院组成黑河分水工作组，启动对黑河中下游地区用水调研和资料收集工作，开展黑河分水方案的研究工作。

2月2日，水利电力部西北水电勘测设计院主持召开由甘肃、内蒙古两省（区）水利（电）厅和甘肃省张掖、酒泉两专区代表参加的黑河水量分配协调会议，会议对西北水电勘测设计院黑河流域规划项目组提出的报告进行了协商讨论。此后，额济纳旗在东河保都格、西河莱茨格敖包先后建立了水文站。

1965年

水利电力部西北勘测设计院编制完成《黑河流域规划报告》。

西北院编制完成《黑河流域规划初步意见报告》，提出了修建莺落峡—草滩庄—西总干水利工程的设想，且建议以大孤山水库为第一期调蓄工程，以替代地质条件复杂的黄藏寺，同时还研究了修建梨园堡水库的有关问题。

1967年

因酒泉卫星发射中心的建成和军垦需水量的增加，西北院提出了"引大济黑"的设想。

1969年

9月，内蒙古自治区额济纳旗划归甘肃省管辖，隶属酒泉地区。

1978年

9月26日，黑河下游额济纳旗昂茨河水利枢纽工程建成运行。

10月，黑河下游额济纳旗狼心山（巴彦宝格德）水利枢纽工程建成运行。

1979年

7月1日，额济纳旗划归内蒙古自治区管辖。

10月，黑河下游额济纳旗狼心山（巴彦宝格德）水利枢纽工程建成运行。

1980年

4月25日，水利电力部部长钱正英由甘肃省副省长张建纲陪同，到张掖地区考察黑河水利工程。

5月1日，内蒙古自治区设立阿拉善盟，额济纳旗隶属阿拉善盟管辖。

6月23日～7月2日，水利部、甘肃省政府共同组织召开黑河莺（莺落峡）梨（梨园河）水利工程初步设计审查会议，水利部总工崔宗培主持会议，水利部、甘肃省所属有关单位派代表、专家参加。

1983年

中国科学院兰州沙漠研究所、兰州水利勘测设计院先后组织专业技术人员到黑河流域实地考察、收集资料。中国科学院兰州沙漠研究所治沙专家朱震达、刘恕等编写完成《巴丹吉林沙漠西北古居延地区历史时期环境与沙漠化过程》。

1984年

4月11日，内蒙古自治区人民政府以内政发〔1984〕20号文向国务院上报关于要求统筹安排黑河中、下游用水，保护额济纳绿洲的报告。

4月13～17日，水利电力部规划总院主持召开"黑河流域规划中间成果汇报会"。

4月20日，经水利部批准，黑河张掖草滩庄水利枢纽工程动工兴建。

5月16日，水利电力部以〔84〕水电计字19号文致函中国科学院，委托兰州沙漠研究所开展黑河水资源利用研究工作。

1985年

中国科学院兰州沙漠研究所组织黑河流域水资源合理开发利用考察队，对黑河流域水、土地、草原资源进行为期两年的调查核实，为研究流域水资源合理分配、科学管理和水土资源开发规模，提供了科学依据。

1986年

5月，原国防大学校长、全国人大常委段苏权视察阿拉善盟边防部队时，考察了额济纳旗生态环境状况，并给中共中央、国务院和中央军委写了《关于黑河下游生态环境严重恶化及相关建议的专题报告》。

7月9日，水利电力部部长钱正英就段苏权写给中共中央、国务院和中央军委《关于黑河下游生态环境严重恶化及相关建议的专题报告》有关问题做了答复。

7月29日，水利电力部以水规地字〔1986〕13号文向有关单位发出《关于察勘黑河干流的通知》。

8月27日~9月10日，水利电力部计划司和水电规划总院共同组织青海、甘肃、内蒙古三省（区）水利厅（局）和中国科学院兰州沙漠研究所、兰州水利勘测设计院、青海省海北藏族自治州水电局、甘肃省张掖地区行署、甘肃省酒泉地区行署及金塔县、内蒙古自治区阿拉善盟水利处及额济纳旗等13个政府（部门）的41位代表，对黑河干流及支流梨园河进行了全面察勘，并在张掖对兰州水利勘测设计院编制的《黑河干流（含梨园河）规划方案》进行了认真研究和讨论（即"八六张掖会议"），研究了水利规划总体布局，商定了上、中、下游水量分配意见，形成了会议纪要。

1988年

12月5日，水利电力部以〔88〕水电水规字第75号文件印发《黑河干流（含梨园河）规划勘测讨论会纪要》。

1989年

2月18日，中国科学院兰州沙漠研究所所长朱震达、兰州大学教授张鹏云等10名专家发出呼吁书，请有关部门尽快落实黑河流域上、中、下游分水问题。

4月6日，内蒙古自治区水利局批准了黑河大墩门引水枢纽内蒙古进水闸工程。

8月，张掖草滩庄水利枢纽工程建成运行。

12月，兰州水利水电设计院编制完成《黑河干流（含梨园河）规划报告》。

1990年

6月2日，甘肃省人民政府致函内蒙古自治区人民政府，同意额济纳旗在金塔县大墩门修建引水闸，有关修建引水闸的具体问题，可由额济纳旗与金塔县协商解决。

11月26日，黑河下游金塔县大墩门水利枢纽建成运行。

1991年

6月，中国科学院兰州沙漠研究所高前兆、李福兴编著的《黑河流域水资源合理开发利用》由甘肃科学技术出版社出版发行。

9月，水利部总工程师何璟考察黑河流域。

1992年

东居延海干涸。

2月25~28日，水利部主持召开"黑河干流（含梨园河）水利规划报告"审查会议，国家计委、农业部、环境保护局、黄河水利委员会（以下简称黄委）、中国国际工程咨询公司、青海省水利厅、甘肃省水利厅、内蒙古自治区水利局、中国人民解放军89720部队、中国科学院兰州沙漠研究所、兰州水利设计院、上海水利设计院及水利部有关司局的领导、专家参加了会议。会议原则同意兰州水利设计院编制的《黑河干流（含梨园河）水利规划报告》。

7月31日，水利部向全国水资源和水土保持领导小组、国家计委上报黑河干流（含梨园河）水利规划意见。

12月17~18日，水利部在北京主持召开了"黑河上游水电开发规划会议"，松辽委规划设计院介绍了规划情况，会议通过了规划报告。

12月19日，国家计委以计国地〔1992〕第2533号文件印发关于《黑河干流（含梨园河）水利规划报告》的复函，原则同意水利部《黑河干流（含梨园河）水利规划审查意见》；基本同意《黑河干流（含梨园河）水利规划审查意见》提出的"黑河干流（含梨园河）"水资源分配方案。该方案即为黑河干流"92分水方案"，其基本思路是：在近期，当莺落峡多年平均河川径流量为15.8亿立方米时，正义峡下泄水量9.5亿立方米，其中分配给鼎新片毛水量0.9亿立方米，东风场区毛水量0.6亿立方米。

1993年

4月19日~5月11日，额济纳旗连续遭受沙尘暴、寒霜冻袭击，3000多亩农作物幼苗被毁，5400只羊因冻饿而死。

4月23~29日，天津水利设计院副院长牛昌民等15人，兰州水电设计院高级工程师周侃等5人，到黑河中、下游地区进行现场考察。

1994年

4月6~11日，额济纳旗遭受特大沙尘暴侵袭，农牧业直接经济损失达451万元，公路运输及电视转播受阻。

7月，《中华环保世纪行》活动组织电台、报社等7家媒体单位记者到黑河下游实地考察、采访，并在人民日报等中央报刊上发表了"居延海——中国的第二个罗布泊"等20多篇文章，引起社会各界的关注，得到了中央及有关部门的高度重视。国务委员宋健、陈俊生分别于11月8日和11月19日就此作了重要批示。

1995年

2月，水利部天津水利设计院完成《正义峡水库规模论证成果汇报提纲》，报告推荐两个方案：正义峡水库正常蓄水位为1296.7米，相应库容为4.07亿立方米方案；赵家峡水库正常蓄水位为1295.4米，相应库容为3.84亿立方米方案。

3月7～8日，水利部规划总院主持召开"黑河正义峡水库规模论证会"，黄委、甘肃省水利厅、内蒙古自治区水利厅、水利部天津水利勘测规划设计院、兰州水利勘测设计院派员参加会议。

4月7日，国务院副秘书长徐志坚受国务委员宋健、陈俊生委托，在国务院第二会议室主持召开由青海、甘肃、内蒙、宁夏4省（区）和国务院11个部门参加的阿拉善地区生态环境问题专题研究会议。会后下发了《研究解决阿拉善地区生态环境有关问题的会议纪要》（国阅〔1995〕59号）文件。会议提出成立黑河水资源管理机构，建议由水利部提出组建方案报中编办审批。

7月10～14日，由国家计委潘文灿司长、国家科委王荷青司长带队，水利部、林业部、农业部、财政部、环保局、中国科学院和国务院办公厅有关负责人及专家组成考察调研组，赴黑河下游地区进行考察。8月中旬，国家计委根据考察调研组各成员单位提出的书面意见以专题报告上报国务院，国务委员宋健在报告上签署了意见。

7月14日，水利部计划司规划处副处长卢胜芳、黄委水政局水政水资源处副处长周海燕到内蒙古自治区水利厅，就成立黑河流域管理机构、黑河下游水利工程建设等问题交换意见。

8月23日，黄委向水利部上报《黑河水资源管理机构设置意见》。

8月27～31日，由地矿部水文地质研究所张宗祜院士带队，中国科学院15位院士、专家组成专家考察组，对黑河下游生态环境进行为期4天的考察活动。

10月31日，中国科学院根据专家组考察意见，向国务院报送了《关于黑河、石羊河流域合理用水和拯救生态问题的建议》报告。

11月6日，国务院副总理邹家华主持召开由国家计委、科委、财政部、水利部、环保局等部门参加的阿拉善地区生态问题工作会议，听取了内蒙古自治区副主席周维德《关于阿拉善地区生态环境综合治理有关问题》的工作汇报。本次会议纪要对黑河问题的主要意见是：水利部牵头，根据1992年确定的黑河流域分水原则，提出按比例分水的具体方案，国家计委和青海、甘肃、内蒙古三省（区）政府参加，开会研究确定，签订协议，贯彻落实；尽快成立黑河流域水资源管理机构，加强对黑河流域水资源的管理协调工作；工程建设问题待分水方案落实后确定。

12月19日，根据国务院国阅〔1995〕144号文件精神和水利部领导指示，水利部水政水资源司召集部规划计划司、水利规划总院和黄委等单位专题研究黑河分水工作，会议还听取了黄委勘测规划设计研究院关于黑河水资源开发利用基本情况的汇报。

1996年

1月2日，水利部水政水资源司上报《关于开展黑河流域分水工作的请示》，朱登铨副部长就此作了批示。

1月18日，黄委向水利部上报《关于成立黑河流域管理局的请示》。

1月27日～2月13日，水利部主办，黄委承办，组成"水利部黑河工作队"赴黑河干流实地考察、调研，提交了黑河干流水资源利用查勘报告。

3月，水利部向青海、甘肃和内蒙古三省（区）印发《关于开展〈黑河干流水量分配具体方案〉编制工作的通知》。

4月1～8日，水利部水规总院在甘肃省高台县主持召开"正义峡水库坝址论证会议"。

4月1～19日，水利部再次派出查勘队，赴黑河干流实地考察、调研，提交了相关查勘报告。

4月，黄委成立黑河流域管理局筹备组，常炳炎任组长，王义为、郝庆凡任副组长。

8月5日，黄委上报水利部《关于黑河流域管理局筹备工作情况的报告》。

8月16～17日，国务委员、国家科委主任宋健考察张掖地区高效农业示范区和微灌开发中心。在听取有关节水灌溉和黑河流域建设等情况汇报后指出：要加强全民节水意识，保护好黑河流域生态环境，兴办节水工程，提高水资源的利用率。

8月21～30日，黑河干流莺落峡出现较大洪峰过程，22日14时洪峰流量1277立方米每秒；23日洪峰到达正义峡断面，22时30分洪峰流量为850立方米每秒；24日洪峰至狼心山断面，22时洪峰流量为818立方米每秒；25日22时洪峰抵达昂茨河分水枢纽。

9 月 17 ～ 20 日，水利部规划设计总院在北京召开了《黑河正义峡水利枢纽工程项目建议书》技术审查会议，讨论并通过项目建议书。

9 月 26 日，水利部上报国务院《关于落实阿拉善地区生态环境治理有关工作的报告》。该报告以黑河水资源管理为主要内容，包括工作进展情况、"八五"期间黑河水资源分配执行情况及今后的工作建议。

10 月 24 ～ 25 日，水利部在北京主持召开现状工程条件下黑河干流水量分配实施方案（初步成果）论证会议，水利部总工程师朱尔明主持会议。会议听取了黄委勘测规划设计研究院关于《黑河干流（含梨园河）水量实施方案》的汇报，经专家充分讨论，认为该实施方案基本满足要求，按会议讨论意见修改后再提交三省（区）讨论研究。

11 月 30 日，水利部下发《关于成立黑河流域管理局的批复》。主要内容：黑河流域管理局为黄委所属正司局级全额拨款事业单位，编制 30 人，局领导职数 3 人；内设机构包括办公室、执法监督处、综合计划处；机关驻地为甘肃省兰州市。

12 月，水利部印发《现状工程条件下黑河干流（含梨园河）水量分配方案》。主要内容包括：黑河干流水资源利用及存在的问题、水量分配以及实施分水方案等。

1997 年

1 月 13 日，国家计委和内蒙古自治区计委在北京联合主持召开了"内蒙古阿拉善地区生态环境治理工程情况汇报会议"，水利部等 11 个部、委、局派员参加了会议。水利部代表在会上着重介绍了黑河分水工作进展情况。

3 月 11 ～ 13 日，水利部在北京主持召开了"黑河干流水量分配方案协调会议"。国家计委土地司、农村经济司有关领导参加了会议，水利部规划设计总院、黄委及青海省、甘肃省、内蒙古自治区水利部门派代表出席会议。会议由水利部总工程师朱尔明主持，水利部副部长朱登铨、国家计委土地司副司长潘文灿出席会议并讲话。

4 月 8 ～ 11 日，水利部规划设计总院在甘肃省高台县主持召开了"正义峡水利枢纽可行性研究报告审查会议"。黄委有关单位，甘肃省、内蒙古自治区水利部门及相关单位领导、专家和代表参加了会议。

4 月 13 日，水利部向国务院办公厅上报《关于黑河干流水量分配方案协调情况的报告》，反映关于现状工程条件下黑河干流水量分配方案会议情况及各省（区）的意见，建议国务院办公厅主持召开黑河流域三省（区）高层协调会议，尽快就黑河水量分配达成一致意见。

10月，黄委成立黑河流域管理局，常炳炎任常务副局长（主持工作），王义为、郝庆凡任副局长。

12月12日，水利部向甘肃省和内蒙古自治区人民政府下发《关于实施〈黑河干流水量分配方案〉有关问题的函》，函告国务院审批的《黑河干流水量分配方案》，即为黑河干流"97分水方案"。该方案主要内容为：在莺落峡多年平均来水 15.8 亿立方米时，分配正义峡下泄水量为 9.5 亿立方米；在莺落峡 25% 保证率来水 17.1 亿立方米时，分配正义峡下泄水量 10.9 亿立方米；在莺落峡 75% 保证率来水 14.2 亿立方米时，分配正义峡下泄水量 7.6 亿立方米；在莺落峡 90% 保证率来水 12.9 亿立方米时，分配正义峡下泄水量 6.3 亿立方米。

1998年

9月8~12日，国务院中编办处长武建华、水利部人教司处长侯京民就黑河流域管理机构批复问题，专程赴黑河下游额济纳地区考察调研。

9月14日，水利部办公厅办规计〔1998〕75号文，印发国务院办公厅秘书二局转来田纪云、温家宝和马凯同志在内蒙古自治区汇报材料上的批示，涉及的黑河问题是黑河分水方案的落实问题。

11月30日，国务院参事王秉忱、吴学敏向国务院提交《关于阿拉善地区生态环境综合治理的三点建议》，其中第一条建议是：尽快批复黑河流域管理局的机构、人员编制和经费落实，实施国务院批准的黑河水量分配方案。

1999年

1月24日，中央机构编制委员会以中编办字〔1999〕7号文批复：同意成立"水利部黄河水利委员会黑河流域管理局"，暂核定事业编制30名。

3月15日，水利部以水人教〔1999〕104号文通知黄委成立"水利部黄河水利委员会黑河流域管理局"。

2000年

1月26日，水利部在兰州市举行"水利部黄河水利委员会黑河流域管理局"挂牌仪式。水利部水资源司副司长张德尧，黄委主任鄂竟平、副主任陈效国等出席挂牌仪式，甘肃省、内蒙古自治区政府派代表参加。

4月，黑河流域管理局在郑州主持召开 1999~2000 年度黑河干流水量调度工作预备会议，甘肃、内蒙古两省（区）派代表参加。

5月12日，中央电视台晚间"新闻调查"栏目播出《沙起额济纳》，正在河北考察防沙治沙工作的国务院总理朱镕基观看后，立即指示陪同考察的水利部部长汪恕诚抓紧研究解决黑河和塔里木河有关问题，并要求尽快提出解决问题的对策。

5月20～22日，黄委在兰州主持召开黑河干流1999～2000年度水量调度工作会议。黑河流域管理局和甘肃、内蒙古两省（区）水利厅首席代表参加，黄委副主任陈效国主持会议，水利部水资源司派员到会指导。

6月3～6日，水利部副部长张基尧、规划计划司副司长李代新、黄委副主任黄自强和黑河流域管理局常务副局长常炳炎等11人考察黑河中、下游地区。

6月5日，水利部批复《1999～2000年黑河干流水量实时调度方案》，要求按照滚动修正、逐步到位的原则，当莺落峡多年平均河川径流量为15.8亿立方米时，正义峡下泄水量为8.0亿立方米。

6月13日，黄委发布《黑河干流省际用水水事协调规约》。

6月14日，水利部颁布《黑河干流水量调度管理暂行办法》。

6月17日，国务院总理朱镕基在水利部部长汪恕诚关于黑河治理问题的报告上批示："黑河分水牵涉地方利益，一进入实施即会发生尖锐矛盾，因此不要低估解决问题的难度。请加紧起草文件，报国务院讨论通过后转发。"

6月17日，黄委从所属各单位抽调技术骨干17人赴张掖调度现场。

6月18日，根据水利部部署，黄委《黑河水资源问题及其对策》研究工作全面展开。成立以黄委主任鄂竟平为组长，副主任陈效国、黄自强为副组长的领导小组，以主任助理石春先为组长、黑河流域管理局常务副局长常炳炎为副组长的工作组。该项目的主要内容是：项目主报告、流域水资源评价、流域生态问题及其对策、流域水资源利用规划意见、水资源管理及干流水量调度方案研究和保障措施等。

6月28日，黄委副主任黄自强、主任助理石春先、水政水资源局局长孙广生到黑河流域管理局张掖调度现场检查指导，期间考察了祁连山大野口水库和莺落峡水文站。

6月29～30日，黑河干流1999～2000年度第一次月水量调度会议在张掖召开。黄委副主任黄自强主持会议。

6月30日，黑河流域管理局发布《黑河干流2000年7月份水量调度实施意见》。

7月5日，按照黑河水量调度安排，黄河上游水文水资源局黑河水文监测组开始执行黑河干流莺落峡、正义峡和哨马营水文测站的监测监督工作。

7月10日，常炳炎任黑河流域管理局代局长（副局级）。

7月15日，全国政协副秘书长、中央统战部副部长胡德平，全国人大常委、全国工商联副主席严克强，在张掖考察途中专程到黑河流域管理局张掖调度现场指导工作，看望全体职工。

7月15日，任建华任黑河流域管理局副局长。

8月9日，根据水利部水人教〔1999〕104号文件精神，经局长办公会议研究决定，黑河流域管理局内设机构办公室、水资源管理处和规划计划处正式运行。

8月21日，经多方协调，黑河流域管理局促成黑河首次实施"全线闭口、集中下泄"水量调度措施，正式启动黑河水量调度工作，拉开了黑河水量调度的序幕。上午11时45分，张掖地区行署在草滩庄水利枢纽举行中游全线闭口仪式，黑河流域管理局、张掖地区行署以及所属张掖市、临泽县、高台县政府有关领导和水利部门参加。

8月26日，黄委邀请有关专家在北京召开"黑河水资源问题及其对策专家咨询会议"。黄委副主任、总工程师陈效国主持会议，中国科学院、中国工程院、有关大专院校的专家、学者和工程技术人员参加会议。

8月30日，黑河干流首次水量调度的水头通过下游哨马营断面。

9月13日，黑河干流首次水量调度的水头通过下游狼心山断面。

9月16～23日，黄委副主任、总工程师陈效国率领专家组赴黑河中、下游实地考察和指导工作。

10月3日，黑河干流首次水量调度的水头到达额济纳旗达来库布镇，18时，通过一道桥。

10月27～30日，黄委副主任廖义伟专程到黑河调度现场指导工作，并主持召开"落实黑河干流1999～2000年度分水方案协调会议"。

10月27日，甘肃省副省长贠小苏在黑河流域管理局2000年第九期《黑河半月谈》上，针对黑河分水出现的新问题，就完成本调度年黑河分水任务作出批示："请张掖（地区）黄书记、田专员和酒泉（地区）陈书记、杨专员阅。当前冬灌与按期完成对下游输水任务之间矛盾突出，困难很大。望地区领导采取得力措施，教育干部群众顾全大局，克服困难，坚决按期完成输水任务，努力把区内损失降到最小程度。"当日，贠小苏副省长又在黄委给甘肃省的明传电报上批示："请水利厅按照给两地区提出的要求抓好落实。"

11 月 11 日，黑河干流 1999 ~ 2000 年度水量调度结束。本年度莺落峡实测来水量为 14.62 亿立方米，正义峡实测下泄水量为 6.5 亿立方米。

11 月 18 日，水利部在北京主持召开《黑河水资源问题及其对策》专家座谈会。会议分别由水利部副部长翟浩辉、总工程师高安泽主持。黄委主任鄂竟平、副主任兼总工程师陈效国及《黑河水资源问题及其对策》编写组出席了会议。会议邀请中国科学院院士、中国工程院院士、清华大学教授和水利部所属黄委，水科院、水规总院、水调局、南京水文所等科研单位有关专家学者及青海省、甘肃省、内蒙古自治区代表参加，并就《黑河水资源问题及其对策》（第八稿）进行了专题讨论。

12 月初，国务院总理朱镕基、副总理温家宝在黄委主任鄂竟平关于完成黑河干流 1999 ~ 2000 年度水量调度目标任务汇报材料上，作了重要批示。

朱镕基总理批示："这是一曲绿色的颂歌，值得大书而特书，建议将黑河、黄河、塔里木河调水成功，分别写成报告文学在报上发表。"

温家宝副总理批示："黑河分水成功，黄河在大旱之年实现全年不断流，博斯腾湖两次向塔里木河输水，这些都是为河流水量的统一调度和科学管理提供了宝贵经验。"

2001年

2 月 14 日，水利部对黄河、黑河、塔里木河调水及引黄济津先进集体和个人进行了表彰。黑河流域管理局获"先进集体"荣誉称号，常炳炎等获"先进个人"荣誉称号。

2 月，有关黑河、黄河、塔里木河水量统一调度成功的报道，被《中国水利报》评为"2000 年中国水利十大新闻"之一。

2 月 21 日，国务院总理朱镕基主持召开国务院第 94 次总理办公会议，专题研究了黑河流域生态问题，决定实施流域综合治理，实施黑河水资源统一管理与调度。会议研究通过了水利部上报的《黑河水资源问题及其对策》报告。朱镕基总理就黑河分水及黑河流域综合治理工作作了一系列重要指示。

3 月 5 ~ 15 日，在第九届全国人民代表大会第四次会议上，黑河治理工作被纳入会议通过的《国民经济和社会发展第十个五年计划纲要》和《关于2000 年国民经济和社会发展计划执行情况与 2001 年国民经济和社会发展计划》。

4 月上旬，水利部在张掖召开"黑河流域灌区节水改造座谈会"，副部长翟浩辉出席会议，会后考察了黑河中、下游地区。

4月中旬，水利部部长汪恕诚由黄委主任鄂竟平、副主任廖义伟陪同考察黑河中、下游地区。考察期间，汪恕诚与内蒙古自治区主席乌云其木格、副主席牛玉儒，甘肃省副省长贠小苏等领导交换了意见，提出了新的治水思路，并专程看望黑河流域管理局全体职工。国家防汛抗旱总指挥部办公室及水利部有关司局的负责人参加了考察活动。

4月下旬，为落实国务院第94次总理办公会议精神，水利部、黄委先后召开专题会议，研究《黑河水资源问题及其对策》的修改工作，落实《国务院关于黑河综合治理的决定（代拟稿）》《黑河流域管理条例》《黑河流域综合治理联席会议制度》等的调研起草工作和《黑河流域近期治理规划》《黑河流域生态建设规划及实施计划》的编制工作，布置《落实国务院分水方案的水量调度实施计划》《节水与水价及管理运行机制研究》等项目的研究任务。

6月1日，黄委在郑州主持召开黑河干流2000～2001年度水量调度工作会议。黄委副主任苏茂林主持会议并讲话，水利部农水司、水文局派员到会指导。

6月12日，水利部批复《黑河干流2000～2001年度实时水量调度方案》。

6月25日，常炳炎任黑河流域管理局局长。

7月18日，黄委副主任苏茂林到黑河水量调度现场指导工作。

7月20日，水利部纪检组长刘光和在送水利部年轻干部赴黑河实践锻炼团成员赴任期间，专程到黑河水量调度现场指导工作。

7月下旬，水利部首批年轻干部赴黑河流域实践锻炼团成员共7人，分赴黑河流域甘肃省和内蒙古自治区有关地、县（市、旗）挂职。

7月25日～7月31日，受国家计委委托，中国国际工程咨询公司对黑河下游地区进行现场考察，对《黑河流域近期治理规划》报告进行了评估。

8月3日，国务院批复《黑河流域近期治理规划》（国函〔2001〕86号），规划主要内容：计划3年内国家投资23.5亿元，加大黑河流域综合治理力度，以缓解流域生态恶化的趋势；2003年以前建立和完善黑河流域水资源统一管理、生态建设和保护体系，大力开展节约用水，调整经济结构和农业种植结构，合理安排生活、生产、生态用水，实现黑河干流分水方案，即当莺落峡正常年份来水15.8亿立方米时，正义峡下泄水量达到9.5亿立方米，全流域生态用水达到7.3亿立方米，使生态环境系统不再恶化。规划提出：2010年前开工建设上游黄藏寺水利枢纽工程。

8月，水利部安排开展黑河水资源开发利用保护规划工作，启动黑河干流骨干工程布局规划。

8月6日，河南省人大常委会副主任、黄委原主任亢崇仁到黑河流域考察，并专程到水量调度工作现场慰问一线职工。

8月8~14日，水利部副部长索丽生考察黑河流域，指导黑河流域治理开发和水资源统一管理与调度工作。

8月21日，甘肃省省长陆浩率领省直有关部门负责人到张掖地区调研、考察，听取张掖地区关于实施黑河流域综合治理工作情况的汇报，指导张掖地区贯彻国务院总理办公会议精神，加快黑河流域综合治理工作。

8月27日~9月1日，全国政协副主席、中国工程院院士钱正英，率中国工程院西部水资源考察团39人对黑河中、下游地区的生态环境和水资源利用情况进行了考察。听取了流域各省（区）和黄委的工作汇报，对黑河流域的治理开发方向和水资源合理分配提出了指导意见，并对黑河流域管理局的工作提出了要求。

8月31日，水利部副部长敬正书考察黑河流域，看望水利部年轻干部赴黑河实践锻炼团成员。

9月，中国科学院寒区旱区环境与工程研究所和日本文部省人类与自然研究所联合对黑河流域进行实地考察，参加考察的中日专家有10余人。主要内容为气候与冰川研究、区域水循环、生态环境与生态水文学研究、社会经济发展中的水问题等。

9月5~10日，由水利部科技推广中心，黄委科技外事局、黄河流域水资源保护局和黑河流域管理局组成的水利部"948"项目考察团对黑河流域进行实地调研。深入了解黑河流域水量、水质监测技术现状，论证"黑河水量、水质实时监测系统引进"项目的可行性、合理性。

9月12日，水利部水资源管理司水资源管理处副处长王国新到张掖调水现场了解调度情况，指导黑河调水工作。

9月14~17日，黄委副主任苏茂林到张掖调水现场，检查和督导黑河第二次"全线闭口、集中下泄"的调度工作。在水头到达额济纳旗达来库布镇后，苏茂林又赴黑河下游鼎新灌区、东风场区和额济纳旗调水现场进行考察和慰问。

10月19~26日，黄河规划设计研究院院长沈凤生对黑河流域社会经济、水利工程基础设施建设、水资源利用、流域生态环境等进行实地考察。

11月11日，黑河干流2000~2001年度水量调度结束。本年度莺落峡实测来水量为13.13亿立方米，正义峡实测下泄水量为6.48亿立方米。

11月17~19日，黄委副主任徐乘赴黑河下游金塔县河段考察，并看望在兰州的黑河流域管理局职工。

12 月 29 ~ 30 日，《黑河工程与非工程措施三年实施方案》通过黄委组织的初步审查。

2002年

3 月，在地改市改革中，张掖地区改为张掖市（地级），原张掖市（县级）改为甘州区（县级）。

4 月 25 ~ 26 日，黄委在郑州主持召开黑河干流 2001 ~ 2002 年度水量调度工作会议。黄委副主任苏茂林出席会议并讲话。

5 月 24 日，全国政协副主席杨汝岱考察张掖市黑河流域综合治理工程建设情况，并主持召开黑河流域综合治理研讨会。

6 月 7 ~ 17 日，由国际原子能机构派出的两名技术官员、中科院地质与地球物理研究所汪集旸院士，以及水利部水文局、黄委水文局组成的《黑河流域地下水与地表水转化规律研究》项目考察团专程对黑河流域中、下游进行了实地查勘。

6 月 18 日，水利部批复《黑河干流 2001 ~ 2002 年度实时水量调度方案》。

6 月 21 ~ 25 日，中共张掖市委书记李希、市长田宝忠率领张掖市党政代表团赴额济纳旗进行考察、调研。

6 月，黑河流域管理局获得全国绿化委员会颁发的"全国防沙治沙先进单位"称号。

7 月 11 日，黄委选派到黑河流域管理局挂职的许虎安等六位年轻干部，抵达黑河张掖调度现场。

7 月 17 日，通过调度的黑河水到达黑河尾闾地区，17时首次进入东居延海。

7 月 18 日，就通过调度的黑河水首次进入东居延海，水利部发慰问电给黄委和甘肃省、内蒙古自治区水利厅。

7 月 19 ~ 21 日，《黑河工程与非工程措施三年实施方案》审查会在北京召开。会议认为该方案安排的工程措施合理，有较强的操作性，达到了任务书提出的编制要求，与会代表一致同意该方案通过审查。方案的实施将为加快黑河流域的近期治理步伐、确保国务院三年分水目标的实现奠定良好的基础。

7 月 31 日，内蒙古自治区水文部门实测东居延海最大水域面积 23.66 平方公里，最大水深 0.63 米，蓄水量 1036 万立方米。

8 月 2 日，水利部赴黑河实践锻炼的第一批年轻干部期满返回原单位。

水利部人教司司长周英送第二批年轻干部赴黑河实践锻炼，并对黑河流域进行考察。期间，周英与甘肃省委组织部、省水利厅和内蒙古自治区委组织部、自治区水利厅及沿河地方有关部门领导进行座谈。

8 月 23 ~ 31 日，黄委主任李国英、副主任苏茂林考察黑河。此行深入河源区、黑土滩、黄藏寺、莺落峡、正义峡、大墩门、东风场区、狼心山、东居延海等主要河段，察看上游黄藏寺工程坝址、河源地区草场退化与鼠害，考察中游灌区节水改造、种植结构调整、建立节水型社会试点工作，了解下游森林死亡、草原萎缩、湖泊干涸以及干流水文测站建设和观测等情况，并与流域有关省（区）就黑河流域水价形成机制、水权分配和节水型社会建设的发展方向等进行了座谈。

8 月 24 日 ~ 9 月 1 日，水利部水资源司司长吴季松考察黑河中、下游地区，并查看了黑河流域综合治理工程进展情况。

8 月 30 日 ~ 9 月 19 日，《黄河报》、黄河网站连续发表黄委主任李国英署名文章《科学调配水资源，支撑黑河流域生态建设》、《努力探索内陆河流域管理的新路子》和《黑河调水关键在张掖，核心是节水》。

9 月 22 日，黑河水到达黑河尾闾地区，6 时 30 分进入东居延海。

10 月 19 ~ 31 日，水利部中荷合作"缺水管理"硕士研究生培训班学员 13 人赴黑河流域考察。考察团实地考察了河源、黑土滩、黄藏寺、莺落峡、正义峡、大墩门、东风场区、东居延海等主要河段的水资源状况，调查了解河源区草场退化与鼠害、中游节水型社会试点、尾闾地区绿洲萎缩等情况。

10 月 23 日，国家环境保护总局局长解振华考察黑河下游地区。看到东居延海碧波荡漾，水天一线，鸟鸭成群的景象，解振华十分高兴地对陪同的同志们讲："我在国务院 94 次总理办公会议上，亲自聆听了朱镕基总理对黑河问题的重要指示。这次我们来，亲眼看到东居延海已经有水，这是按照总理的要求在落实，实际看到的比报纸、电视报道的还要好。各级都要按照可持续发展的要求，扎扎实实地落实党中央的号召，真正把我们国家的生态环境保护好。"

11 月 11 日，黑河干流 2001 ~ 2002 年度水量调度结束。本年度莺落峡实测来水量为 16.11 亿立方米，正义峡实测下泄水量为 9.23 亿立方米。

12 月，黄河勘测规划设计研究院提出《黑河干流骨干工程布局规划报告》。规划报告提出，争取在"十五"后期开工建设正义峡水利枢纽工程，在 2010 年前开工建设上游黄藏寺水利枢纽工程。

2003年

1月20日，黄委在郑州主持召开黑河干流2002～2003年水量调度工作会议，黄委副主任苏茂林出席会议并讲话。

3月16～18日，《黑河干流骨干工程布局规划报告》通过水利部水利水电规划总院组织的审查，标志着黑河干流水资源统一调度和管理工程体系建设前期工作取得重要进展。

5月21日，东居延海再度干涸。

6月10日，水利部批复《黑河干流2002～2003年度实时水量调度方案》。

7月7～9日，水利部水规总院在北京主持召开正义峡水利枢纽工程项目建议书审查会。会议基本同意项目建议书提出的主要结论和成果。正义峡水利枢纽工程项目建议书的审查通过，标志着黑河干流骨干工程建设进入实质性阶段。

7月9日，"948"项目——黑河水量实时监测系统培训班在张掖市开课。黑河水量、水质实时监测系统，是利用国际先进的测量技术设备，结合黑河流域水量、水质监测现状，以快速准确测定水量、水质数据，提高监测手段为目的，为实施黑河流域水资源统一管理和调度提供技术支撑。

7月16～17日，《黑河流域东风场区近期治理规划》审查会在郑州召开。经过充分讨论，基本同意该《规划》提出的指导思想、规划目标、水资源配置结果、总体工程布局以及水管理规划的指导思想、水管理措施意见，同意根据规划措施安排的估算投资，建议全部由国家计划安排。

7月19日，《黑河水量调度管理系统建设可行性研究报告》通过专家审查。黄委科学技术委员会主任委员陈效国担任审查委员会主任委员并主持审查。

7月27日，水利部派出的执法监察和审计调查工作小组10人进驻黑河流域近期治理工程现场开展工作。

8月7～10日，水利部水资源司副司长郭孟卓在黑河中游考察期间，参加了张掖市节水型社会建设试点宣传大会，考察了当地节水型社会试点的建设情况，并检查了水利部即将在张掖市举行的全国节水型社会建设经验交流会的筹备工作。

8月14日，黑河水到达黑河尾闾地区，18时13分进入东居延海。

8月12～16日，为确保完成国务院黑河干流调水目标任务，黄委副主任苏茂林率领督查组到黑河调水现场督查指导工作。先后到中游张掖市和下游鼎新灌区、东风场区、额济纳旗等地查看黑河水情，了解东居延海进水情况，重点督查了沿岸各地对水量调度计划的执行情况。

8 月 22 日，水利部第三批年轻干部黑河实践锻炼团成员抵达张掖市。

8 月 25 日，截至上午 10 时 36 分，东居延海累计进水 2539 万立方米，水面面积达到 25.8 平方公里。

9 月 13 日，黄委党组成员、工会主席郭国顺到黑河流域管理局张掖调度现场，看望、慰问调水一线的干部职工。

9 月 14 日，黄委在郑州主持召开《黑河流域近期治理后评估项目任务书》审查会，黄委有关部门和单位相关专家参加会议。会议基本同意任务书提出的后评估报告编制的指导思想、原则、评估内容和方法等，并建议有关部门抓紧审批立项，尽快开展评估工作。

9 月 24 日，黑河水首次进入尾闾西居延海，使已持续干涸 43 年的西居延海迎来黑河水。

9 月 25 日，水利部就黑河调水入西居延海向黄委和甘肃省、内蒙古自治区水利厅发来慰问电。

9 月 25 日，国家防办副主任程殿龙到黑河考察。对黑河水量调度工作给予充分肯定，强调要发挥有限水量的最大生态效益，恢复和保护黑河下游生态环境。

10 月，水利部有关部门对黑河流域近期治理项目中甘肃省 22 个退耕还林还草节水改造工程可行性研究报告作出批复。至此，黑河流域近期治理 120 个单项工程前期工作全部完成。

10 月上旬，黑河干流中、下游河段河道治理工程及引水口门合并可行性研究项目任务书，经过了水利部有关部门正式审查批复。

11 月 11 日，黑河干流 2002 ～ 2003 年度水量调度结束。本年度莺落峡实测来水量为 19.03 亿立方米，正义峡实测下泄水量为 11.61 亿立方米。

12 月 31 日，孙广生任黑河流域管理局局长。

2004年

1 月 13 日，黄委印发《关于黑河黄藏寺水库项目建议书编制招标工作的意见》，要求黄藏寺水库勘测设计实行一次总体性招标。

1 月，黑河流域管理局获水利部"2003 年度水资源管理先进单位"称号。

3 月 23 日，黄委副主任黄自强在兰州参加水利部会议期间，专程到黑河流域管理局看望职工。

3 月 24 ～ 26 日，《黑河流域东风场区近期治理规划》通过水利部水利电力规划设计总院组织的审查。

4月21日，中共黄河水利委员会黑河流域管理局党组成立，孙广生、郝庆凡、任建华任党组成员；孙广生任党组副书记（主持全面工作）。新一届领导班子提出黑河水量调度工作目标是：从应急调度转入常规调度，调度时间由半年调度转为全年调度，"两个确保"是年度调度的工作目标，即"确保实现国务院分水指标，确保东居延海进水"。并对推进黄藏寺水利枢纽工程前期工作等进行部署。

5月11日，黄委主任李国英主持召开黑河工作专题办公会议，就调水的原型观测和基础研究工作提出了指导意见。

5月17～18日，黄委在河南栾川主持召开黑河干流2003～2004年度水量调度工作会议。会议确定本年度黑河干流水量调度目标是实现"两个确保"，即确保如期完成水量调度任务，确保调水进入东居延海。黄委副主任廖义伟到会讲话。国家防办，水利部水资源司、水文局等有关单位领导到会指导。

5月20日，黄委副主任廖义伟主持专题办公会，研究黑河调水后评估有关工作。

6月21日，孙广生任中共黑河流域管理局党组书记。

7月8日，东居延海再度干涸。

7月20日，针对张掖市在关键调度期第一次"全线闭口、集中下泄"期间提前引水问题，黑河流域管理局在张掖市主持召开黑河水量调度紧急协调会议。

8月，水利部批复《黑河流域东风场区近期治理规划》。

8月6日，乔西现任黑河流域管理局总工程师、党组成员。

8月7日，针对黑河水量调度出现的新情况、新问题，黄委在郑州主持召开黑河水量调度特别会议，统一思想认识，研究部署后期水量调度工作，确保完成全年水量调度目标任务。黄委副主任苏茂林主持会议并讲话，水利部水资源司派员到会指导，流域各省（区）水利厅及市（盟）、县（区、旗）水利部门负责人参加。

8月20日，黑河干流2003～2004年度关键调度期第一次"全线闭口、集中下泄"调度的黑河水到达黑河尾闾地区，9点30分进入东居延海。

8月27日，李向阳任黑河流域管理局副局长、党组成员。

8月30日，黄委以黄规计〔2004〕161号文批复《黑河黄藏寺水库项目建议书编制招标工作实施方案》。

9 月，国家审计署专项审计组进驻黑河流域管理局进行现场审计，对黑河流域管理局和流域内上、中、下游近期治理工程各项目法人单位进行专项审计。

10 月 21 ~ 22 日，《黑河水资源开发利用保护规划（东部子水系）》通过黄委组织的初审。

11 月 11 日，黑河干流 2003 ~ 2004 年度水量调度结束。本年度莺落峡实测来水量为 14.98 亿立方米，正义峡实测下泄水量为 8.55 亿立方米。

12 月，黑河流域管理局组织协调中国酒泉卫星发射中心水务局和 95861 部队河东里水务局，开始进行单项工程的可行性研究工作。

12 月 20 日，黑河流域管理局完成电子政务系统建设，顺利实现与黄委办公自动化系统和视频会议系统的互联互通，22 日正式开通内部语音通话。

12 月，黑河流域管理局获得水利部水量调度先进集体和黄委全河水政工作先进集体，10 余人次受到水利部、黄委表彰。

2005年

1 月 18 日，黑河流域管理局对黄藏寺水利枢纽工程项目建议书编制工作公开招标，确定黄河勘测规划设计有限公司为中标人。在已下达的投资范围内组织开展相关工作，签订项目实施协议。

1 月，黄委印发《关于嘉奖黑河管理局等单位的决定》，对黑河流域管理局成功完成黑河干流 2003 ~ 2004 年度水量调度任务进行嘉奖。

3 月，黑河流域管理局根据黄委批复的黑河调水及近期治理后评估任务书，完成黑河下游调水与治理后评估工作，并经过黄委初审。

3 月，中国酒泉卫星发射中心水务局和中国人民解放军 95861 部队水务局共完成了 8 个单项工程可研报告，经黑河流域管理局审查后报送黄委。

4 月 1 日，黄委在郑州主持召开黑河干流 2004 ~ 2005 年度水量调度工作会议。黄委副主任苏茂林到会讲话，国家防办、水利部水资源司等有关领导到会指导。

5 月 9 日，黄委主任李国英在黄河上游参加全国人大执法检查期间，专程看望、慰问黑河流域管理局职工，并听取了工作汇报。

5 月，黄委组织对黑河东部子水系（含梨园河）部分规划报告，并对中西部子水系规划进行了咨询。

5 月，根据《黄河水利委员会水利工程质量监督实施细则》，黑河流域管理局成立黑河质量监督站。

6月17日，李向阳兼任黑河流域管理局工会主席，乔西现兼任黄委直属黑河水政监察总队总队长。

6月24日，黑河流域管理局上报《关于修改黑河干流水量调度管理暂行办法的请示》，在与黄委水政局多次座谈和讨论的基础上，对《黑河干流水量调度管理暂行办法》进行了修改和完善。

7～9月，受国家发改委委托，中国国际工程咨询公司对黑河2005年灌区节水改造项目可研报告进行了评估，并向国家发改委报送了评估意见报告。待国家发改委批复可研报告后，开展22个退耕还林还草项目调整为灌区节水改造项目的初步设计修定及重批工作。

7月15日，黄委向水利部报送《黑河流域水资源开发利用保护规划》报告。

7月20～27日，黄委副主任苏茂林对黑河流域近期治理效果、水量统一调度情况进行全面考察，要求黑河流域管理局与流域各省（区）共同加强黑河水量统一调度和流域综合治理，恢复和保护黑河流域生态系统。

7月29日，黑河流域管理局在兰州举行"黑河水量总调度中心"启动仪式，随即正式投入使用。

8月1日，乔西现任黑河流域管理局副局长。

8月18日，国家财政部国库司和财政部驻甘肃专员办对黑河治理工程建设国债资金管理情况和国库集中支付制度执行情况进行核查。

8月20日，黑河尾闾东居延海通过调度实现全年不干涸。

9月1日，黑河流域管理局召开全体职工大会，嘉奖因公受伤的李鹏同志，并号召全体职工向李鹏同志学习。

9月5～12日，水利部驻京直属机关民主党派及政协、侨联负责人12人，在黑河中、下游地区开展以节水型社会建设为主题的考察实践活动。

10月11～19日，黑河流域管理局两次召开咨询会，对《黑河黄藏寺水利枢纽项目建议书》中间成果进行全面咨询，正式报告于12月报送黄委。

11月11日，黑河干流2004～2005年度水量调度结束。本年度莺落峡实测来水量为18.08亿立方米，正义峡实测下泄水量为10.49亿立方米。

12月15日，黄委副主任苏茂林主持座谈会，对《黑河干流水量调度管理暂行办法》进行了座谈、讨论。

12月，东风场区近期治理第一批投资计划下达，东风场区近期治理工程项目开工前准备工作基本就绪。

2006年

1月9日，黄委颁发嘉奖黑河流域管理局的决定，表彰黑河流域管理局首次实现了统一调度以来东居延海全年不干涸，为黑河下游生态恢复做出的突出贡献。

2月，水利部水规总院召开《黑河水资源开发利用保护规划》技术讨论会，提出了修改和变更意见，并形成会议纪要。

3月，黄委组织对黄藏寺水利枢纽工程项目建议书进行初审。同时，黑河流域管理局就工程占压处理的各项前期准备工作，协调青海省国土厅、林业局、万立水电公司，祁连县政府，甘肃省祁连山保护区管理局等单位。

3月13日，黄委在郑州组织召开"黑河干流河道地形图测绘"项目验收会，一致认为项目成果符合合同与任务书的要求，同意通过验收。

3月14～15日，黄委在郑州主持召开《黑河黄藏寺水利枢纽工程项目建议书》初审会议。

4月2～16日，黑河流域管理局组织春季水量统一调度。将春季水量调度计划编入年度调度方案并落实到各月的调度工作中，有效控制中游耗水。首次采取正义峡断面下泄指标和中游地区耗水指标双控制的调度措施，春季调水进入东居延海。

4月7～9日，黄委在西安主持召开黑河干流2005～2006年度水量调度工作会议。黄委副主任苏茂林到会并讲话。国家防总办公室，水利部水资源司、水文局派员到会指导。

4月，东风场区近期治理工程正式开工建设。

5月28日，黑河流域管理局获国家人事部、水利部联合表彰，水政水资源处被评为全国水利系统先进集体。水量调度宣传、"四五"普法、安全生产等3项工作获黄委表彰。10余人次分别获得委级以上表彰奖励。

7月9日，内蒙古自治区副主席雷·额尔德尼到访黑河流域管理局，就黑河水量调度、二期规划和下游生态恢复等问题交换意见。

8月28日，水利部财经司副司长高军到黑河流域管理局调研。

9月2日，黄委总工程师薛松贵考察黑河水量调度管理系统。

9月9日，黄委主任李国英到黑河流域管理局检查指导工作。听取工作汇报后，对黑河流域管理工作提出要求。

9月，黄委科技委组织有关专家就黑河近期治理工程的实施效果、骨干工程开发次序、二期规划重点内容、居延海生态恢复与重建、维持黑河健康生命框架体系等课题，到黑河流域开展调研。

9月21日，水利部国科司在兰州主持召开水利部"948"项目《黑河水量、水质实时监测系统引进》验收会。验收组听取了汇报，审阅了项目的有关资料，认为该项目全面完成了合同规定任务，达到验收指标要求，一致同意通过验收。

9月29日，黄委副主任廖义伟、总工程师薛松贵到黑河流域管理局检查指导工作。

10月10～15日，水利部和黄委组织有关领导、专家对黑河流域近期治理工程开展情况进行专题调研，调研后编写的专题报告上报国务院。

10月28～30日，水利部水资源司司长高而坤对张掖市水资源实时监控与管理系统进行了中期检查。

11月11日，黑河干流2005～2006年度水量调度结束。本年度莺落峡实测来水量为17.89亿立方米，正义峡实测下泄水量为11.45亿立方米。

12月，黑河流域管理局获黄委创新成果奖组织奖。"黑河水量调度管理系统"获黄委创新成果奖应用技术类一等奖，"实现东居延海连续两年不干涸的实践与探索"获黄委创新成果奖理论技术类二等奖，"黑河水量、水质实时监测系统引进"获黄委创新成果奖应用技术类三等奖。

2007年

1月15日，黄委《关于嘉奖黑河管理局等单位的决定》指出：黑河流域管理局积极探索和创新黑河水量调度措施，首次实现春季输水进入东居延海，2006年入湖水量6911万立方米，最大湖面面积38.6平方公里，达到有实测资料以来的最大值，为黑河生态系统良性维持做出了突出贡献。

1月20～21日，国家环境保护总局环境工程评估中心组织有关专家，在张掖市对《黑河流域近期治理退耕还林还草调整为灌区节水改造工程环境影响报告书》进行现场评估。

4月17日，黄委在郑州主持召开黑河干流2006～2007年度水量调度工作会议。黄委副主任苏茂林出席会议并讲话，水利部水资源管理司、水文局代表到会指导。

4月，黑河流域管理局组织阿拉善盟水务局及额济纳旗党政机关、水务局和边防部队，开展东居延海周边人工植树种草活动。

5月13日，黄委副主任赵勇到黑河流域管理局检查指导工作。

5月，黄委勘测规划设计有限公司编制完成《黑河水资源开发利用保护规划》，黑河流域管理局审核后正式上报黄委。

6月10～15日，黑河流域管理局组织内蒙古自治区水利厅、黄委信息中心、河海大学等单位，开展额济纳旗水资源配置情况专题调研。

7 月 14 日，黄委纪检组长李春安到黑河流域管理局检查指导工作。

7 月 20 ~ 22 日，水利部纪检组长张印忠到黑河流域考察。

7 月 25 ~ 26 日，黄委组织专家审查会议，《黑河黄藏寺水利枢纽工程项目建议书》通过审查。

8 月 3 日，水利部通过官方网站向社会公布黑河水量调度各级行政首长责任人和联系人名单。

9 月 8 ~ 11 日，水利部水资源司司长高而坤考察黑河中、下游地区，黄委副主任苏茂林、黑河流域管理局局长孙广生陪同。

11 月 11 日，黑河干流 2006 ~ 2007 年度水量调度结束。本年度莺落峡实测来水量为 20.65 亿立方米，正义峡实测下泄水量为 11.96 亿立方米。年度莺落峡来水量、正义峡下泄水量均为 2000 年以来最大值。

11 月上旬，黑河水量调度张掖分中心建设、东居延海新增视频点建设、黑河水量调度遥感监测系统开发、上游梯级电站调度模型开发等项目竣工，并通过黄委初步验收。

11 月 27 日，黄委组织专家审查会议，《黑河调水及近期治理后评估》通过审查。

12 月上旬，水利部水规总院组织专家审查会议，《黑河水资源开发利用保护规划》通过审查。规划推荐 2010 年前开工建设黄藏寺水利枢纽工程，2012 年左右建成生效。

12 月下旬，《黑河干流河道地形图测绘》项目获黄委 2007 年创新成果二等奖。

2008 年

4 月 14 日，黄委在郑州主持召开黑河干流 2007 ~ 2008 年度水量调度工作会议。水利部水资源管理司副司长孙雪涛、黄委副主任苏茂林出席会议并讲话，国家防办及水利部水资源管理司、水文局代表到会指导。

5 月 15 日，《黑河干流水量调度办法》由黄委正式上报水利部。水利部政法司、水资源司启动《黑河干流水量调度办法》立法调研。

5 月 26 日，黑河流域管理局副局长李向阳带队赴四川地震灾区，慰问黄河防总抗震救灾抢险队队员。

5 月 27 日，水利部批复《黑河干流 2007 ~ 2008 年度水量调度方案》，首次将"维持和改善下游及尾闾生态系统，科学合理配置下游水量"纳入水量调度目标。

6月10日，水利部主持召开《黑河调水及近期治理后评估》成果鉴定会。由中国科学院、中国工程院数位院士组成的鉴定委员会对后评估成果给予了高度评价，认为该研究成果不断跟踪国内外前沿科技，完成了多项科学技术创新，应用价值大，推广前景广阔，总体达到国际领先水平。6月下旬，后评估成果通过水利报、黄河报等媒体向社会发布。

6月23日，黄委批复实施第一个《黑河生态水量调度方案》，明确生态水量调度的指导思想，提出黑河上、中、下游生态水量调度的具体要求和指标。尤其是着重构建了下游生态水量调度的指标体系，提出狼心山断面径流过程及断面水量配置指标、地下水位指标、东居延海水量指标等，并据此制定各时段的生态水量调度计划，为生态水量调度实践提供基本的依据和指导。

7月，黑河流域管理局召开取水许可管理工作会议，公布实施《黑河干流取水许可管理实施细则》。青海省、内蒙古自治区、东风场区及时上报了申请材料，截至年末，完成6个单位的取水许可发证工作，超过应换发证总数的40%。

10月，水利部办公厅就《黑河干流水量调度办法》征求流域各省（区）人民政府意见，在对反馈意见进行处理后由水资源司转送政法司，完成提交部务会议研究的相关准备工作。

10月23日，《黑河流域综合规划任务书》通过黄委组织的审查。

11月11日，黑河干流2007～2008年度水量调度结束。本年度莺落峡实测来水量为18.87亿立方米，正义峡实测下泄水量为11.82亿立方米。

11月19日，水利部办公厅印发《关于印发黑河水资源开发利用保护规划审查意见的通知》，原则同意水利部水规总院对《黑河水资源开发利用保护规划》的审查意见，作为下一步有关规划和工程项目前期工作的基础。

12月18日，黄委副主任苏茂林到黑河流域管理局检查指导工作，并看望、慰问职工。

12月，《黑河黄藏寺水利枢纽工程项目建议书》通过黄委初审。

12月22～23日，"黑河水量调度管理系统建设"项目通过黄委组织的竣工验收。

12月，黑河流域管理局通过兰州市城关区区级文明单位验收。

2009年

2月6日，国家发展改革委、水利部以发改农经〔2009〕374号《关于印发全国大型水库建设规划（2008 ~ 2012 年）的通知》中，提出开展黑河黄藏寺水利枢纽工程建设的前期论证工作。

3 月，根据水利部和黄委安排，黄河勘测规划设计有限公司编制完成了《黑河黄藏寺、正义峡水利枢纽工程建设规模与开发次序专题论证报告》。

3 月 11 日，《黑河流域综合规划任务书》通过水利部水利水电规划设计总院组织的审查。

3 月，国家发改委、水利部联合下达甘肃省发改委剩余投资 3.36 亿元。至此，黑河流域近期治理规划投资全部安排完毕。

4 月 15 日，水利部 2009 年第三次部务会议审议并原则通过了《黑河干流水量调度管理办法（草案）》。

4 月 22 日，黄委在兰州主持召开黑河干流 2008 ~ 2009 年度水量调度工作会议。黄委副主任苏茂林出席会议并讲话，水利部水资源司副司长孙雪涛和国家防办、水利部水文局有关领导出席会议。

4 月 29 日，黑河流域管理局组织专家在郑州对《黑河流域综合规划工作大纲》进行咨询，按照工作大纲要求，协调青海、甘肃、内蒙古三省（区）和两部队完成基本资料的收集工作并汇总送达设计单位。

5 月 13 日，水利部部长陈雷签署第 38 号部长令，发布《黑河干流水量调度管理办法》。《黑河干流水量调度管理办法》共 35 条，在总结黑河水量调度实践经验的基础上，吸纳了流域各方面的意见，把成熟的调度方式和管理措施以部规章形式固定下来，使黑河流域水资源管理纳入有法可依、有法可循的法治轨道。

5 月 13 日，黄委主任李国英就《黑河干流水量调度管理办法》有关问题答《黄河报》记者问。

6 月 11 ~ 16 日，以水利部党组成员、办公厅主任陈小江为课题组长的中央党校省部班（民生与社会建设）第四课题组到黑河流域考察调研，黄委副主任苏茂林、黑河流域管理局局长孙广生陪同。

6 月 29 日，水利部正式批复《黑河干流 2008 ~ 2009 年度水量调度方案》。该方案根据《黑河干流水量分配方案》和《黑河干流水量调度管理办法》有关规定，结合前期黑河水量调度实际情况，明确了本年度黑河水量调度工作目标。

7 月 10 日，水利部副部长周英到黑河流域管理局检查指导工作，孙广生局长就黑河水量调度与近期治理实施情况、前期重点工作及流域机构、队伍建设等做了汇报。

8月10日，黄委颁发《关于对参加〈黑河干流水量调度管理办法〉立法工作有关集体和个人的嘉奖令》，对黑河流域管理局和孙广生、乔西现、高学军、鲁学纲等10位同志予以通令嘉奖。

8月20日，黑河尾闾东居延海已实现连续5年不干涸。自2000年国家决策实施黑河水量统一调度以来，黑河流域管理局协同流域各方，10年共20次调水进入东居延海，2004年8月20日至今东居延海持续保有一定水面，下游及尾闾生态恶化的趋势得到初步遏制。

9月5～10日，水利部规划计划司副司长汪安南、国家林业局荒漠化防治中心副主任许庆，率领联合调研组赴黑河流域，对流域近期治理及生态建设与保护情况进行实地调研。

10月17～19日，水利部水规总院组织审查《黑河黄藏寺、正义峡水利枢纽建设规模与开发次序专题论证报告》，经黄委及黑河流域管理局的不懈努力，流域各方对黑河流域骨干工程建设的重要性和必要性、工程建设次序等问题达成共识。

11月，水利部批复《黑河流域综合规划任务书》，要求黄委在对黑河流域近期治理规划实施情况进行总结、统筹考虑黑河流域综合治理总体部署的基础上，开展黑河流域综合规划编制工作。

11月11日，黑河干流2008～2009年度水量调度结束。本年度莺落峡实测来水量为21.3亿立方米，正义峡实测下泄水量为11.98亿立方米。

11月，黄委审查通过《东居延海生态修复可研任务书》。

12月，黑河流域管理局"黑河调水与近期治理后评价综合研究"获大禹水利科学技术奖二等奖；"利用卫星遥感实现黑河尾闾东居延海水面面积动态监测"获黄委2007～2009年度创新成果奖应用技术类二等奖；"黑河水资源开发利用保护规划关键技术研究"获黄委2007～2009年度创新成果奖理论技术类二等奖；"黑河生态水量调度实践与探索"获黄委2007～2009年度创新成果奖体制管理类三等奖；黑河流域管理局获黄委2007～2009年度创新成果奖组织奖。

2010年

2月20日，王道席任黑河流域管理局副局长、总工程师、党组成员。

3月12日，黄委在郑州组织《黑河流域综合规划工作大纲》审查会，会议由黄委副总工程师李文家主持，黄委科技委、规计局、水调局、水资源保护局、水文局、黄科院、设计公司等单位的领导和专家参加了会议。

4 月 15 日，接黄委领导指示，黑河流域管理局连夜召开紧急会议，安排部署支持长江委赴玉树抗震救灾工作。从调度现场抽调两辆越野车，筹备后勤保障物品，与长江委抗震救灾人员在西宁会合后奔赴抗震救灾一线。

4 月 26～28 日，《黑河黄藏寺水利枢纽工程项目建议书》通过水利部水利电力规划设计总院组织的审查。

5 月 7 日，黄委在银川主持召开黑河干流 2009～2010 年度水量调度工作会议，黄委副主任苏茂林出席会议并讲话，水利部水资源司副司长于琪洋到会指导。

6 月 1 日，黑河流域管理局"五五"普法工作通过黄委组织的验收。

6 月 2 日，黑河干流中游河段引水口门远程监控系统可行性研究报告通过黄委组织的审查。

6 月 7 日，水利部向社会公告黑河干流水量调度各级行政首长责任人和水行政主管部门联系人名单，并要求各责任单位和责任人认真履行职责，共同做好黑河干流水量调度工作。

7 月 23 日，张超任黑河流域管理局副局长、党组成员、纪检组长，兼任工会主席。

7 月 29 日，黄委向黑河流域有关省（区）及有关单位印发了《黑河干流取水许可实施细则》。

7 月，黑河流域管理局邀请黄委有关部门的领导和专家，对黑河流域近期治理后评价任务书及工作大纲进行了咨询，9 月 15 日完成了评价报告。10 月、11 月组织承担单位进行了两次修改，12 月上旬上报黄委。

8 月 5 日，黄委副主任徐乘到黑河流域管理局检查指导工作。

9 月 4～5 日，水利部水规总院在北京主持召开黑河黄藏寺水利枢纽水量模型、水库规模及生态需水专题论证会。会议由水规总院副总工程师马毓淦主持，水规总院、黄委、黑河流域管理局、黄河设计公司、中科院寒旱所等单位的领导和专家参加了会议。

11 月 11 日，黑河干流 2009～2010 年度水量调度结束。本年度莺落峡实测来水量为 17.45 亿立方米，正义峡实测下泄水量为 9.57 亿立方米。

11 月 20～24 日，水利部规划计划司副司长段红东率领国家发改委、水利部、农业部和国家林业局有关人员组成联合调研组，赴黑河干流（甘肃段）实地调研流域近期治理及生态建设与保护情况。

12 月 8 日，黄委主任李国英到黑河流域管理局检查指导工作并看望全体职工。在听取黑河流域管理局局长孙广生有关黑河水资源统一管理和流域近期治理情况汇报后,李国英对黑河工作成效给予了充分肯定,并对今后工作提出了要求。

12月22日,黄委印发《黑河管理局主要职责、机构设置和人员编制规定的通知》,黑河水资源与生态保护研究中心正式成立。

2011年

1月24日,黄委科技委主任陈效国在郑州主持召开黑河流域综合规划专项规划技术讨论会。

3月9日,黄委副主任赵勇到黑河流域管理局检查指导工作。

4月20日,黄委在西安主持召开2010~2011年度黑河水量调度工作会议,黄委副主任苏茂林出席会议并讲话,水利部水资源司王国新处长到会指导。

4月25日~28日,全国政协副主席、民进中央常务副主席罗富和在甘肃省敦煌市调研敦煌水资源综合利用和生态保护情况,黑河流域管理局副局长王道席参加。

5月16日,黄委主任陈小江到黑河流域管理局进行工作调研,听取了工作汇报,并与黑河流域管理局领导班子座谈,共同分析面临的形势与任务,研究探讨加快改革发展的思路和举措。

6月2日,水利部向社会公告黑河水量调度各级行政首长责任人和水行政主管部门联系人名单。

6月16日,黑河流域管理局首次组织青海省水利厅、甘肃省水利厅,张掖市气象局、水务局,祁连县气象局、水务局,张掖水文水资源勘测局,黄委上游水文水资源局等有关单位,在青海省西宁市召开2011年黑河水量调度水情会商会议。

7月25~28日,水利部党组成员、纪检组长董力到黑河流域考察调研。

7月31日,水利部副部长胡四一到黑河流域管理局检查指导工作。

10月12~19日,黄委主持召开"黑河流域近期治理工程建设项目"验收会议,该项目通过总体竣工验收。

11月11日,黑河干流2010~2011年度水量调度结束。本年度莺落峡实测来水量为18.06亿立方米,正义峡实测下泄水量为11.27亿立方米。

12月10~12日,中国人民解放军95861部队河东里水务局所属近期治理项目通过竣工验收。

12月下旬,中国人民解放军总装备部完成中国酒泉卫星发射中心水务局所属近期治理项目的竣工验收。

2012年

4月11日，黄委在郑州主持召开黑河干流2011～2012年度水量调度工作会议，黄委副主任苏茂林到会并讲话。水利部水资源司、水文局派员到会指导。

4月，国家发改委委托中国国际工程咨询公司安排黑河黄藏寺项目建议书评估。

5月10日，黑河流域管理局水政水资源处荣获"全国水利系统水资源工作先进集体"称号。这是继2006年后，水政水资源处第二次获此荣誉。

5月10～15日，黑河流域管理局组织中国国际工程咨询公司专家组进行黄藏寺水利枢纽工程坝址现场勘查和流域调研活动。

5月16～19日，中国国际工程咨询公司组织有关专家，在北京召开黑河黄藏寺项目建议书评估会。

5月30日，黄委向水利部报送《关于审批黑河流域综合规划的请示》。

6月12日，甘肃省民政厅发来感谢信，对黑河流域管理局给予甘肃省定西市岷县、漳县、渭源县等灾区的亲切慰问和无私捐助表示衷心的感谢。

6月12～14日，清华大学土木水利学院副院长王忠静就《水权框架下黑河流域治理的水文—生态—经济过程耦合与演化》课题进行了现场考察调研。

7月6～7日，黄委在北京组织专家组对《黑河流域综合规划》进行了复评，形成专家组评估意见。

8月7日，水利部发展研究中心副主任李晶就黑河流域水权制度建设等到黑域管理局进行工作调研。

8月9日，水利部水规总院在北京主持召开《黑河流域综合规划》讨论会，对规划目标、主要控制指标、水资源配置及分水方案等原则性问题提出了建议。

9月13～15日，中央电视台新闻联播节目连续播出三集新闻系列报道《行进中国·黑河分水十年》。内容为《重现生机的居延海》《转型带来新发展》和《生态补水从源头开始》三部分，以生动的视角、真实的走访向全国观众报道十年来黑河流域在水量调度、生态环境保护、社会经济发展等方面的突出贡献以及带来的巨大变化，使全国观众进一步认识了解黑河、关注黑河调水、关心黑河工作，在社会上引起了广泛反响，为黑河流域综合治理营造了良好的舆论环境。

9月17日，甘肃省文明委组织对黑河流域管理局机关省级文明单位创建工作进行审查，并顺利通过验收。

9月底，水利部给黑河水资源与生态保护研究中心颁发水文水资源调查评价乙级资质证书，并核准相应业务范围。

10月10日，中国国际工程咨询公司以咨农发〔2012〕2511号文印发黑河黄藏寺水利枢纽工程（项目建议书）咨询评估报告。

11月11日，黑河干流2011～2012年度水量调度结束。本年度莺落峡实测来水量为19.35亿立方米，正义峡实测下泄水量为11.13亿立方米。

2013年

3月20日，甘肃省副省长冉万祥在省政府会见黑河流域管理局局长孙广生，听取黑河流域管理局有关工作汇报。

3月，中共甘肃省委、甘肃省政府发布《中共甘肃省委甘肃省人民政府关于命名表彰第十一批全省精神文明建设先进单位和先进工作者的决定》，黑河流域管理局被授予"甘肃省文明单位建设先进单位"称号。

4月2日，黄委在呼和浩特市主持召开黑河干流2012～2013年度水量调度工作会议，黄委副主任苏茂林出席会议并讲话，水利部水资源司派员到会指导。

4月25～27日，水利部在北京召开黑河流域综合规划专家审查会，部党组成员、总规划师兼规计司司长周学文出席会议并讲话，水规总院院长刘伟平、副院长梅锦山分别主持会议。

4月28日，水利部印发"关于批准下达黑河干流2012～2013年度水量调度方案的通知"，明确本年度黑河水量调度工作目标、任务。

7月22日，甘肃省定西市岷县与漳县交界处发生6.6级地震。按照国家防办和黄河防总办要求，黑河流域管理局派出工作组，代表国家防办赴甘肃地震灾区协助指导水利抗震救灾工作。

8月，国家发展改革委、水利部《全国大型水库建设总体安排意见（2013～2015）》提出"以水资源合理开发利用，流域综合治理为重点，开工建设西北诸河的黑河黄藏寺水库"。

8月27～28日，水利部水规总院组织对《黑河流域综合规划环境影响报告书》进行审查。

8月28日，水利部水规总院组织对《黑河黄藏寺水利枢纽可行性研究阶段勘测设计任务书》进行审查。

9月18～19日，黑河流域管理局派出工作组先后赴漳县殪虎桥乡、大草滩乡，岷县梅川镇、中寨镇等所属村社进行查看，听取地方水利部门对受灾情况汇报，了解水利基础设施损毁情况，协助地方做好水利抢险救灾工作，圆满完成国家防办和黄河防办交办的任务。

10 月 26 日，国家发改委以发改农经〔2013〕2142 号文批复黄藏寺水利枢纽工程项目建议书。

11 月 11 日，黑河干流 2012 ~ 2013 年度水量调度结束。本年度莺落峡实测来水量为 19.53 亿立方米，较历年同期均值偏多 23.61%，属丰水年，是统一调度以来连续第 9 个丰水年。正义峡实测下泄水量为 11.91 亿立方米。

2014 年

2 月 10 日，甘肃省人民政府以《甘肃省人民政府关于黄藏寺水利枢纽工程占地和淹没区禁止新增建设项目及迁入人口的通告》，正式发布黑河黄藏寺水利枢纽工程占地和淹没区停建令。

2 月 25 日，青海省人民政府以《青海省人民政府关于禁止黄藏寺水利枢纽工程建设占地淹没区新增建设项目和迁入人口的通告》，正式发布黑河黄藏寺水利枢纽工程占地和淹没区停建令。

3 月 14 日，环境保护部评估中心组织专家对黄藏寺水利枢纽工程环境影响评价工作方案进行评估。

3 月 18 ~ 25 日，黄河勘测规划设计有限公司董事长、党委书记李文学考察黑河流域。

4 月 1 日 ~ 5 月 16 日，黑河干流实施 2014 年春季"全线闭口、集中下泄"调水措施，历时 46 天，是自实施黑河干流水量统一调度以来春季闭口时间最长的一次。5 月 15 日，水头到达尾闾东居延海，这是本年度继 3 月东居延海首次进水之后第二次进水。

4 月 2 日，黄委在兰州主持召开黑河干流 2013 ~ 2014 年度水量调度工作会议，黄委副主任苏茂林出席会议并讲话，水利部水资源司派员到会指导。

4 月 18 ~ 21 日，黑河流域管理局组织对甘肃省中小河流治理项目进行了督导检查。

5 月，国务院总理李克强主持召开国务院常务会议，部署加快推进节水供水重大水利工程建设，会议确定"在今、明两年和'十三五'期间分步建设纳入规划的 172 项重大水利枢纽工程"，黄藏寺水利枢纽工程位列其中。

6 月，水利部印发《关于黑河黄藏寺水利枢纽可行性研究阶段勘测设计项目任务书的批复》，为开展黑河黄藏寺水利枢纽工程可研报告编写提供了依据。

6 月 23 日，王道席任黑河流域管理局局长、党组书记。

7月4日，黄委国科局在郑州组织召开科技成果集中评审会议，《黑河中游地区水资源开发利用效率分析研究》和《黑河流域中下游生态环境动态变化情况调查分析》通过黄委评审。

8月，黄河勘测规划设计有限公司编制完成《黑河黄藏寺水利枢纽工程建设征地移民安置规划大纲》和《黑河黄藏寺水利枢纽工程建设征地移民安置规划设计专题报告》。

8月6日，黑河流域管理局取得黄藏寺水利枢纽淹没范围内移民调查大纲、实物调查成果、移民安置方案、矿产压覆调查结果、文物调查结果等确认文件。

8月11日，黄委副主任、总工程师薛松贵到黑河流域管理局检查指导工作。

8月14日，黄委印发《黄委关于成立黑河黄藏寺水利枢纽工程建设领导小组的通知》，决定成立黑河黄藏寺水利枢纽工程建设领导小组，负责协调解决黑河黄藏寺水利枢纽工程前期工作中的重大问题。组长：赵勇，副组长：张文华、刘斌、牧远、林旭恒、羊晓巍、王道席，成员由流域各方、黄委有关部门负责人组成。

8月14日，黄委印发《关于成立黑河黄藏寺水利枢纽工程建设管理局筹备组的通知》，组长：杨希刚，副组长：鲁小新、楚永伟，成员：李大鹏、仇杰、王晓云、谈小平、常斌、杜建国、王志刚、左旭军、甘志明。

8月20日，黑河尾闾——东居延海蓄水量0.48亿立方米，水面面积38.7平方千米，实现连续10年不干涸。

9月25日，黄委召开黑河黄藏寺水利枢纽工程建设领导小组第一次会议。

10月9～13日，黄委主任陈小江赴黑河流域青海省、甘肃省和内蒙古自治区，调研考察黑河水资源统一管理和黄藏寺水利枢纽项目前期工作情况。

10月19～21日，环保部环评司副司长刘薇到黑河中、下游地区进行现场调研。

10月21日，东居延海十年不干涸座谈会在兰州召开，黑河流域管理局同流域各方代表回顾总结黑河水资源统一管理取得的成效和存在的问题，分析面临的形势，共同商讨黑河水资源统一管理今后发展的方向。

10月22日，楚永伟任黑河流域管理局副局长、党组成员、总工程师。

11月11日，黑河干流2013～2014年度水量调度结束。本年度莺落峡实测来水量为21.9亿立方米，正义峡实测下泄水量为13.02亿立方米。

12月21～22日，水利部水规总院在北京主持召开会议，审查《黑河黄藏寺水利枢纽工程建设征地及移民安置规划大纲》，会议听取了设计单位关于移民安置规划大纲的汇报，进行了充分的讨论，提出了审查意见。

12 月 22 ~ 24 日，水利部水规总院在北京组织召开会议，对《黑河黄藏寺水利枢纽工程可行性研究报告》进行审查。

2015年

1 月 14 ~ 17 日，水利部总工程师汪洪赴黑河流域进行工作调研。

2 月 9 日，杨希刚任黑河流域管理局副局长、党组成员。

3 月 2 ~ 3 日，水利部水规总院在北京主持召开《黑河黄藏寺水利枢纽工程环境影响报告书》预审会。

3 月 4 日，水利部水规总院在北京组织通过《黑河黄藏寺水利枢纽工程水土保持方案报告书》专家审查。

3 月 23 日，《黑河流域综合规划环境影响报告书》通过环保部和水利部联合组织的审查。

3 月 27 日，黑河青年联合会第一届全体委员会议在兰州召开。

4 月 9 日，黄委在张掖主持召开黑河干流 2014 ~ 2015 年度水量调度工作会议，黄委副主任苏茂林出席会议并讲话。

5 月 6 日，黄委黄河青年联合会印发《关于表彰 2013 ~ 2014 年度青年文明号和青年岗位能手的决定》，黑河水资源与生态保护研究中心获得"青年文明号"荣誉称号。

5 月 13 ~ 16 日，中国国际工程咨询公司在北京组织会议，通过对黑河黄藏寺水利枢纽工程可行性研究评估。

5 月 18 日，环境保护部印发《黑河流域综合规划环境影响报告书》审查意见，标志着《黑河流域综合规划》取得重要阶段性成果，为综合规划的批复与实施奠定了基础。

6 月 5 ~ 6 日，环境保护部环境工程评估中心评估通过《黑河黄藏寺水利枢纽工程环境影响报告书》。

6 月 26 日，水利部、甘肃省人民政府和青海省人民政府联合批复《黑河黄藏寺水利枢纽工程建设征地移民安置规划大纲》。

7 月 5 日，国家发改委稽察办特派员郭文艺现场检查黑河黄藏寺水利枢纽前期工作进展情况。

7 月 7 日，水利部移民局巡视员黄凯赴黑河黄藏寺水利枢纽工程坝址、宝瓶河牧场、地盘子电站实地调研。

7 月 7 日，甘肃省住建厅以甘建规〔2015〕232 号文批复黑河黄藏寺水利枢纽工程规划选址，并出具工程选址意见书。

7月10日，环境保护部以环审〔2015〕159号文批复《黑河黄藏寺水利枢纽工程环境影响报告书》。

7月14日，黄委国科局在郑州组织召开科技成果集中评审会议，《面向生态的黑河下游水资源配置方案研究》项目通过黄委评审。

7月28日，黄委副主任苏茂林在兰州军区慰问之际，到黑河流域管理局检查指导工作。

8月26日，根据水利部《关于组建黑河黄藏寺水利枢纽工程建设项目法人的批复》和黄委《关于印发黑河黄藏寺水利枢纽工程建设管理中心（局）主要职责、机构设置和人员编制规定的通知》要求，黑河黄藏寺水利枢纽工程建设管理中心（局）正式成立，为副局级事业单位，主要职责、机构设置和人员编制规定相应明确。黑河黄藏寺水利枢纽工程建设管理中心（局）隶属黑河流域管理局，驻地设在甘肃省兰州市。

9月6日，黄藏寺水利枢纽工程建设用地通过国土资源部预审。

9月6日，鲁小新任黑河流域管理局副巡视员（同时赴新疆喀什挂职）。

10月16日，国家发展改革委批复《黄藏寺水利枢纽工程可行性研究报告》，这是国家发改委当年批复黄委的第四项重大水利工程可行性研究报告。

10月，青海省林业厅出具黄藏寺水利枢纽工程自然保护区设施建设许可。

10月，黄委研究确定黄藏寺水利枢纽工程采用设计、采购、施工（EPC）总承包建设管理模式。

10月23日，水利部党组成员、中央纪委驻水利部纪检组组长田野到黑河流域管理局开展党风廉政建设工作调研。

11月11日，黑河干流2014～2015年度水量调度结束。本年度莺落峡实测来水量为20.66亿立方米，正义峡实测下泄水量为12.78亿立方米。

12月，甘肃、青海两省分别出具黄藏寺水利枢纽工程建设规划许可。

12月6日，黄委主任岳中明到黑河流域管理局调研，在听取了工作汇报后，对黑河水资源统一管理与水量调度、黄藏寺水利枢纽工程建设等提出了要求。

12月9～11日，水利部水规总院在北京主持召开会议，审查通过《黑河黄藏寺水利枢纽工程初步设计报告》。

12月12日，黄委在郑州组织召开会议，对《黑河干流正义峡—狼心山河段蒸发渗漏损失量调查分析》项目进行成果技术审查。

12月17日，黑河流域管理局《面向生态的黑河下游水资源配置方案研究》项目荣获黄委科学技术进步奖一等奖。

12月27日，黄委在郑州组织召开会议，对《东居延海库容测量》进行成果技术审查。

2016年

1月11日，水利部批复《黑河干流河道地形图复测项目任务书》。

1月，黄藏寺水利枢纽工程经过依法公开招标，黄藏寺建管中心与黄河勘测规划设计有限公司签订了工程设计、采购、施工（EPC）总承包合同；与河南明珠工程管理有限公司签订了工程监理合同；与黄河流域水土保持生态环境监测中心签订了水土保持监测合同；与黄河水资源保护科学研究院、黄河流域水环境监测中心、河南金河环境资源科技有限公司联合体签订了环保监理及环境监测合同（含环境专项试验合同）。

1月12日，黄藏寺水利枢纽工程建设合同签字仪式在兰州举行，仪式由黑河流域管理局副局长杨希刚主持，各中标单位负责人参加，黑河流域管理局局长王道席出席仪式并讲话。

1月14日，农业部经过审核，以农草征审字〔2016〕第（01）号文同意黑河黄藏寺水利枢纽工程项目征用使用甘肃省肃南县的草原，以农草征审字〔2016〕第（02）号文同意黑河黄藏寺水利枢纽工程项目征用使用青海省祁连县的草原。

2月24日，黄委副主任赵勇到黑河流域管理局检查指导工作，并在青海省祁连县为黑河黄藏寺水利枢纽工程建设管理中心（局）临时基地揭牌，黑河黄藏寺建设管理中心（局）正式进驻祁连现场办公。

3月23日，杨希刚兼任黑河黄藏寺水利枢纽工程建设管理中心（局）主任（局长）。

3月25日，楚永伟兼任黑河流域管理局纪检组组长。

3月29日，黄藏寺水利枢纽工程建设动员大会在青海省祁连县举行。水利部党组副书记、副部长矫勇在动员大会上讲话并宣布工程开工，黄委主任岳中明、青海省副省长严金海、甘肃省政府副秘书长郭春旺出席动员大会。水利部相关司局和单位负责同志，青海、甘肃、内蒙古三省（区）政府有关部门和州、县负责人，工程各参建单位及有关方面代表参加了动员大会。

4月，国家发改委以发改投资〔2016〕785号文核准黄藏寺水利枢纽工程初步设计概算。

4月8日，黑河干流2015～2016年度水量调度工作会议在兰州召开，黄委副主任苏茂林出席会议并讲话。

4月19日，水利部批复《黄藏寺水利枢纽工程初步设计报告》。4月，水利部以水规计〔2016〕132号文下达黄藏寺水利枢纽工程2016年度投资计划，黄委以黄规计〔2016〕123号文转发。

5月12日，国土资源部办公厅以国土资厅函〔2016〕755号文批复黑河黄藏寺水利枢纽工程先行用地。

6月3～4日，水利部水资源司喻小丽副处长率水利部督查组到黑河黄藏寺水利枢纽工程建设现场进行专项督查。

7月20～21日，水利部重大水利工程安全巡查组对黑河黄藏寺枢纽工程安全生产工作进行全面巡查。

7月20～21日，黄委总工程师李文学赴黑河流域管理局调研，并指导黑河黄藏寺水利枢纽工程管理信息化建设工作。

8月11～12日，黄委副主任赵勇到祁连检查指导黄藏寺水利枢纽工程建设工作。

8月16～17日，黄委副主任李春安到黄藏寺水利枢纽工程施工现场，监督检查工程建设水土保持相关工作。

8月24日，水利部稽察组进驻黄藏寺水利枢纽工程施工现场开展专项稽察工作。

9月6～8日，黄委纪检组长赵国训检查黄藏寺水利枢纽工程建设管理工作。

9月8日，水利部水资源司司长陈明忠赴黑河下游调研黑河流域水资源管理工作。

9月12日，刘钢任黑河流域管理局局长、党组书记。

9月25日，国家发改委稽察办副司级特派员魏东平率领国务院第十四督查组，督查黄藏寺水利枢纽工程建设工作。

9月25～29日，水利部副总工程师庞进武带队专题调研黑河流域近期综合治理情况。

9月26日，中国科学院院士傅伯杰等14人到黑河流域管理局开展"黑河流域水资源合理利用咨询研究"项目调研。

10月8～11日，黑河流域管理局开展了以"珍惜黑河水资源、建设生态额济纳"为主题的普法宣传教育活动。期间，发放各种宣传资料2000余份，普法受众达3000余人次。

10月9～13日，水利部政策法规司副司长陈晓军就黑河水量调度执行情况及流域生态恢复情况到黑河流域调研，黄委副主任李春安等陪同。

10月25～26日，国家发改委稽察办正司级特派员连启华到黑河黄藏寺水利枢纽工程建设现场检查指导工作。

10 月 26 日，黄委副主任薛松贵到黄藏寺水利枢纽工程建设现场检查安全生产工作。

10 月 26 ~ 27 日，水利部移民局巡视员黄凯带队到黄藏寺水利枢纽工程现场专项督导检查移民安置工作。

11 月 8 日，汪强任黑河流域管理局副局长、党组成员。

11 月 11 日，黑河干流 2015 ~ 2016 年度水量调度结束。本年度莺落峡实测来水量为 22.37 亿立方米，正义峡实测下泄水量为 15.62 亿立方米。

11 月 11 日，水利部财务司委托中审华会计师事务所对黑河黄藏寺水利枢纽建设管理中心（局）财经纪律执行情况进行重点检查。

11 月 17 日，黑河干流 2016 ~ 2017 年度水量调度工作会议在郑州召开，黄委副主任苏茂林出席会议并讲话，水利部水资源司派员到会指导。

12 月 6 ~ 8 日，黑河流域管理局派出检查组对管理权限范围内的 12 个取用水单位（水电站取水单位 7 个，农业取水单位 5 个）进行了年度集中监督检查，内容包括工程审批、水资源论证和取水许可审批以及调度运行计划等。

12 月 9 日，国家林业局印发《国家林业局关于同意黑河黄藏寺水利枢纽工程项目使用林地和在甘肃祁连山国家级自然保护区实验区内建设的行政许可决定》。

12 月 13 日，黑河流域管理局承担的《黑河干流不同调度模式实践及评价》荣获 2016 年度黄委科学技术进步奖二等奖。

2017年

3 月 1 ~ 20 日，黑河流域管理局首次组织实施黑河干流春季融冰期水量调度。此次春季融冰水量调度期间，哨马营断面过水量 3.70 亿立方米，比统一调度以来同期均值偏多 49%，进入额济纳绿洲（狼心山断面）水量 3.23 亿立方米，比统一调度以来同期均值偏多 61%，均是统一调度以来同期下泄水量最多的年份。

3 月 4 日，黄委第一巡察组进驻黑河流域管理局，3 月 5 日召开巡察工作动员会。

4 月 5 日，黄藏寺水利枢纽工程导流洞进洞第一炮成功起爆。标志着 2017 年关键工程——导流洞工程洞挖工作正式开始。

4 月 29 日，黄藏寺水利枢纽工程 2017 年度建设动员会在青海省祁连县召开，黄委副主任赵勇出席会议并讲话，对工程建设进行再动员、再部署。

6月4～6日，黄委主任岳中明赴青海省、甘肃省调研，就水资源可持续利用及黄藏寺水利枢纽工程建设有关工作，分别与青海省委副书记、省长王建军，副书记刘宁和甘肃省委副书记、省长唐仁健，副省长杨子兴等进行了座谈。

6月16～18日，黑河流域管理局组织全局副处级以上干部赴黑河黄藏寺水利枢纽工程建设工地，开展首届"工程建设服务日"主题活动。

6月22日，黄委副主任姚文广率领黄委水保局、黄河上中游管理局和青海省水保局、祁连县水务局等单位组成的黄河流域水土保持工作联合督查组，深入黑河黄藏寺水利枢纽工程建设施工现场，对水土保持工作进行监督检查。

7月14～15日，驻水利部纪检组副组长、监察局局长张志刚到黑河黄藏寺水利枢纽工程施工现场，就工程建设及党风廉政建设开展调研工作。驻水利部纪检组副局级纪律检查员李晓军，黄委纪检组长赵国训等陪同调研。

7月20日，黄藏寺水利枢纽工程建设管理中心（局）事业单位法人证书获批。

8月7～8日，水利部重大水利工程建设安全生产巡查组对黑河黄藏寺水利枢纽工程建设安全生产工作进行全面巡查。

8月10日，黄藏寺水利枢纽导流洞工程全线贯通。黄委副主任赵勇与参建各方代表在现场共同观看过流情况。

8月13日，青海省组织省、州、县三级人大代表视察团调研黄藏寺水利枢纽工程建设情况。

8月23日，黄委总工程师李文学到黑河流域管理局检查指导工作。

8月26日～9月3日，黑河流域管理局联合黄委新闻宣传出版中心发起"黑河调水生态行"专题采访活动。此次活动历时9天，来自人民日报、新华网、中央电视台、光明日报、经济日报等主流媒体记者赴黑河流域采访并刊发报道共计34篇。

9月3～7日，黄委主任岳中明赴青海、甘肃、内蒙古三省（区）考察黑河流域生态建设及保护。并在黄藏寺水利枢纽工程施工现场检查工程建设情况，慰问一线工程参建职工。

9月13日，水利部党组成员、中央纪委驻水利部纪检组组长田野实地检查指导黑河黄藏寺水利枢纽工程建设。

9月14日，水利部副部长周学文，黄委主任岳中明、副主任赵勇，黑河流域管理局局长刘钢到甘肃省政府协调黄藏寺水利枢纽工程建设用地相关事宜。

10月10日,通过市场招拍挂方式,黄藏寺水利枢纽工程建设管理中心(局)兰州基地成功竞得兰州市彭家坪10亩建设用地。

10月17日,明珠集团原董事长刁兆秋、总经理陈印刚到黑河流域管理局交流座谈。

10月27~29日,黄委总工程师李文学带领专家组到黄藏寺水利枢纽工程施工现场就坝址区出现的高边坡问题进行技术研讨。

11月3日,黑河流域管理局与三门峡黄河明珠(集团)公司在三门峡市正式签署战略合作协议。

11月11日,黑河干流2016~2017年度水量调度结束。本年度莺落峡实测来水量为23.55亿立方米,正义峡实测下泄水量为15.92亿立方米。

11月16日,黑河干流2017~2018年度水量调度工作会议在郑州召开。黄委副主任苏茂林出席会议并讲话,黄委副主任姚文广主持会议,水利部水资源司派员到会指导。

11月20日,青海省副省长田锦尘带领省环保厅、水利厅等单位到黑河黄藏寺水利枢纽工程建设工地进行调研检查。

12月4日,黑河流域管理局开展宪法宣传日活动,利用短信推送平台,向水利部、黄委、流域各方干部群众推送宪法日主题普法短信共计10万余条。

12月10日,黄藏寺水利枢纽工程建设管理中心(局)独立预算单位获得国家财政部的批复。

2018年

1月11日,在黄委召开的2018年全河工作会议上,黑河流域管理局荣获黄委"2017年年度绩效考核先进单位"荣誉称号。

1月25日,黑河流域管理局召开2018年工作会议。本次会议首次采用双向视频形式,兰州、祁连全体职工参加会议。

2月7日,黄委主任岳中明在兰州全程指导黑河流域管理局2017年度党组民主生活会,深入点评并发表讲话。

3月13日,黑河流域管理局局长刘钢在黄河报发表题为《"三牌"齐发打造西北内陆河流域管理标杆》署名文章,就全力推进黑河治理保护与管理事业再上新的台阶畅谈认识体会和思路举措。

3月16日,黑河流域管理局局长刘钢到甘肃省政府向甘肃省委常委、副省长宋亮专题汇报黑河流域治理有关工作。

3月下旬,黑河流域管理局编印的《黑河调水生态行》一书出版发行。

4月11~12日，黑河流域管理局在祁连县开展"工程建设服务日"主题活动，局长刘钢，副局长杨希刚、汪强，副总工程师，局机关及研究中心副处级以上干部，建管中心全体干部职工参加。

4月19日，黄委纪检组长赵国训率调研组到黑河流域管理局，就"形式主义、官僚主义"表现形式进行专题调研。

4月25日，国家林业局驻西安专员办副巡视员何熙督查黑河黄藏寺水利枢纽工程项目征占用林地情况。

5月17日，按照国家防总和黄河防总要求，黑河流域管理局派出工作组，代表国家防总赶赴甘肃省定西市岷县"5·16"雹洪灾区现场，现场检查指导抢险救灾工作。

5月18日，黑河黄藏寺水利枢纽工程建设管理中心（局）兰州基地10亩建设用地取得建设用地规划许可证。

6月6日，黑河黄藏寺水利枢纽2018年度工程建设推进会在青海省祁连县召开，黄委副主任赵勇出席会议并讲话。

6月12日，张掖市委副书记、市长黄泽元到访黑河流域管理局。

6月22日，黑河流域管理局举办"守望黑河·薪火传承"主题演讲比赛，机关各部门、局属各单位的29名选手参加比赛。

6月26日，黑河干流首次洪峰顺利通过正在建设的黄藏寺水利枢纽工程。

7月1~3日，按照国家防总和黄河防总要求，黑河流域管理局派出工作组，代表国家防总赴甘肃省平凉市、庆阳市检查强降雨防范工作。

7月5日，在黄委2018年委务会议上，黑河流域管理局获2017年度经济考核先进单位。

7月13日，黄藏寺水利枢纽工程建设项目导流洞工程全线贯通。

7月21日，国家林业和草原局驻西安专员办组成检查组赴黄藏寺水利枢纽工程施工现场专题调研。

7月28日，黄藏寺水利枢纽工程导流洞工程通过验收，投入使用。

8月16~18日，黄河工会主席王健赴黑河流域管理局、黄藏寺水利建设工地调研工作，慰问基层一线职工。

8月20日，黑河尾闾东居延海实现连续14年不干涸。

8月21~24日，黄委副主任牛玉国到黑河流域调研，黄藏寺水利枢纽工程建设，督导支付进度，并慰问一线职工。

8月24~29日，黄委总工程师李文学调研黑河流域水资源管理及生态水量调度关键技术问题。

9 月 21 日，黑河流域管理局局长刘钢赴甘肃省农垦集团座谈，协调黄藏寺水利枢纽宝瓶河牧场建设征地及移民安置工作。

9 月 28 ~ 29 日，水利部副部长蒋旭光到黄藏寺水利枢纽工程施工现场检查指导工作。

8 月 31 日，水利部人事司司长侯京民到黑河流域管理局调研座谈。

10 月 10 ~ 16 日，南水北调工程专家委员会副主任宁远赴黑河流域调研生态调水工作，实地查看黄藏寺工程建设现场和调度现场。

10 月 22 日，黄藏寺水利枢纽工程建设管理中心（局）下设的甘肃祁丰水利水电开发有限责任公司在兰州市注册成立。

10 月 26 日，黑河流域管理局在兰州市彭家坪召开黄藏寺水利枢纽工程建设管理中心（局）兰州基地开工动员会。

11 月 11 日，黑河干流 2017 ~ 2018 年度水量调度结束。本年度莺落峡实测来水量为 20.59 亿立方米，正义峡实测下泄水量为 14.0 亿立方米。

11 月 15 日，黑河干流 2018 ~ 2019 年度水量调度工作会议在张掖召开，黄委总工程师李文学出席会议并讲话，黄委水调局局长乔西现主持会议，水利部调水管理司派员到会指导。

11 月 16 日，石培理任黑河流域管理局副巡视员。

11 月 23 日，黄藏寺水利枢纽工程建设推进会在郑州召开。黄委主任岳中明、副主任赵勇出席会议并讲话。

11 月 27 日，黄藏寺水利枢纽工程截流动员大会在青海省祁连县召开，黄委副主任赵勇出席会议。

2019年

1 月 3 ~ 4 日，黄委主任岳中明率领黄委第一考核组对黑河流域管理局进行年度考核测评，并看望慰问基层困难职工。

1 月 22 日，在黄委 2019 年全河工作会议上，黑河流域管理局荣获黄委"2018 年度绩效考核先进单位"称号。

附录2 黑河流域管理局历届领导班子

2000.1～2003.12

局　　长：常炳炎

副局长：郝庆凡　任建华

2003.12～2014.5

局　　长：孙广生

副局长：郝庆凡　任建华　李向阳　乔西现　王道席　张　超

2014.6～2016.8

局　　　长：王道席

副 局 长：张　超　楚永伟　杨希刚

副巡视员：鲁小新（新疆挂职）

2016.8至今

局　　长：刘　钢

副 局 长：杨希刚　楚永伟　汪　强

副巡视员：鲁小新（新疆挂职）　石培理

附录 3　黑河流域管理局历年挂职交流干部

姓　名	派出单位	挂职（交流）时间	挂职（交流）期间任职情况	说明
许虎安	黄委规计局	2002.7 ~ 2005.6	局长助理、计财处处长	
		2005.7 ~ 2005.9	副局级干部（拟选援疆挂职）	
刘新建	黄委人劳局	2002.7 ~ 2005.4	办公室（人劳处）副主任（副处长）	主持工作
		2005.5 ~ 2006.11	办公室（人劳处）主任（处长）	
陈晓磊	黄委办公室	2002.7 ~ 2004.6	办公室（人劳处）副主任（副处长）	
权毅荣	黄委水调局	2002.7 ~ 2004.6	水政水资源处副处长	主持工作
陈连军	黄委水政局	2002.7 ~ 2004.6	水政水资源处副处长	
马守力	黄委财务局	2002.7 ~ 2004.5	计财处副处长	
石国安	黄委水调局	2004.6 ~ 2005.4	水政水资源处副处长	
		2005.5 ~ 2008.12	水政水资源处处长	
周长春	黄委建管局	2004.6 ~ 2005.4	水政水资源处副处长	
		2005.5 ~ 2007.8	水政水资源处调研员	
彭绪鼎	黄委办公室	2004.6 ~ 2006.11	办公室（人劳处）副主任（副处长）	
		2006.12 ~ 2007.11	办公室（人劳处）调研员	主持工作
焦　朴	黄委财务局	2004.6 ~ 2006.11	计财处副处长	
		2006.12 ~ 2007.11	计财处处长	
徐　强	黄委水调局	2004.6 ~ 2008.12	办公室（人劳处）副主任（副处长）	

姓　名	派出单位	挂职（交流）时间	挂职（交流）期间任职情况	说明
沈建红	山东黄河河务局	2005.6～2006.11	计财处副处长	主持工作
		2006.12～2010.11	局长助理	
白　波	黄委办公室	2006.7～2008.10	办公室（人劳处）主任（处长）助理	
		2008.11～2010.12	办公室（人劳处）副主任（副处长）	
王　原	黄委建管局	2006.7～2008.10	计财处处长助理	
		2008.11～2010.12	计财处副调研员	
王　为	国家防办	2004.7～2005.7	水政水资源处副主任科员	
赵　巍	黄委信息中心	2004.6～2005.7	水政水资源处主任科员	
		2005.8～2006.6	水政水资源处副处长	
丁　斌	黄委信息中心	2006.6～2008.6	水政水资源处主任科员	
张玉宾	山东黄河河务局	2008.5～2009.6	计财处副处长	
刘　天	河南黄河河务局	2012.12～2014.12	水政水资源处副处长	
王万民	黄委规计局	2015.12～2018.12	黄藏寺建管中心建设与合同处副处长	
雷洪涛	黄委财务局	2015.12～2018.12	黄藏寺建管中心综合处副处长	
刘卫东	黄委审计局	2015.12～2018.12	黄藏寺建管中心监察审计处副处长	主持工作
逯洪波	黄委建管局	2015.12～2017.6	黄藏寺建管中心质量安全处副处长	主持工作
陈战武	黄河设计公司	2015.12～2017.9	黄藏寺建管中心移民处副处长	主持工作
李　斌	黄委建管局	2017.7～2018.12	黄藏寺建管中心质量安全处副处长	主持工作

姓　　名	派出单位	挂职（交流）时间	挂职（交流）期间任职情况	说明
李春明	黄委水文局	2017.9～2019.4	办公室（人劳处）副主任（副处长）	主持工作
张　帆	黄委办公室	2017.12～2019.12	办公室（人劳处）副主任（副处长）	
董国涛	黄委水科院	2018.3～2019.3	黑河水资源与生态研究中心主任助理	
孙德宝	山东黄河河务局	2019.3～	黄藏寺建管中心环境移民部干部	
张佑民	河南黄河河务局	2019.3～	黄藏寺建管中心质量安全部干部	
王晓辉	三门峡明珠集团	2019.3～	黄藏寺建管中心水电公司干部	
李　彬	三门峡明珠集团	2019.3～	黄藏寺建管中心综合部干部	

注：本表仅统计任职文件明确在黑河流域管理局挂职交流的干部